JN069365

法改正に完全対応!

Guidebook for Hunting

ハンターへのライセンス

狩猟免許試験【わな・網猟】

絶対合格テキスト&予想模試3回分

短期間で合格レベルに!

執筆：全国狩猟免許研究会

秀和システム

CONTENTS

狩猟鳥（陸ガモ類①）

白い首環
オレンジ色のくちばし。一部は黒い
黄色いくちばし
先端は黒色
足がオレンジ
♂
♀
マガモ
くちばしが黒い
先端だけ黄色
目の周りが緑色
狩猟鳥のカモ類の
中で最小種
♀
雌雄同色
足がオレンジ
♂
カルガモ
コガモ
首から頭にかけて
白い線が通る
尾羽が長い
♂
♀
オナガガモ

狩猟鳥（陸ガモ類②）

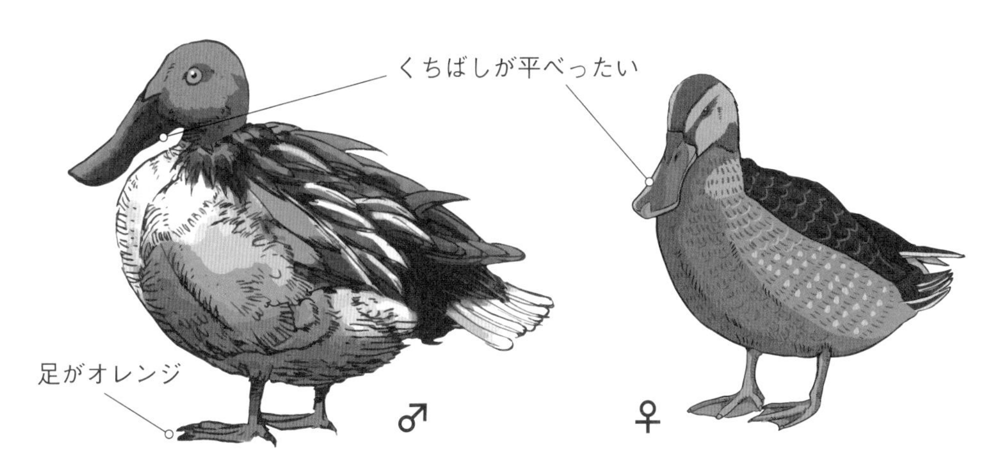

ハシビロガモ

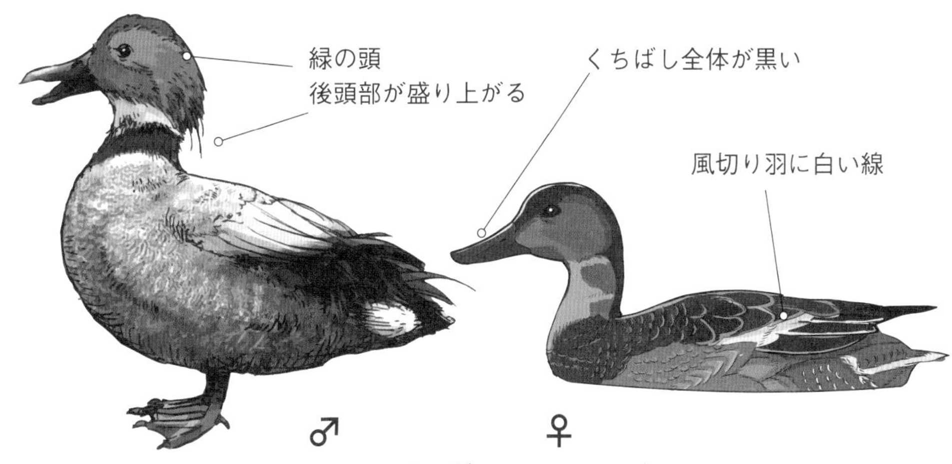

ヨシガモ

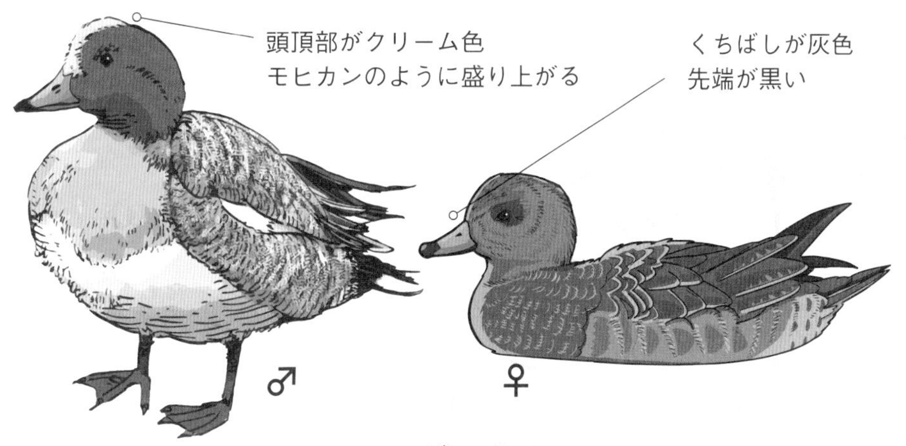

ヒドリガモ

狩猟鳥（海ガモ類）

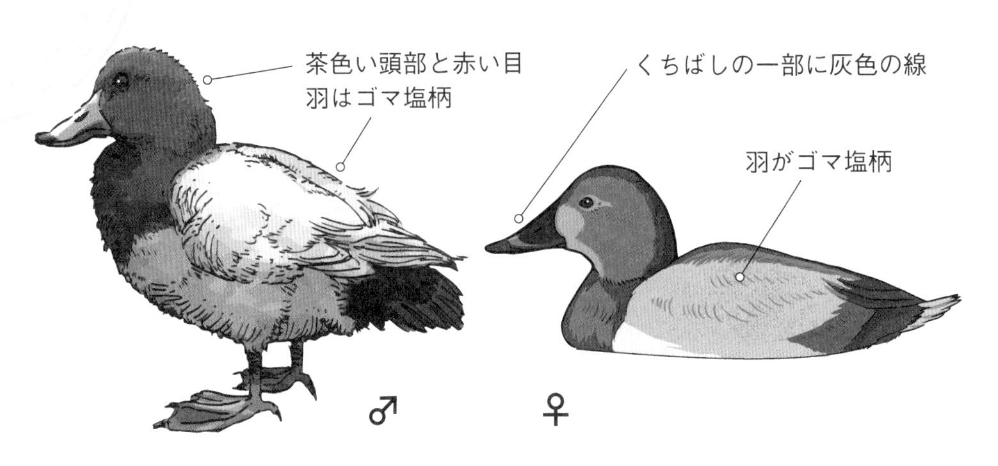

ホシハジロ

狩猟鳥と誤認されやすいカモ類

マガモのメスに似る
くちばしの上部が黒い

眼が金色、頭が深緑なので
スズガモやキンクロハジロと間違えやすい

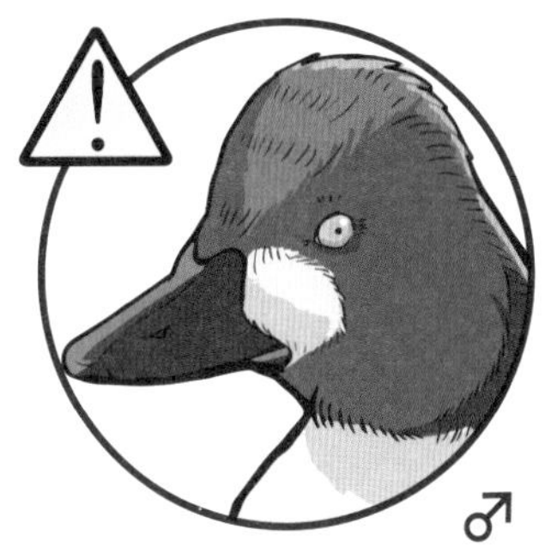

♂　♀

オカヨシガモ♀

ホオジロガモ

小型のカモなのでコガモとの判別に要注意
特にコガモの♀は、トモエガモ・シマアジの♀と判別しにくい

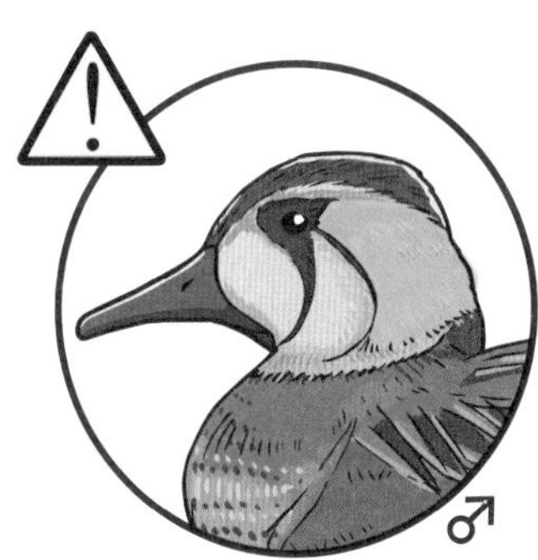

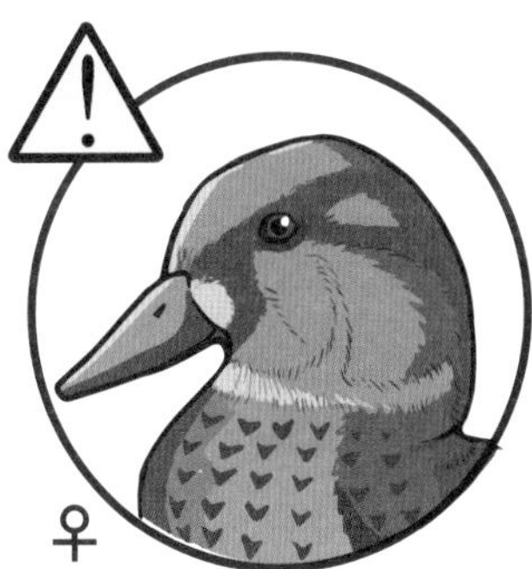

♂　♀

トモエガモ

シマアジ♀

羽が真っ黒なので
クロガモと見間違えやすい

カイツブリ科、アイサ属の水鳥は非狩猟鳥
他種カモの群れに混じることがある

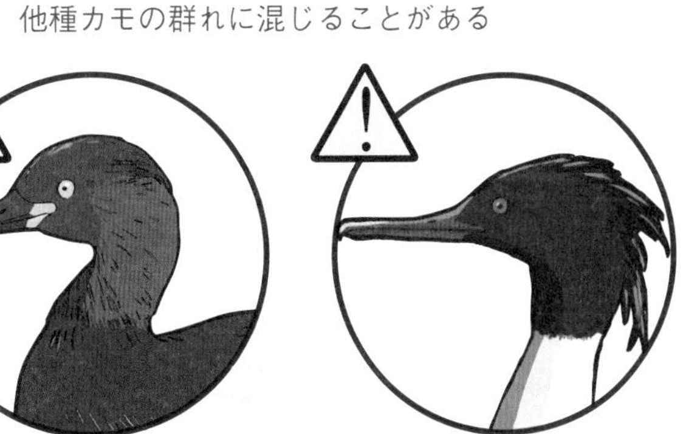

ビロードキンクロ

カイツブリ

ウミアイサ

狩猟鳥（水鳥類）、狩猟鳥と誤認されやすい水鳥類

水辺に生息する『サギ類』はすべて非狩猟鳥

狩猟鳥（陸生鳥類①）

目の周りに赤い肉垂
特に長い尾羽
♂
キジのメスより
やや茶色味が強い
♀
ヤマドリ
赤く大きな肉垂
腹の羽が緑色
メスには肉垂はない
♂
♀
キジ
首の周りに白い線
コウライキジ（亜種）
頬が赤いが肉垂ではない
青灰色
コジュケイ
眼の上が赤い
のどが黒い
エゾライチョウ

狩猟鳥（陸生鳥類②）

くちばしが太い
くちばしが細い
根本が灰色
ハシブトガラス
ハシボソガラス
ミヤマガラス
カラスとの見間違いに注意
ミヤマガラスの群れに
混じることがあるので注意
カササギ（カチガラス）
コクマルガラス
首に白黒の縞模様
明るい黄緑色
首に緑と紫の光沢
キジバト
アオバト
カワラバト

狩猟鳥（陸生鳥類③）

くちばしと足がオレンジ色
ほほが赤い
尾が長いので
ヒヨドリとの
見間違えに注意
ムクドリ
ヒヨドリ
オナガ
頭が三角で、眼が頭頂部に近い
長くて細いくちばし
オオジシギ
チュウジシギ
ハリオシギ
アオシギなど
判別が難しい
別種が多い
ので注意
ヤマシギ
タシギ
眼に黒い線が通る
ムクドリやヒヨドリとの
見間違えに注意
ほほの色が黒い
スズメよりも茶色味が強い
狩猟鳥で最小種
スズメ
ニュウナイスズメ
ツグミ

狩猟獣（大型獣類）

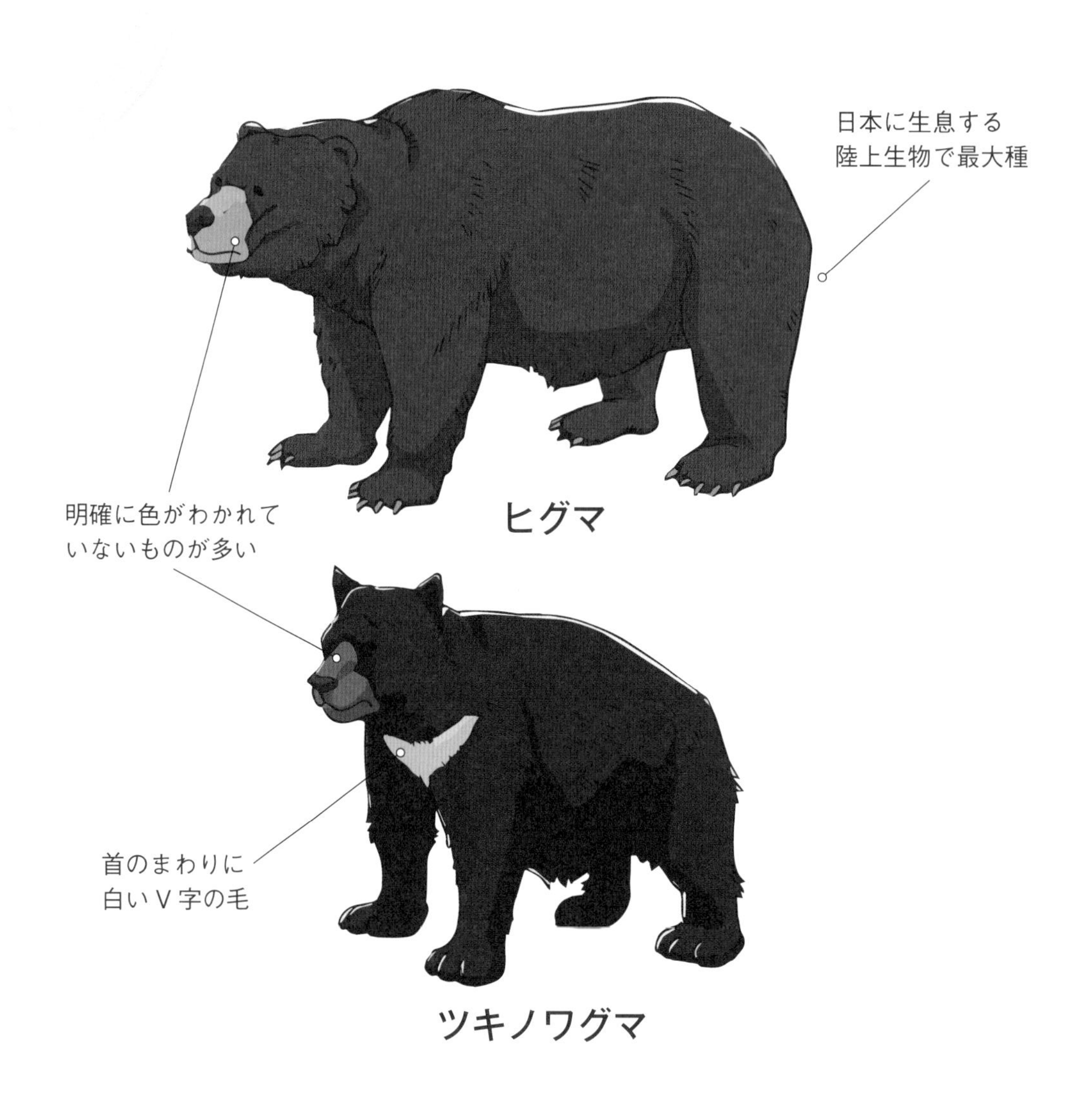
日本に生息する
陸上生物で最大種
ヒグマ
明確に色がわかれて
いないものが多い
首のまわりに
白いＶ字の毛
ツキノワグマ

鼻が長い
幼体のイノシシは縞模様があり
「ウリボウ」と呼ばれる
オスは長い牙を持つ
イノシシ

狩猟獣（ニホンジカ）と狩猟獣と誤認されやすい獣類

ニホンジカ

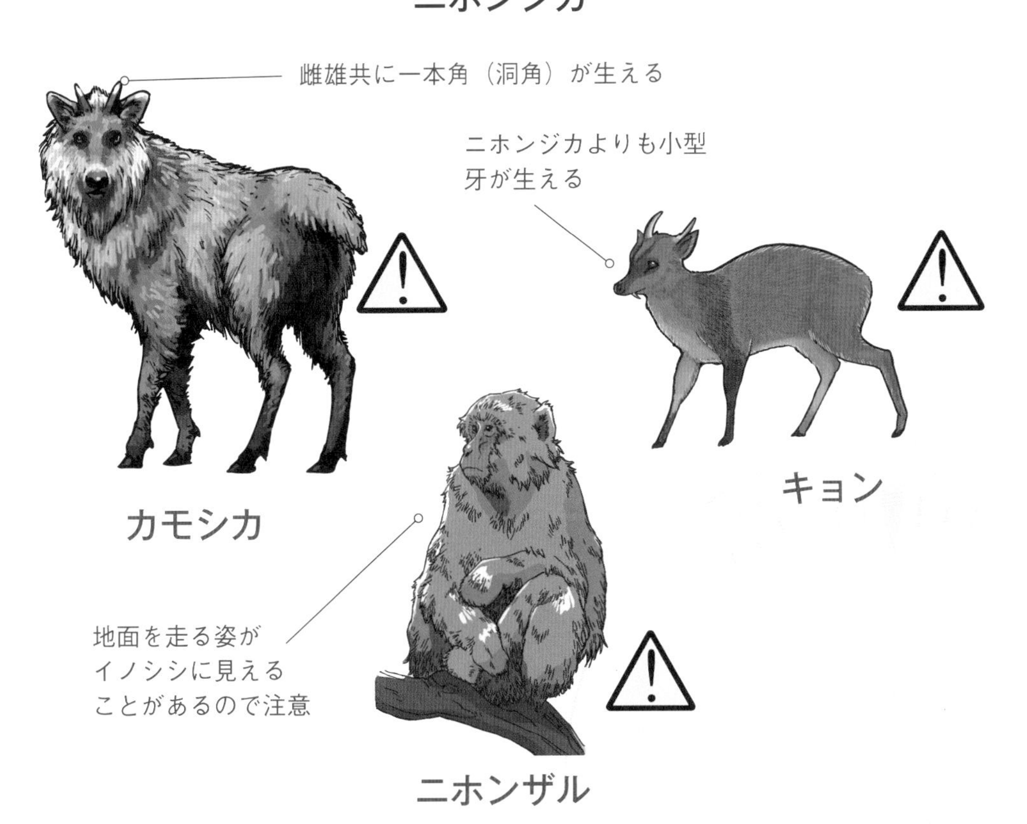

カモシカ

キョン

ニホンザル

狩猟獣（中型獣①）、イエイヌ・イエネコ

眼の周りから首、
脇、足にかけて黒い。
鼻の筋は黒くない。

タヌキ

尾が太くて長い。
体色は黄色味を
帯び、腹側は白い。

キツネ

眼の周りだけが黒い。
手のひらがスコップ
のように平べったい

アナグマ

眼の周り、鼻筋が
黒い。尻尾は縞模様。
長い指を持つ。

アライグマ

鼻の先がピンク色。
鼻筋にかけて白い線。
長い尻尾を持つ。

ハクビシン

オレンジ色の大きな
前歯を持つ。後ろ足
に水かきを持つ。

ヌートリア

体格・毛色などは
品種差が大きい。
野生化した個体は
『ノイヌ』と呼ばれ、
狩猟鳥獣に含まれる。

体格・毛色などは
品種差が大きい。
野生化した個体は
『ノネコ』と呼ばれ、
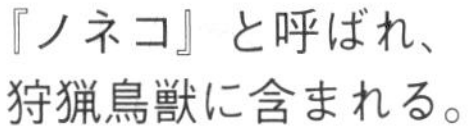

狩猟獣（中型獣②・小型獣）

ノウサギよりも
体がやや大きい
冬場に白く換毛する
ノウサギも
雪が多い地方では
白く換毛する
ユキウサギ
ノウサギ
冬毛は顔が白っぽくなる
黄色い個体（キテン）と
褐色の個体（スステン）がおり、
生息地域などで異なる
テン
イタチ・シベリアイタチ
毛色は光沢のある
暗褐色だが個体差に
よって色合いは
大きく変わる
ミンク

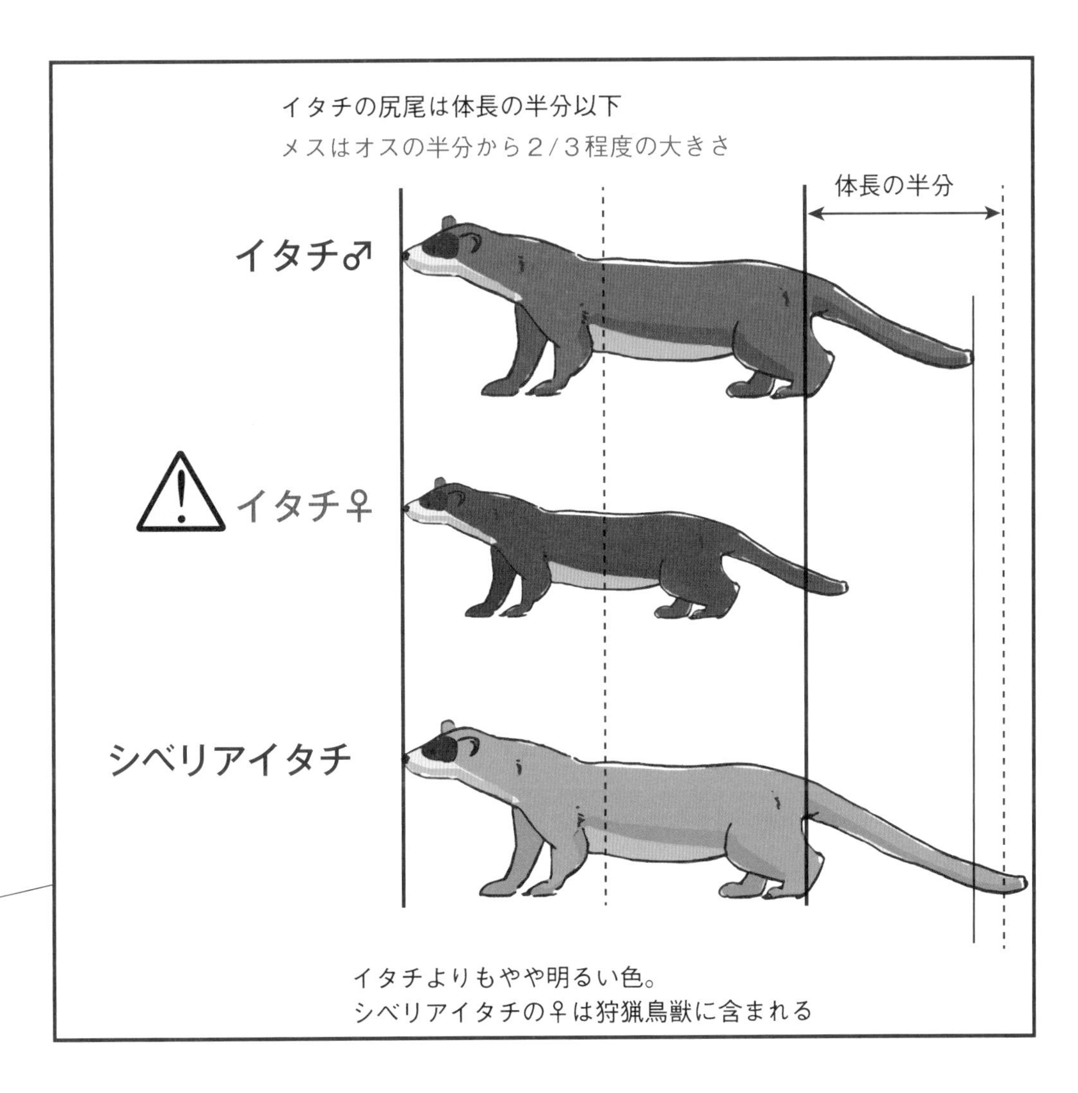
イタチの尻尾は体長の半分以下
メスはオスの半分から2/3程度の大きさ
体長の半分
イタチ♂
イタチ♀
シベリアイタチ
イタチよりもやや明るい色。
シベリアイタチの♀は狩猟鳥獣に含まれる

腹側が白い
耳が丸い
全身が灰褐色
狩猟獣で最小種
暗褐色の縦縞
ニホンリス
タイワンリス
シマリス

合格だけを目指さない、
狩猟を続けていくための
〝知識〟を身に付けましょう！

かつては50万人以上もいた狩猟者が年々減少し、ついに20万人を割ったことで「将来的に狩猟者は絶滅する！」とまで危ぶまれた狩猟業界ですが、近年では狩猟免許所持者数が増加するなど、よい方向に流れが変わりつつあります。その理由として最も大きいと考えられるのが、イノシシやニホンジカなどによる農林水産業被害の防除活動が増えてきたためですが、「狩猟」や「ジビエ」という言葉が様々なメディアで紹介されるようになったことで、若い人たちの注目を集めるようになったというのも、大きな理由の一つだと考えられます。

このようによい流れが生まれつつある狩猟の世界ですが、一方で『違反狩猟者の増加』という負の面も急浮上しています。近年では狩猟の光景や捕獲した獲物をSNS等にアップロードする人が多くいます。もちろん、この行為自体は〝狩猟の楽しみを共有する〟という目的で何も悪いことはないのですが、中には、その行為や捕獲した鳥獣が〝違反〟だと気付かずに写真を上げてしまう人も少なくありません。このような違反を犯すと狩猟免許が取り消されるだけでなく、罰金刑、懲役刑といった前科のつく重たい刑罰に処される可能性があります。特に〝銃猟〟の世界は〝たった一つの過ち〟で自分と相手の人生を大きく狂わしてしまう恐ろしさを秘めています。このような問題が発生する危険性を少しでも抑えるためには、何よりも狩猟に関する法律的な知識、猟具の取扱いの知識、野生鳥獣に関する知識などをしっかりと身に着けておく必要があります。

さて、狩猟の世界ではこのような知識が重要になるため〝狩猟免許試験〟が設けられています。しかし困ったことに、近年では行政の「狩猟者人口をとにかく増やそう」という意思があまりにも強いため、試験の難易度が大幅に低下しています。

先にもお話をした通り、狩猟は『違反や事故を起こさないように続ける』ことが何よりも大事です。そのため狩猟者の間では、「試験レベルの知識では、実猟レベルでは〝理解力不足〟」という意見も多く聞かれます。

そこで本書では、あくまでも目的を『狩猟免許試験合格』としたうえで、『狩猟者は必ず覚えておかなければならない要点』を解説したり、『試験対策程度では説明不十分な点』を補完するように構成しています。そのため本書は試験対策としては解説のボリュームが多く、例題の難易度は高くなっていますが、試験合格に加えて是非とも〝実猟的な知識の習得〟を目指してください。

皆さまの無違反・無事故で楽しいハンティングライフを応援しております。

全国狩猟免許研究会　一同

第１編.

狩猟免許試験の概要と編集方針

本編に入る前に、まずはみなさんが受験する狩猟免許試験の内容や、本書の編集方針について解説をします！

第1章.
網猟・わな猟をはじめるまでの流れ

網猟・わな猟を始めるまでの基礎知識

① 試験日程や受験申請の方法を調査する

狩猟免許試験の受験申請を行う前に、まずは試験日程や申請方法を調査しましょう。狩猟免許は〝都道府県知事〟が許可を出すため、都道府県ごとに試験の実施日や実施回数が異なります。また、近年では「受験希望者多数」という理由で〝受験申請の事前申請〟を行っていたり、〝受験者の抽選〟を行っている都道府県もあります。

狩猟免許試験に関する情報は、毎年5月から6月ごろに公開されます。狩猟免許試験は都道府県ごとに毎年1回以上開催することが法律（鳥獣法施行規則第51条）で定められており、近年では少ないところでも年2回、多いところでは年10回以上開催されていることもあります。

② 情報収集はインターネットで検索が簡単

狩猟免許試験の情報は、まずはインターネットで検索してみましょう。「都道府県名＋狩猟免許試験」で検索をすると、都道府県庁のホームページが見つかるはずです。どうしても情報が見つからない場合は、都道府県庁の狩猟行政の担当課（部署の名称は都道府県で異なるため総合案内で確認）へ直接問い合わせてみましょう。

狩猟免許試験に関する情報は、近隣の猟友会に相談してみるという手もあります。近隣の猟友会の探し方は、まず「都道府県名＋猟友会」で検索をします。すると〝都道府県猟友会〟の連絡先がわかるので、電話やメールで「住んでいる場所で一番近い〝支部猟友会〟はどこか」と尋ねてみてください。

注意点として、狩猟免許試験を受けることができるのは〝住民票を置く都道府県〟です。長期出張などで『住んでいる住所』と『住民票を置いている住所』の都道府県が異なる場合は注意してください。

③ 狩猟免許申請書

狩猟免許試験受験の申請書類は都道府県によって異なりますが、主に次のような書類が必要になります。

1．狩猟免許申請書
2．医師の診断書
3．写真１部
4．手数料
5．都道府県によっては『免許証の写し』や『住民票の写し』、『返信用封筒』など

１は都道府県庁のホームページからダウンロードをして記入するか、都道府県庁の窓口、近隣の銃砲店、支部猟友会などで入手してください。
２は、統合失調症や「そううつ病」、てんかん、麻薬や覚醒剤の中毒者でないことを証明する書類で、『歯科医師を除く医師』に作成を依頼してください。法的な様式はありませんが、１の申請書と一緒に都道府県庁のホームページにフォーマットがあるはずなので、それを印刷して使いましょう。
３の写真は、縦３㎝×横 2.4 ㎝。申請前６ヶ月以内に撮影した無帽、正面、上三分身、無背景の写真、いわゆる『運転免許証用の証明写真』を用意してください。
４は、受験する区分１種類（網猟またはわな猟）につき 5,200 円。すでに受験しようとする区分以外の狩猟免許を所持している場合、または試験の一部が免除されている場合は 3,900 円です。なお、自治体（市町村）によっては農林業被害防止対策として、受験料に対して補助金が出ているところもあるので調べておきましょう。
支払方法は、都道府県の収入証紙を張って納付するのが一般的ですが、近年では印紙を廃止している都道府県もあります。その場合は、現金払い、現金書留、納付書方式、コンビニ払い、クレジットカード払いなど支払方法は違うため、それぞれの都道府県で指示されている方法に従ってください。

狩猟免許試験の内容

① 狩猟免許試験の法的な実施基準

狩猟免許試験は筆記試験、適性試験、実技試験の３つの試験で構成されています。試験は必ず筆記試験と適性試験が先に行われ、その２つに合格することで実技試験を受けることができます。試験は午前中から夕方ごろまで半日をかけて行われます。
これら狩猟免許試験の実施基準は、『鳥獣の保護及び管理並びに狩猟の適正化に関する法律施行規則』（鳥獣法施行規則）に定められています。

② 知識試験（鳥獣法施行規則第五十四条）

試験範囲	1．鳥獣の保護及び管理並びに狩猟の適正化に関する法令の知識 2．猟具の知識 3．鳥獣の知識 4．鳥獣の保護及び管理に関する知識
試験方法	記述式、択一式又は正誤式
合格基準	70パーセント以上の成績であること

③ 適性試験（鳥獣法施行規則第五十二条）

視力	視力（万国式試視力表により検査した視力で、矯正視力を含む）が両眼で0.5以上であること。ただし、一眼が見えない者については、他眼の視野が左右150度以上で、視力が0.5以上であること。
聴力	10メートルの距離で、90デシベルの警音器の音が聞こえる聴力（補聴器により補正された聴力を含む）を有すること。
運動能力	狩猟を安全に行うことに支障を及ぼすおそれのある四肢又は体幹の障害がないこと。ただし、狩猟を安全に行うことに支障を及ぼすおそれのある四肢又は体幹の障害がある者については、その者の身体の状態に応じた補助手段を講ずることにより狩猟を行うことに支障を及ぼすおそれがないと認められるものであること。

④ 技能試験（鳥獣法施行規則第五十三条）

網猟免許	1．銃器及びわな以外の猟具を見て当該猟具の使用の是非を判別すること。 2．第二条第二号に掲げる網（むそう網、はり網、つき網、なげ網）の一つを架設すること。 3．鳥獣の図画、写真又ははく製を見てその鳥獣の判別を瞬時に行うこと。
わな猟免許	1．わなを見て当該わなの使用の是非を判別すること。 2．第二条第三号に掲げるわな（くくりわな、はこわな、はこおとし、囲いわな）の一つを架設すること。 3．獣類の図画、写真又ははく製を見てその獣類の判別を瞬時に行うこと。
合格基準	減点式採点方法により行うものとし、その合格基準は、70パーセント以上の成績であることとする。

第2章.

狩猟免許試験の実施状況

猟友会基準

①『狩猟読本』に記載の猟友会基準

狩猟免許試験の法的な実施基準は、先に挙げたように鳥獣法施行規則の第52～54条に定められていますが、細かい試験内容や採点基準までは定められていません。そのため狩猟免許試験は都道府県によって、出題方針や採点基準などが異なります。

しかし、狩猟免許試験が都道府県によって「まったくバラバラ」というわけではありません。というのも、各都道府県では一般社団法人大日本猟友会が刊行している『狩猟読本』という書籍をテキストとしているため、その中に記載されている試験の実施方針（本書ではこれを『猟友会基準』と呼ぶ）が各都道府県における狩猟免許試験の出題方針や採点基準として採用されています。

狩猟読本に記載されている試験の方針は、次の通りです（適性検査に関しては規則第52条と同じ）。

② 知識試験の猟友会基準

試験範囲	**1．鳥獣法管理及び狩猟に関する法令** （ア）鳥獣の保護及び管理並びに狩猟の適正化に関する法律の目的 （イ）狩猟鳥獣・猟具・狩猟期間等 （ウ）狩猟免許制度 （エ）狩猟者登録制度 （オ）狩猟鳥獣の捕獲が禁止又は制限されている場所、方法、種類等 （カ）鳥獣捕獲等の許可、鳥獣の飼育許可並びにヤマドリ及びオオタカの販売禁止 （キ）猟区 （ク）狩猟者の狩猟に伴う義務（違法捕獲物の譲渡禁止を含む。） **2．猟具に関する知識** **（網猟免許の場合）** （ア）網の種類、構造及び機能 （イ）網の取扱い（注意事項を含む） **（わな猟免許の場合）** （ア）わなの種類、構造及び機能 （イ）わなの取扱い（注意事項を含む）

	3．鳥獣に関する知識 （ア）狩猟鳥獣及び狩猟鳥獣と誤認されやすい鳥獣の形態（獣類にあっては足跡の判別を含む） （イ）狩猟鳥獣及び狩猟鳥獣と誤認されやすい鳥獣の生態（習性、食性等） （ウ）鳥獣に関する生物学的な一般知識 **4．鳥獣の保護及び管理に関する知識** （ア）鳥獣の保護管理（個体数管理、被害防除対策、生息環境管理）の概要 （イ）錯誤捕獲の防止 （ウ）鉛弾による汚染の防止（非鉛弾の取り扱い上の留意点） （エ）人獣共通感染症 （オ）外来生物対策
試験方法	三者択一式（問題文に対して解答が3つ並び、その中から正しい記述の解答を選ぶ方式）
合格基準	問題数30問に対して正答率70パーセント以上（正答数21問以上）

③ 実技試験の猟友会基準

試験内容	**（網猟免許）** 1．猟具の判別 （法定猟具3種類、禁止猟具3種類について判別させる） 2．猟具の架設 （使用しようとする猟具1種類につき架設を行わせる） 3．鳥獣の判別 （狩猟鳥獣・非狩猟鳥獣16種類について判別させる） **（わな猟免許）** 1．猟具の判別 （法定猟具3種類、禁止猟具3種類について判別させる） 2．猟具の架設 （使用しようとする猟具1種類につき架設を行わせる） 3．鳥獣の判別 （狩猟鳥獣・非狩猟鳥獣16種類について判別させる）
合格基準	100点を持ち点とした減点方式。各項目に減点事項と減点数が設定されており、試験終了までに70点以上が残っていれば合格。

④ 狩猟免許予備講習会に参加する

各都道府県では狩猟免許試験の１カ月から１週間前の間に、『狩猟免許予備講習会』が開催されます。この予備講習会は都道府県猟友会が実施しており、狩猟読本をもとに法律や猟具、狩猟鳥獣などの解説が行われます。また、実際の網やわなを使用した実技課題対策も行われます。よって狩猟免許試験を受験する人は、できる限りこの狩猟免許予備講習会に参加するようにしましょう。

予備講習会は狩猟免許試験申請時に都道府県の担当窓口から案内されるケースが多いようですが、「自身で猟友会に問い合わせないと情報が得られなかった」という人も多くいます。そこで狩猟免許試験の１カ月前までに予備講習会の情報を得られていない場合は、都道府県猟友会に直接連絡をして開催日時等の情報を得るようにしましょう。

⑤ 狩猟免許試験は猟友会が実施しているわけではない点に注意

予備講習会の件で勘違いしてはいけないのが、狩猟免許試験は『都道府県猟友会が実施しているわけではない』という点です。試験の実施主体はあくまでも都道府県なので、試験の内容を定めたりや合否の判定を下したりするのは都道府県庁の職員です（試験会場にいる猟友会会員は試験官の〝補佐役〟）。そのため、予備講習会で知識試験対策として解説を受けた内容や、実技課題対策として練習に用いられた網・わなが、実際の試験では〝まったく出題されない〟というケースも起こりえます。

今回実施したアンケート調査結果によると、「予備講習の内容と実際の試験内容はほぼ同じだった」という意見が大半を占めています。よって令和６年の時点では、予備講習の内容と試験内容がまったく異なるという〝大番狂わせ〟が起こる可能性は極めて低いと考えられます。

しかし歴史的に見ると、狩猟免許試験の難易度は時代によって大きな差があり、例えば昭和 30 ～ 50 年代にかけて起こった「狩猟ブーム」の最中では、狩猟免許試験の合格率は「２割から３割」と言われる難関試験でした。今後狩猟者が増加して狩猟による事故や違反等が社会的な問題になると、狩猟免許試験の難易度が急激に上がるという事態も起こりえます。さらに、アンケート調査でも「狩猟免許試験で『出る』といわれた内容が、まったく出なかった」（北海道）といったコメントが少数ではありますが寄せられています。

よってこれから狩猟免許試験の受験を考えている方は「予備講習を受けておけば楽勝」といった楽観的な考えはせずに、しっかりと狩猟に関する基礎知識を身に付けるようにしてください。

第3章.

本書の編集方針

アンケート調査

本書は〝全都道府県〟に使用できる狩猟免許試験の参考書籍を目指すために、全都道府県の狩猟免許所持者（第一種・第二種銃猟も含む）を対象としたアンケート調査を実施しました。アンケートは2023年6月20日から7月7日の17日間にインターネット上で行い、総有効回答数は236、そのうち網猟に関しては19、わな猟に関しては168の有効回答（残りは銃猟のみに有効な回答）を得ました。アンケート調査で得られた都道府県の分布は下図の通りです。

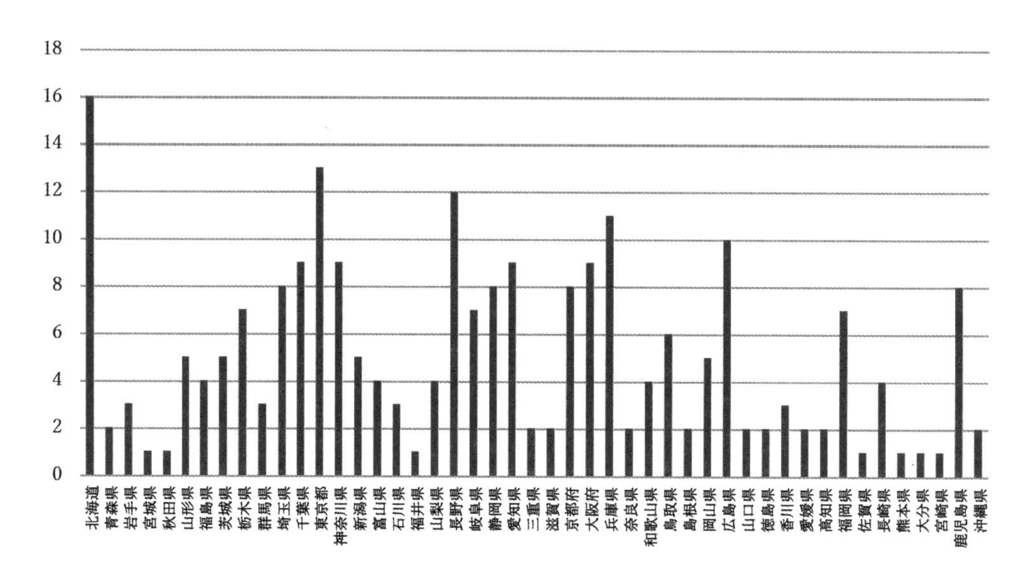

筆記試験に関するアンケート調査

① 例題集の例題と試験問題との相関

アンケート調査では、まず筆記試験の実施状況について調査を行いました。この調査では大日本猟友会刊行の『狩猟免許試験例題』が『実際に受けた筆記試験の問題』と、どの程度相関があるのか調査しました。

結論として『試験問題の10問中、7、8問は例題集の問題と一致、または類似していた』といった結果を得ました。また「三者択一式以外の方式で出題された（例えば自由記述や〇×式)」とする回答は無かったことから、筆記試験は全国的に猟友会基準である〝三者択一式〟で行われる可能性が高いといえます。

② 筆記試験解説・模試の編集方針

　このような結果を踏まえ本書の筆記試験に関する解説（例題）または模試問題は、例題集に類似した問題を７割、本書制作部が独自に想定した内容を３割で構成しています。また解説・模試の出題範囲は猟友会基準に準拠する形で構成しています。

　参考として各例題・模試問題には狩猟読本で該当する箇所の〝見出し〟を併記しています。狩猟読本の復習として本書を使用する場合は利用してください。なお、この狩猟読本の見出しは、令和５年４月改訂版を参照しています。旧版・新版では見出しの番号が合わない可能性があるので注意してください。

③ 例題の難易度設定について

　第２編の筆記試験対策解説では『例題』を載せていますが、この問題のレベルは実際の試験問題の難易度よりも、かなり高めに設定しています。例題については「答えが当たったか・外れたか」ではなく〝記述のどこに間違いがあるのか〟を理解しながら学習を進めてください。

　正直な話をすると、アンケート調査結果で『例題集の７～８割が実際の試験問題として出てくる』という結果を得られたので、試験に合格する目的だけであれば『例題集の問題と解答を丸暗記する』ことが最も効率の良い試験対策だといえます。しかし本書は『はじめに』でも述べたように、試験対策だけでなく『狩猟を続けていくために必要な知識』を身に付けてほしいという思いがあるので、このような構成になっています。

　実際に今回のアンケート調査では、以下のような意見が寄せられました。

【宮城県】

狩猟者を増やしたいという行政の考えはわかるが、難易度の低い試験だと法規やルールを理解しない狩猟者が増えてしまうと思います。

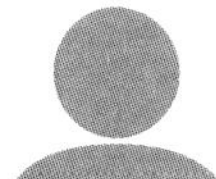

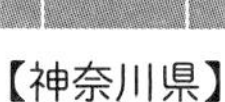

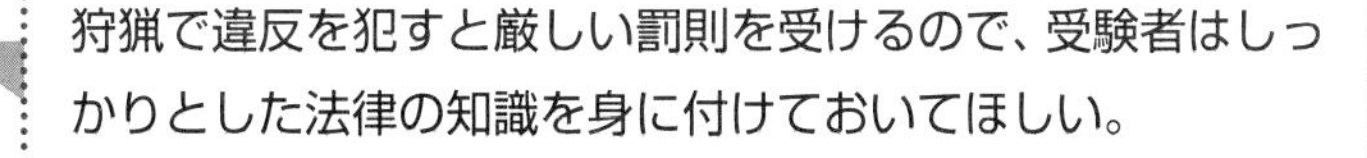

【神奈川県】

【福岡県】

私は海外でも狩猟をしているのですが、海外の狩猟免許試験は動物の解剖学的な知識が求められたり、応急処置やサバイバルに関する問題も出たりします。こういった意味で、日本の狩猟免許試験はかなりレベルが低いです。行政は狩猟者を増やすだけでなく、質の確保も重視するべきだと感じます。

実技試験に関するアンケート調査

① 実技試験の出題内容

アンケート調査によると、網猟・わな猟の実技試験で出題される猟具には、全国的に同一性があるようです。例えば、網猟免許ではほぼ100％『片むそう』が課題に出されており、架設試験においても一部地域以外の受験者は『片むそう』を選択しています。また、わな猟免許では『はこわな（踏板式）』と『はこわな（吊り餌式）』、『バネ式足くくりわな（大型獣用）』の出題頻度が極めて高く、架設試験では98％の受験者が『はこわな（踏板・両開き扉式）』、『はこわな（踏板・片開き式）』、『はこわな（吊り餌式）』、『バネ式くくりわな（大型獣用）』のいずれかを選択しているという結果を得ています。

本件について詳しくは、第３編．実技試験対策・第１章．実技試験の実施基準にアンケート調査結果をまとめています。

② 鳥獣判別の実施方法

鳥獣の写真やイラストを見て判別を行う『鳥獣判別』の試験では、都道府県によって使用されるイラスト等が異なります。

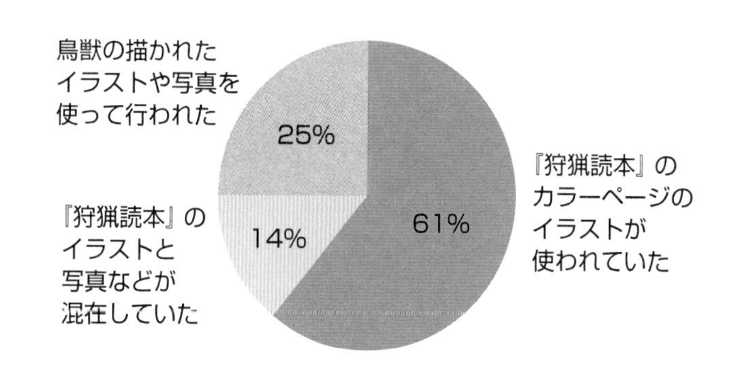

最も多く見られたのは『狩猟読本の巻頭ページに載っているカラーイラスト』で、このイラストが印刷された用紙を〝紙芝居〟のようにめくっていく方式が一般的なようです。

ただし、上記イラストでも「狩猟読本に載っていないイラストも出た」（福岡）、「予備講習では『狩猟読本のイラスト』で解説が行われていたが、試験では全く異なるイラストが使われた」（千葉・北海道）などの意見もあり、イラストを丸暗記しただけでは試験対策として危険だと言えます。

本書では巻頭ページで『狩猟鳥獣』と『狩猟鳥獣と見間違えやすい鳥獣』を掲載しています。その特徴を押さえて確実に解答ができるようにしましょう。

その他の調査結果（参考）

① アンケート調査へのご協力のお願い

以降は、狩猟免許試験とは直接関係のない調査内容ですが、試験の心構えの参考にしてください。なお、本書制作部では改版に向けて継続的にアンケート調査を行っています。Webサイト『新狩猟世界』から『アンケート調査』にアクセスしていただき、アンケートへのご協力をよろしくお願いいたします。

② 合格者の予習にかけた時間

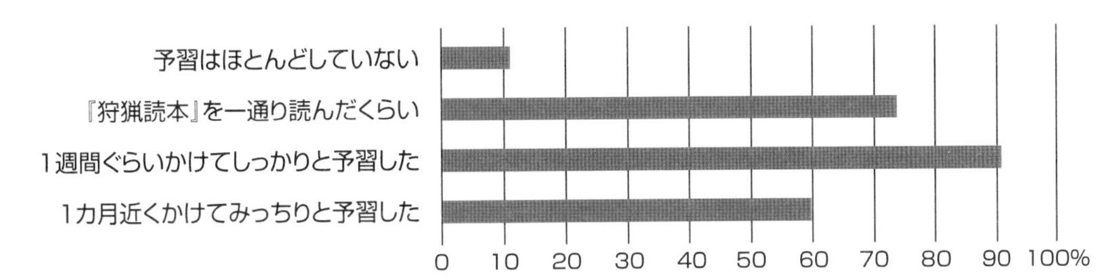

③ 予備講習について

●予備講習を受講しましたか？

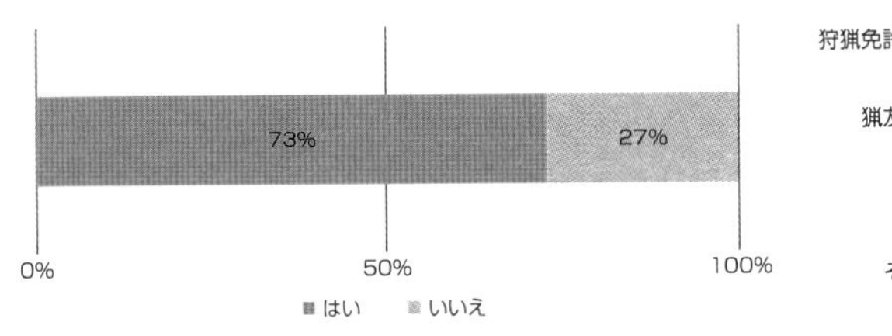

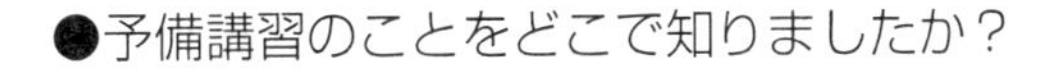

●予備講習のことをどこで知りましたか？

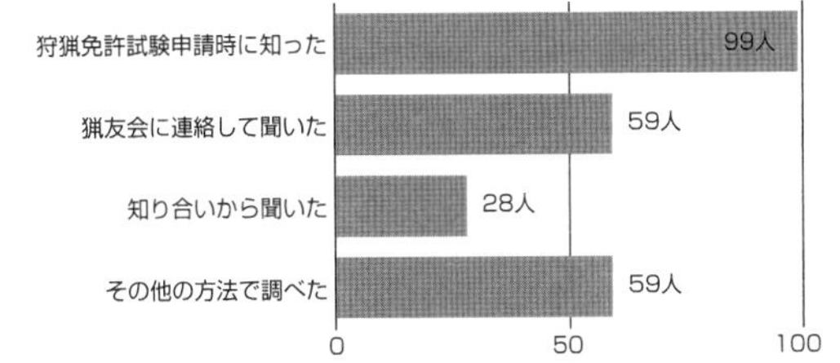

●予備講習に必要性を感じましたか？

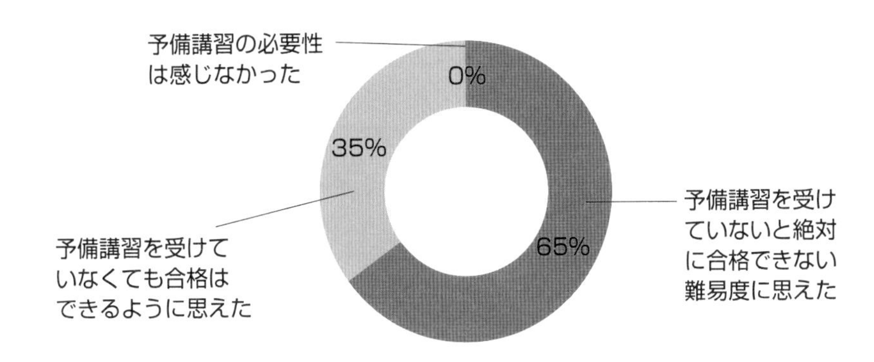

④ 狩猟免許試験の都道府県別難易度

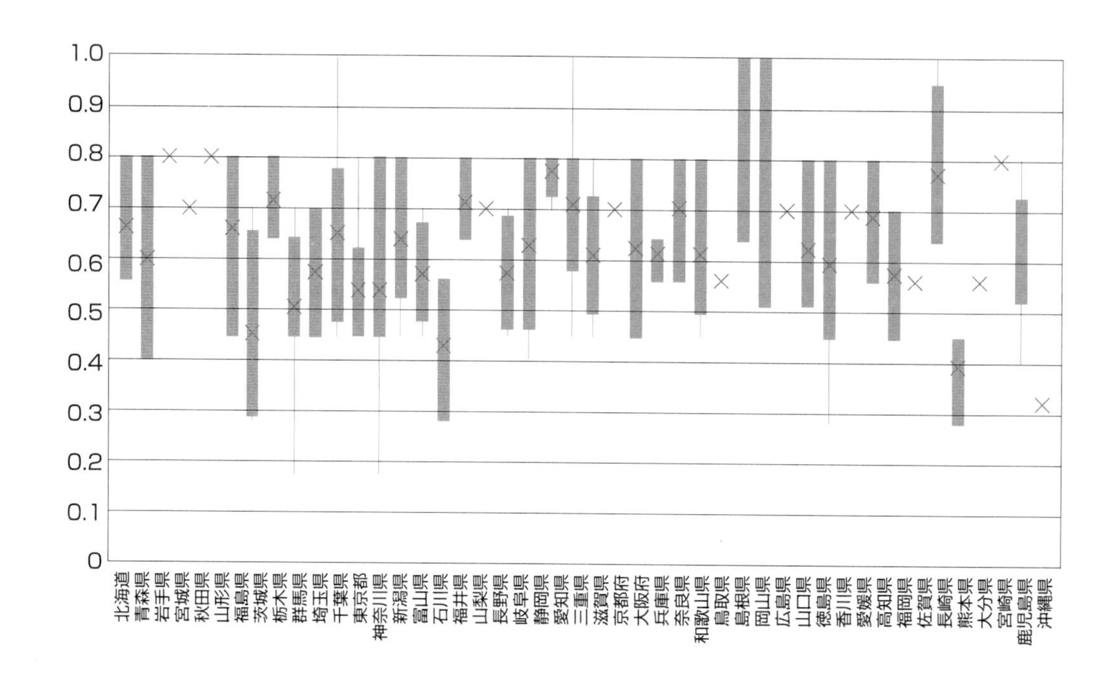

上表は、狩猟免許試験の合格率や〝手ごたえ〟などの感想を係数として、試験の難易度を都道府県別に算出したグラフです。「1」に近づくほど「試験は簡単だ」、「0」に近いほど「試験は難しい」という感想になります。

全国的に見ると、中央値は「0.74」となります。この数値は「難しくはないが、対策をしないと受からない」ぐらいのレベルだと考えられます。

なお、今回の第一回アンケート調査では、サンプル数が少ない都道府県があるため、それら都道府県の意見はあくまでも「個人的な感想」になります。

⑤ 狩猟免許試験に関する感想

【鹿児島県】

時間の都合上、予備講習を受けられない人もいると思いますが、そういった方は地元の猟友会に相談をしてみるのをオススメします。私の友人は事情があり予備講習を受けられなかったそうですが、猟友会長に直接連絡して試験のアドバイスを受けて合格していました。後日、猟友会長にはお礼として一升瓶を持って行ったそうです。

【北海道】

予備講習は受けたほうがいい。あとYouTubeで試験対策の動画が出ているので、それも参考に。予備講習で実技試験の動画を自分で撮って、それを繰り返しみることが大事。

【長野県】

当方では鳥獣被害が多すぎるため、わな猟の試験は受験者の９割が合格するような簡単な試験でした。ただ、受験者の多くはご高齢。獲物を捕獲しても、その後にちゃんと止め刺しができるのか、ちょっと不安に感じました。

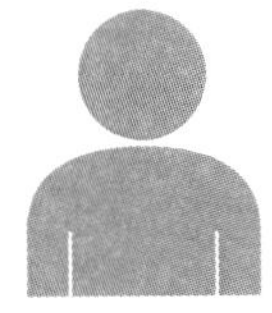

【北海道】

予備講習で「ココは出ません」と言われていた部分が、しっかりと出題されていました。予備講習は大事ですが、しっかりと勉強していないと試験には落ちます。

【東京都】

私は一度、わな猟免許に落ちました。緊張でわなの架設で手間取ってしまい、大きな減点を受けたのが原因です。わなの架設はけして難しくはありませんが、頭の中で何度もシミュレーションをして試験にのぞみましょう。

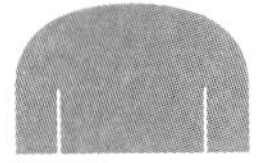

【山形県】

わな猟と銃猟のどちらの免許も持っていますが、試験の雰囲気は銃猟のほうが圧倒的に厳しいです。講師のかたも網・わなよりも銃猟に注力しているため、わな猟対策では自習もかなり大切だと感じます。

【兵庫県】

筆記試験では、県の鳥獣保護管理計画に関する問題が出題されていました。狩猟のルールは都道府県によって少しずつ異なるので、事前にチェックしておくことをオススメします。

【東京都】

予備講習のときや試験の直前では、周囲の受験者に気軽に話しかけてみるとよいと思います。同じ狩猟の道を進む人たちとは、またどこかで出会える可能性が高いので。

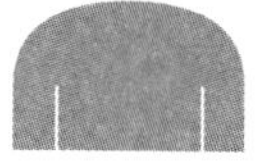

【長野県】

神奈川と長野で受験経験がありますが、講習や試験の運営方針は大きな違いがありました。予備講習も、長野はほぼ必須という感じで受験申請手続きに併せて受講費を徴収されましたが、神奈川は任意の参加となり受講費も割高でした。

【福島県】

銃とは違って、わなは免許がなくても触ることはできます。できれば受験前にわな猟師と仲良くなって、実物のわなを触らせてもらうと良いと思います。

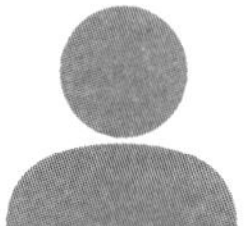

【京都府】

予備講習は講師によって理解度がかなり変わります。私の場合、講師が頼りない人だったので、復習するのにとても苦労しました。

第２編.

筆記試験対策

無事故・無違反で狩猟を続けるためには、狩猟に関する法律や猟具・鳥獣に関する知識が必須です。ここでは試験対策だけでなく、必要な知識をしっかりと身に付けていきましょう！

第1章.

鳥獣法の要点

1－1　鳥獣の保護及び管理並びに狩猟の適正化に関する法律の目的

① 鳥獣法の目的

【例題1】

「鳥獣の保護及び管理並びに狩猟の適正化に関する法律」について、次の記述のうち適切なものはどれか。

ア．国内に生息する約550種の鳥類と約80種の獣類の中から捕獲行為を禁止する『保護鳥獣』を定めている。

イ．生物の多様性の確保、野生鳥獣の保護・繁殖をはかり、さらに生活環境の保全や農林水産業の健全な発展に寄与することを目的としている。

ウ．狩猟制度の担当行政機関は、国としては農林水産省、都道府県では農林水産行政担当部局が担当している。

【要点1：狩猟の定義】

「鳥獣の保護及び管理並びに狩猟の適正化に関する法律」（以下、『**鳥獣法**』）では、日本国内に生息するすべての鳥獣（いえねずみ、一部の海生哺乳類を除く）を捕獲することを〝禁止〟しています。しかし次の場合は、野生鳥獣を捕獲できるようになっています。

1．農林業事業に伴い、やむを得ずネズミ類・モグラ類を捕獲する場合。

2．学術研究や農林水産業等の被害防除のため、環境大臣あるいは都道府県知事の許可を得て捕獲する場合。

3．狩猟鳥獣に指定された鳥獣（ひなや卵は除く）を狩猟期間中に捕獲する場合。

上記における3で鳥獣を捕獲する行為は「**狩猟**」と呼ばれており、鳥獣法では狩猟鳥獣の種類や狩猟期間、狩猟免許・狩猟者登録制度などのルールが定められています。

【要点2：鳥獣法の担当行政機関】

鳥獣法は、国全体では環境省が担当行政機関です。よって狩猟制度に関する細かなルールは環境省の省令（施行規則）に定められており、都道府県レベルでは環境省の担当部局（「○○環境局」のように名称は各地域で異なる）が窓口になっています。

【例題１解答：イ】

Ⅱ狩猟に関する法令　２鳥獣の保護及び管理並びに狩猟の適正化に関する法律（鳥獣法）鳥獣法の概要

１－２　狩猟鳥獣、猟具、狩猟期間等

① 狩猟鳥獣の種類

【例題２】

次の記述のうち正しいものはどれか。
ア．ニホンジカは狩猟鳥獣であり、その亜種のエゾジカも狩猟鳥獣である。
イ．ヨシガモ、コガモ、トモエガモ、カルガモはすべて狩猟鳥獣である。
ウ．シベリアイタチのオスは狩猟鳥獣だが、メスは狩猟鳥獣ではない。

【要点１：狩猟鳥獣は 46 種】

令和５年時点での狩猟鳥獣は、下表のとおり**獣類 20 種、鳥類 26 種**です。この狩猟鳥獣の種類は環境大臣が指定します。

【要点２：狩猟鳥獣には亜種も含まれる】

狩猟鳥獣は分類学上の「種：species」ごとに定められており、下位である「亜種：Subspecies」も含みます。一部の狩猟鳥獣には特定の亜種を除く場合もあるので注意しましょう。

獣類（20 種）				
	ヒグマ	ツキノワグマ	イノシシ	ニホンジカ
	キツネ	タヌキ	アライグマ	ハクビシン
	アナグマ	ヌートリア	ノウサギ	ユキウサギ
	テン（※1）	ミンク	イタチ（※2）	シベリアイタチ（※3）
	タイワンリス	シマリス	ノイヌ	ノネコ
	※1　テンは、亜種の「ツシマテン」を除く ※2　イタチは、メスを除く ※3　シベリアイタチは、長崎県対馬市の個体群を除く			

鳥類（26種）	オナガガモ	マガモ	カルガモ	ヨシガモ
	ハシビロガモ	ヒドリガモ	ホシハジロ	クロガモ
	スズガモ	キンクロハジロ	コガモ	カワウ
	ヤマシギ	タシギ	ヤマドリ（※4）	キジ
	エゾライチョウ	コジュケイ	ハシブトガラス	ハシボソガラス
	ミヤマガラス	キジバト	ヒヨドリ	ムクドリ
	スズメ	ニュウナイスズメ		
	※4　ヤマドリは、亜種の「コシジロヤマドリ」を除く			

【例題2解答：ア】

Ⅱ狩猟に関する法令　２鳥獣の保護及び管理並びに狩猟の適正化に関する法律（鳥獣法）（１）狩猟鳥獣　①狩猟鳥獣の種類

---

② 狩猟鳥獣でも捕獲ができないケース

【例題3】

狩猟鳥獣の『捕獲禁止規制』について、次の記述のうち正しいものはどれか。

ア．ヤマドリのメスは非狩猟鳥獣である。

イ．キジは狩猟鳥獣の一種だが、キジのメス（亜種のコウライキジは除く）は環境大臣による捕獲禁止規制により捕獲が禁止されている。

ウ．狩猟鳥獣の一時的な捕獲禁止等の規制は、環境大臣のみが行うことができる。

【要点１：狩猟鳥獣でも捕獲禁止規制が設けられる】

地域によって気候風土が大きく異なる日本国内では、野生鳥獣の生息数に大きなバラつきがあります。よって、全国一律に『狩猟鳥獣』を定めてしまうと、ある地域では捕獲のしすぎで絶滅させてしまう危険性があります。そこで環境大臣は狩猟鳥獣であっても、全国的・地域的に捕獲を禁止する権限を持っています。

例えば、キジやヤマドリは狩猟鳥獣に指定されていますが、全国的にキジ・ヤマドリの生息数が減少傾向にあるため、環境大臣により『キジ・ヤマドリのメス』は全国的に捕獲禁止規制が設けられています。ただし、上記「キジのメス」には亜種（※別種とする説もある）の『コウライキジ』は含まれておらず、コウライキジのメスは狩猟可能です。

【要点２：都道府県知事も規制を設定できる】

狩猟鳥獣の捕獲禁止規制は、全国的、または国際的（渡り鳥など）の場合は環境大臣が実施しますが、地域レベルでは都道府県知事も実施する権限を持ちます。

例えば『キツネ』は狩猟鳥獣ですが、鹿児島県では個体数の減少やノウサギの駆除のために、都道府県知事により捕獲禁止規制（県本土地域に限る）が実施されています。

狩猟鳥獣の中でも『ツキノワグマ』は、環境大臣による捕獲禁止規制に加え、複数の都道府県で捕獲禁止規制が設けられているため、狩猟をする際には十分注意をしましょう。

【例題３解答：イ】

Ⅱ狩猟に関する法令
２鳥獣の保護及び管理並びに狩猟の適正化に関する法律（鳥獣法）
（２）狩猟鳥獣　③狩猟鳥獣の捕獲規制

---

③ 猟具の種類

【例題４】

次の記述のうち正しいものはどれか。

ア．第一種銃猟免許を取得している者が使用できる猟具は、散弾銃、ライフル銃、空気拳銃、空気銃である。

イ．網猟免許を取得している者が使用できる猟具は、むそう網、はり網、つき網、なげ網である。

ウ．わな猟免許を取得している者が使用できる猟具は、くくりわな、はこわな、とらばさみ、囲いわなである。

【要点１：猟具の種類はすべて暗記する】

狩猟鳥獣を捕獲する方法には、徒手採捕（いわゆる「手づかみ」）やブーメラン、スリングショット、投石など色々な方法が考えられますが、中でも『銃器（装薬銃および空気銃）、わな、網』を使って狩猟をする方法を法定猟法といいます。この法定猟法に指定されている道具は猟具と呼ばれており、次ページの表のように分類されています。

法定猟法で狩猟をする場合は、使用する猟具に応じた狩猟免許の取得が必要となり、また狩猟を行う都道府県に対して狩猟者登録を行わなければなりません。

法定猟法（猟具）		狩猟免許の種類
装薬銃	散弾銃、ライフル銃	第一種銃猟免許
空気銃	空気銃	第二種銃猟免許
わな	くくりわな、はこわな、はこおとし、囲いわな	わな猟免許
網	むそう網、はり網、つき網、なげ網	網猟免許

【要点２：空気銃の定義を理解する】

法定猟法である「空気銃」には、空気拳銃や空気散弾銃、またプラスチック弾を発射するエアソフトガンなどは含まれません。空気銃は一般的に「エアライフル」と呼ばれています。なお空気銃には、『エアソフトガン以上・エアライフル未満のパワーを持つ空気銃』として『準空気銃』という分類がありますが、この準空気銃は猟銃・空気銃の所持許可制度で所持することができないため、狩猟に使用することもできません。

【例題４解答：イ】

Ⅱ狩猟に関する法令
２鳥獣の保護及び管理並びに狩猟の適正化に関する法律（鳥獣法）
（３）狩猟免許と猟具　①狩猟免許の種類

---

④ 狩猟期間

【例題５】

『狩猟期間』ついて、次の記述のうち正しいものはどれか。

ア．北海道の狩猟期間は、10月１日から翌年の１月31日までである。なお、北海道の猟区においては、９月15日から翌年２月末日までである。

イ．環境大臣または都道府県知事は狩猟者からの要望に応じて、狩猟期間を延長・短縮することができる。

ウ．北海道以外の狩猟期間は、狩猟者登録の有効期間と同じである。

【要点１：狩猟期間の長さ】

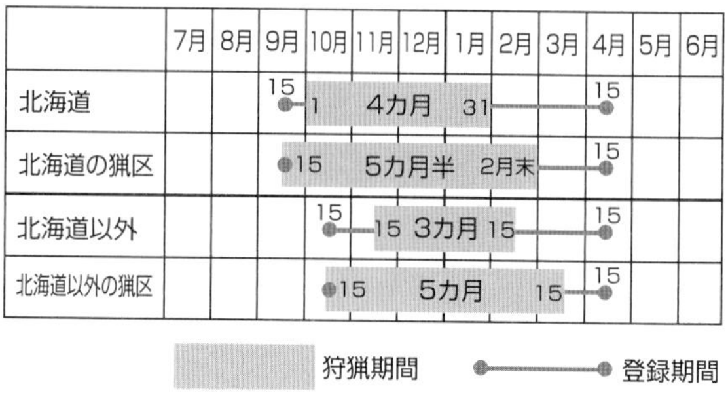

野生鳥獣を狩猟により捕獲することができる狩猟期間（一般的には「猟期」と呼ばれる）は、右図のとおり、『北海道』、『北海道の猟区』、『北海道以外』、『北海道以外の猟区』に分かれていま

	7月	8月	9月	10月	11月	12月	1月	2月	3月	4月	5月	6月
北海道			15	1	4カ月		31			15		
北海道の猟区			15		5カ月半			2月末		15		
北海道以外				15	15	3カ月		15		15		
北海道以外の猟区				15		5カ月			15	15		

狩猟期間　登録期間

す。なお、令和３年度までは「東北３県のカモ猟は 11 月１日から翌年１月 31 日まで」とされていましたが、令和４年度からはこの定めはなくなりました。

【要点２：狩猟期間の延長・短縮】
第二種特定鳥獣管理計画（詳しくは第２編４章で解説）で「管理すべき鳥獣」に指定された狩猟鳥獣は、その狩猟鳥獣に限り狩猟期間の延長が行われることがあります。「狩猟者の希望」で延長されるわけではありません。

【要点３：狩猟期間・狩猟者登録の有効期間】
狩猟期間の問題では、「狩猟者登録の有効期間」や「狩猟免許の有効期間」と記憶がゴチャゴチャにならないように注意しましょう。

【例題５解答：ア】

Ⅱ狩猟に関する法令
２鳥獣の保護及び管理並びに狩猟の適正化に関する法律（鳥獣法）（６）狩猟期間

１－３　狩猟免許制度

①狩猟免許試験の欠格事由

【例題６】

次の記述のうち正しいものはどれか。
ア．身体障害を持つものは、狩猟免許試験を受験することができない。
イ．統合失調症にかかっている者は、狩猟免許試験を受験することができない。
ウ．覚醒剤の中毒者は原則として狩猟免許試験を受けることができないが、条件により受けることができる場合がある。

【要点：欠格事由はすべて暗記する】
狩猟免許試験を受けることのできない欠格事由は次ページの表のとおりです。この条件に該当する場合は〝絶対に〟狩猟免許を受験することができません。なお、身体的な障害（例えば、腕の欠損など）があっても、狩猟免許試験を受験することはできます。ただし、適性試験に合格できる基準（鳥獣法施行規則第五十二条）でなければ免許を受けることはできません。

狩猟免許試験を受けることのできない欠格事由
狩猟免許試験の日に、第一種・第二種銃猟免許にあっては『20歳』に満たない者。 網猟、わな猟にあっては『18歳』に満たない者。
精神障害、発作による意識障害、総合失調症、そううつ病（そう病およびうつ病を含む）、てんかん（軽微なものを除く）にかかっている者。
麻薬、大麻、あへん又は覚せい剤の中毒者。
自分の行為の是非を判別して行動する能力が欠如、または著しく低い者。
鳥獣法またはその規定による禁止、もしくは制限に違反し、『罰金以上の刑』に処せられ、その刑の執行を終わり、または執行を受けることがなくなった日から『3年』を経過していない者。
狩猟免許を取り消された日から『3年』を経過していない者。

【例題6解答：イ】

Ⅱ狩猟に関する法令
2鳥獣の保護及び管理並びに狩猟の適正化に関する法律（鳥獣法）
（3）狩猟免許と猟具　②狩猟免許を受けることができない者

② 狩猟免許の有効範囲と有効期限

【例題7】

次の記述のうち正しいものはどれか？

ア．狩猟免許試験合格当初の狩猟免許の有効期間は、試験を受験した日が属する年の9月14日から数えて3年間である。

イ．狩猟免許は、有効期限が過ぎる前に管轄都道府県知事が行う講習を受けて、適性試験に合格することで、その年の9月15日に更新される。

ウ．狩猟免許の有効範囲は、狩猟免状が交付された都道府県に限られる。

【要点1．狩猟免許は全国一円で有効】

狩猟免許試験に合格すると、管轄都道府県（住所地のある都道府県）から狩猟免許が発行され、併せて狩猟免状が交付されます。この狩猟免許は国家資格であるため、1つの都道府県で取得すれば全国で狩猟者登録を行うことができます。

【要点2．狩猟免許の有効期間と注意点】

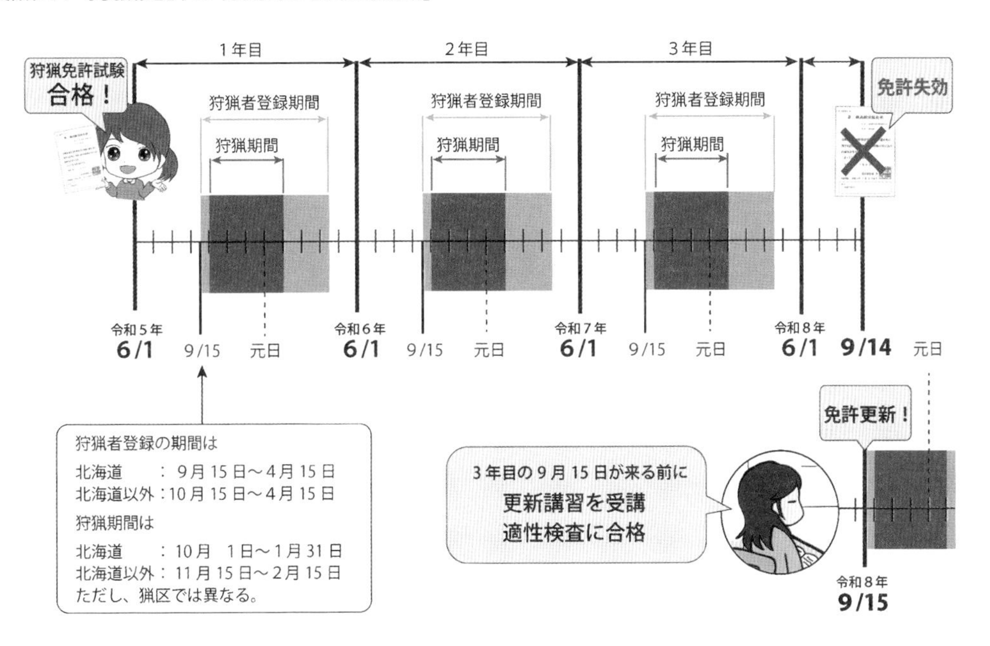

合格当初の狩猟免許の有効期間は、**「試験を受けた日から３年を経過した日の属する年の９月14日までの約３年間」**です。非常にわかりにくい表現なので、例題５の狩猟期間と合わせて上図を参考にしてください。

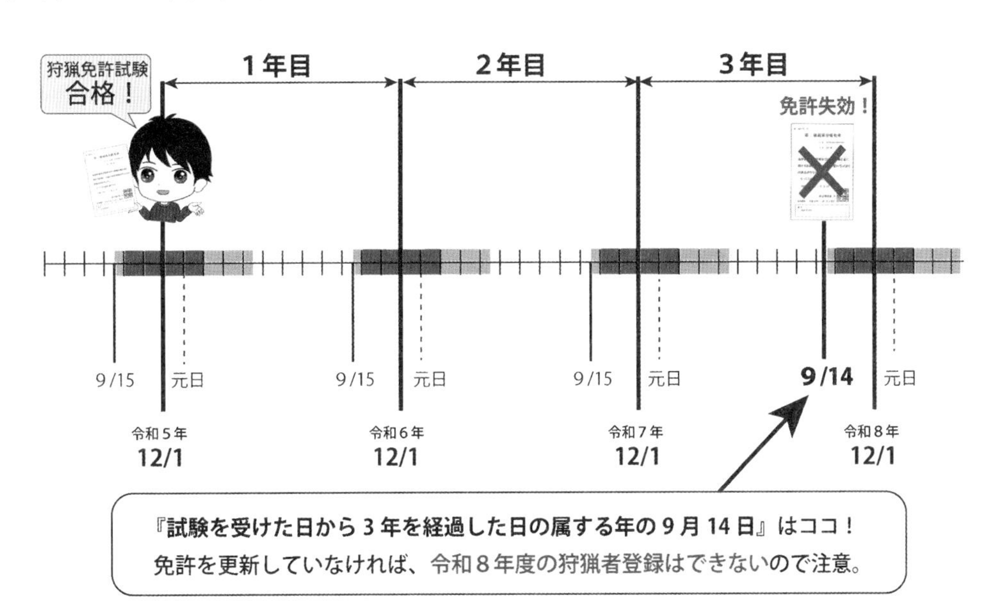

有効期限で注意が必要なのは、上記のように『９月15日を過ぎて狩猟免許を取得した場合』です。この場合、上図のように狩猟免許の有効期間は３年よりも短くなります。「有効期限は３年間」と間違って覚えてしまうと、３年目を迎える年の狩猟者登録ができなくなってしまうので注意しましょう。

なお、更新すると狩猟免許は9月 15 日に発行されるため、有効期限は誰もが「3年後の9月 14 日まで」になります。

【要点3．狩猟免許の更新】

狩猟免許を更新する場合は、有効期限が過ぎる「3年目の9月 15 日」が来る前に、管轄の都道府県に更新の申請書を提出して、都道府県知事の行う講習と適性検査を受けてください。

この「講習」は〝試験〟ではないので、筆記試験や実技試験はありません。ただし都道府県によっては、講習の最後に簡単な考査（理解度チェックのテスト）が行われる場合があるようです。

なお、更新忘れなどで狩猟免許を失効させると、再度狩猟免許を取得するためには狩猟免許試験を受けなおさなければなりません。

【例題7解答：イ】

Ⅱ狩猟に関する法令

2鳥獣の保護及び管理並びに狩猟の適正化に関する法律（鳥獣法）

狩猟免許の効力等　①免許の有効期間等

---

③ 狩猟免状の取扱い

【例題8】

『狩猟免状の取扱い』について、次の記述のうち正しいものはどれか。

ア. 狩猟中は狩猟免状と狩猟者登録証を携帯し、狩猟者記章を身に着けておかなければならない。

イ. 狩猟中は狩猟免状を携帯し、狩猟者記章を身に着けておく必要はあるが、狩猟者登録証は携帯する必要はない。

ウ. 狩猟中は狩猟者登録証を携帯し、狩猟者記章を身に着けておく必要はあるが、狩猟免状を携帯する必要はない。

【要点：狩猟免状は携帯せずに大切に保管しておく】

交付された狩猟免状は、狩猟者登録時や更新時に必要となる書類なので、狩猟中に身に着けておく必要はありません。自宅や支部猟友会で大切に保管しておきましょう。「狩猟者登録証」、「狩猟者記章」について詳しくは後述します。

【例題８解答：ウ】

Ⅱ狩猟に関する法令
２鳥獣の保護及び管理並びに狩猟の適正化に関する法律（鳥獣法）
狩猟免許の効力等　①免許の有効期間等

---

④ 狩猟免許の更新

【例題９】

『狩猟免許の更新』について、次の記述のうち正しいものはどれか。

ア．法令で定める「やむを得ない事情」で狩猟免許が更新できなかった場合、その事情がなくなってから１カ月以内であれば、更新申請書を都道府県知事に提出し、適性検査に合格することで狩猟免許を更新することができる。

イ．法令で定める「やむを得ない事情」で狩猟免許が更新できなかった場合、その事情がなくなってから１カ月以内であれば、狩猟免許試験の知識試験および技能試験が免除される。

ウ．有効期限が切れる３年目の９月 15 日までに更新申請書を都道府県知事に提出し、狩猟免許試験に再合格した場合に更新できる。

【要点：やむを得ない理由があっても、更新できるわけではない】

病気やケガで入院していた、災害が生じていた、海外旅行をしていた、などの「法令で定めるやむを得ない事情」があって狩猟免許を更新できなかった場合、その事情がなくなった日から１カ月以内に必要な手続きを行えば、狩猟免許試験の知識試験と技能試験が免除されます。例題７でも触れたように、狩猟免許は失効すると、どのような理由があっても更新することはできません。

【例題９解答：イ】

Ⅱ狩猟に関する法令
２鳥獣の保護及び管理並びに狩猟の適正化に関する法律（鳥獣法）
（４）狩猟免許の効力等　②免許の更新

---

⑤ 狩猟免許の取消し

【例題 10】

次の記述のうち正しいものはどれか。

ア. 「鳥獣の保護及び管理並びに狩猟の適正化に関する法律」に違反した場合、違反の程度に応じて狩猟免許が取り消されることがある。

イ. 覚醒剤中毒や統合失調症にかかった場合、その症状の程度に応じて狩猟免許が取り消されることがある。

ウ. 年齢が 80 歳を超えた者は、狩猟免許が取り消されることがある。

【要点："絶対に"取り消される場合と"可能性"がある場合】

絶対に取り消される場合	• 精神障害、統合失調症、そううつ病、てんかん、などにかかった場合。 • 麻薬、大麻、あへん又は覚醒剤の中毒になった場合。 • 是非弁別能力や判別能力が著しく低下した場合など。
程度に応じて取り消される場合	• 鳥獣法等に違反した場合。 • 狩猟に必要な適性に欠けるようになった場合。

狩猟免許の取り消し要件は上表のとおりです。該当すると「絶対に取り消される場合」と、「程度によって取り消される場合がある」の２種類があることに注意してください。なお、取り消される要件に年齢に関する規定はありません。

【例題 10 解答：ア】

Ⅱ狩猟に関する法令
２鳥獣の保護及び管理並びに狩猟の適正化に関する法律（鳥獣法）
（４）狩猟免許の効力等　③免許の取消し等

---

⑥ 狩猟免許の変更届

【例題 11】

『狩猟免状』の記載内容の変更等について、次の記述のうち正しいものはどれか。

ア. 他の都道府県に転居した場合は、新住所の都道府県知事に対して住所の変更届を提出する。

イ. 氏名に変更があったときは、狩猟免許の更新時に変更届を提出する。

ウ. 狩猟免状を紛失した場合は、狩猟免許は必ず取消しをうける。

【要点：変更の届けは〝遅延なく〟】

住所氏名に変更があった場合は、新しい住所を管轄する都道府県知事に対して、〝**遅延なく**〟変更届を提出します。なお、前の住所を管轄する都道府県に対して何か届け出を出す必要はありません。

狩猟免状を亡失（滅失、汚損、破損など）した場合は、管轄都道府県知事に対して再交付の申請を行うことができます。

【例題 11 解答：ア】

Ⅱ狩猟に関する法令
2鳥獣の保護及び管理並びに狩猟の適正化に関する法律（鳥獣法）
（4）狩猟免許の効力等　④免許の住所変更等

1－4　狩猟者登録制度

① 狩猟者登録の期間

【例題 12】

『狩猟者登録の期間』について、次の記述のうち正しいものはどれか。
ア. 10月 15 日から翌年4月 15 日までの6カ月間。北海道にあっては、9月 15 日から翌年の4月 15 日までの7カ月間。
イ. 11 月 15 日から翌年2月 15 日までの3カ月間。北海道にあっては、10月1日から翌年の1月 31 日までの4カ月間。
ウ. 全国一円で 10 月 15 日から翌年の4月 15 日までの6カ月間。

【要点：北海道では1カ月早く、終わりは4月 15 日で共通】

狩猟者登録の有効期限は、10 月 15 日から翌年4月 15 日（北海道は9月 15 日から翌年の4月 15 日）までです。例題5の図を参考にしてください。

【例題 12 解答：ア】

Ⅱ狩猟に関する法令
2鳥獣の保護及び管理並びに狩猟の適正化に関する法律（鳥獣法）
狩猟者登録制度　②登録方法

---

② 狩猟者登録証の返納

【例題 13】

> 『狩猟者登録証の返納等』について、次の記述のうち正しいものはどれか。
> ア．狩猟者登録証と狩猟者記章は、登録期間の満了後 30 日以内に都道府県知事に返納しなければならない。
> イ．狩猟者登録証は登録期間の満了後３カ月以内に、狩猟者記章は 30 日以内に、都道府県知事に返納しなければならない。
> ウ．狩猟者登録証は、登録期間の満了後 30 日以内に都道府県知事に返納しなければならない。狩猟者記章については返納する必要はない。

【要点：登録証は返納するが、狩猟者記章は返納の必要なし】

狩猟者登録をすると、登録をした都道府県から『狩猟者登録証』と『狩猟者記章』（一般的には「ハンターバッヂ」と呼ばれる）が届きます。この２つは狩猟中、必ず携帯し、バッヂは服や帽子など他人から見やすい位置に装着しておきましょう。

狩猟期間が終了したら、狩猟者登録証は 30 日以内に交付を受けた都道府県に返納します。狩猟者記章は返す必要はないので、記念に取っておきましょう。

狩猟者登録証、狩猟者記章を亡失した場合は〝遅延なく〟都道府県の担当窓口に届をだして再交付の手続きを受けてください。

【例題 13 解答：ウ】

Ⅱ狩猟に関する法令
２鳥獣の保護及び管理並びに狩猟の適正化に関する法律（鳥獣法）
（５）狩猟者登録制度

---

③ 狩猟者登録の抹消・取り消し

【例題 14】

> 次の記述のうち正しいものはどれか。
> ア．狩猟免許が取り消された場合でも、すでに受けている狩猟者登録は有効なので、当猟期まで狩猟を続けることができる。
> イ．住所・氏名の変更を行わなかった場合、狩猟者登録は取り消されたり、期間を定

めて効力が停止されたりする可能性がある。
ウ. 狩猟免許が取り消された場合、狩猟者登録は抹消される可能性がある。

【要点：狩猟免許が取り消されたら、狩猟者登録は必ず抹消される】

違反などを犯して狩猟免許が取り消されたときは、すでに受けていた狩猟者登録は、必ず抹消（登録が消去）されます。よって狩猟期間中であったとしても、抹消された時点で狩猟を続けることはできません。なお、住所変更等を怠った場合は、その悪質性に応じて狩猟免許の取り消しなどが行われる場合があります。

【例題 14 解答：イ】

Ⅱ狩猟に関する法令
2鳥獣の保護及び管理並びに狩猟の適正化に関する法律（鳥獣法）
（5）狩猟者登録制度

---

④ わな・網の標識

【例題 15】

網・わなの『標識』について、次の記述のうち正しいものはどれか。
ア. 人の往来の激しい場所に設置しないのであれば省略してもよい。
イ. いつ設置した網・わななのか、日付を明記しなければならない。
ウ. 標識には住所、氏名、都道府県知事名、登録年度、登録番号を記入する。

【要点：網・わなには標識を設置する】

網・わなを使用する場合は、『住所、氏名、都道府県知事名、登録年度、狩猟者登録番号』を記載した『標識』を、見やすい場所に付けておかなければなりません。標識に関する詳しい決まりごとについては、第2編第2章（P99）で解説をします。

【例題 15 解答：ウ】

Ⅱ狩猟に関する法令
2鳥獣の保護及び管理並びに狩猟の適正化に関する法律（鳥獣法）
（5）狩猟者登録制度　④標識

1－5　狩猟者の狩猟に伴う義務（違法捕獲物の譲渡禁止を含む）

① 鳥獣法の違反行為・その他

【例題 16】

> 次の記述のうち正しいものはどれか。
> ア．鳥獣保護管理員は都道府県知事より任命される都道府県の非常勤職員である。
> イ．鳥獣法に違反して捕獲した鳥獣を、無償で譲り受ける分には問題ない。
> ウ．鳥獣保護管理員以外からの狩猟者登録証の提示要求を受けたとしても、個人情報なので応じる義務はない。

【要点1：無料でもらっても、剥製（はくせい）であっても違反になる】

違法に捕獲された鳥獣（生体だけでなく、標本や剥製なども含まれる）は、たとえ無償であっても「譲受け」自体が禁止されています。「剥製にするために預かっただけ」といった理由でも罪に問われる可能性があります。

【要点2：狩猟者登録証提示の義務】

鳥獣保護管理員とは、鳥獣の保護管理事業の実施に関する業務（たとえば、鳥獣保護区等の管理や、傷病鳥獣の救護、狩猟者の法令遵守指導など）を行う非常勤の地方公務員で、都道府県知事が任命します。狩猟中に鳥獣保護管理員から指導や注意を受けたら、必ずその指示に従うようにしてください。

鳥獣保護管理員や警察官、土地の所有者、またそれら以外の関係者から狩猟者登録証の提示を求められた場合、狩猟者はそれに応じる義務があります。拒んだ場合、三〇万円以下の罰金刑に処される可能性があります。

【例題 16 解答：ア】

Ⅱ狩猟に関する法令
2鳥獣の保護及び管理並びに狩猟の適正化に関する法律（鳥獣法）
（17）その他

---

② 鳥獣法の罰則

【例題 17】

鳥獣法の『罰則』について、次の記述のうち適切なものはどれか。
ア. 鳥獣法に違反した場合、狩猟免許は取り消される可能性があるが、罰金刑などの刑事罰を受けることはない。
イ. 鳥獣法に違反した場合、罰金刑以上の罰則を受ける可能性がある。
ウ. 鳥獣法に違反した場合、その罪状によっては無期懲役や死刑になる可能性もありえる。

【要点：鳥獣法違反は罰金刑以上を受ける可能性がある】

鳥獣法に違反した場合の主な罰則と違反行為の内容は下表の通りです。罰金刑以上は狩猟免許が取り消されるだけでなく〝前科〟が付くので、違反を犯さないように細心の注意を払いましょう。

なお、日本における刑罰の重さは、『死刑＞懲役＞禁錮＞罰金＞拘留＞過料』の順に重くなります。鳥獣法違反は「１年以下の懲役」が最も重い刑事罰なので、無期懲役や死刑になることはありません。

刑事罰	主な違反行為
一年以下の懲役又は百万円以下の罰金	「狩猟鳥獣以外の鳥獣を捕獲」、 「猟期外に狩猟鳥獣を捕獲」など。
六カ月以下の懲役又は五十万円以下の罰金	「捕獲頭羽数制限を超えて捕獲」など。
五十万円以下の罰金	「指定猟法禁止区域で指定猟法を使用する」
三十万円以下の罰金	「土地の占有者の許可を受けずに狩猟をする」、 「捕獲等をした鳥獣の放置」など。

【例題 17 解答：イ】

Ⅱ狩猟に関する法令
２鳥獣の保護及び管理並びに狩猟の適正化に関する法律（鳥獣法）
（18）罰則

---

③ 各調査機関への協力

【例題 18】

次の記述のうち正しいものはどれか。
ア. 鳥類の渡りのルートなどを調べる調査のために、足環をつけた鳥類を見つけた場合は環境省に届け出るように努める。
イ. 放鳥されたキジやヤマドリには足環やフラッグが付いていることがあるので、捕獲したら記念に取っておくとよい。
ウ. 毎年1月15日前後に全国一斉でガン・カモ類の生息数の調査が行われるため、カモ類の狩猟自粛が求められている。

【要点：調査等への協力は狩猟者の義務と心得る】

狩猟中に足環をつけた渡り鳥を発見したら、『山階鳥類研究所』に届けを出すように努めましょう。

足環やフラッグの付いたキジやヤマドリは猟友会が放鳥した鳥です。捕獲した場合は足環やフラッグを猟友会に提出しましょう（様式は各都道府県猟友会で異なる）。

「ガン・カモ類の生息数調査」は、環境省が主体となって全国一斉に1月15日前後（狩猟期間中）に実施されます。この時期は正確な調査を行うためや事故防止などのために、カモ猟は自粛するようにしましょう。

上記の内容は法律で定められているわけではありませんが、狩猟者の『義務』として心得ておきましょう。

【例題 18 解答：ウ】

Ⅵ狩猟の実施方法　16 各種調査への協力

1－6　狩猟鳥獣の捕獲が禁止又は制限される場所、方法、種類等

① 猟法の使用規制

【例題 19】

『猟法の使用規制』について、次の記述のうち正しいものはどれか。
ア. ツキノワグマ、ヒグマ、イノシシ、ニホンジカを捕獲する目的で使用されるライ

フル銃は、口径の長さが 5.9 ㎜未満でなければならない。
イ. かすみ網は、法定猟法の『はり網』の一種であり、人が操作することによって飛んできた鳥を捕獲する猟具である。
ウ. 航行中のモーターボート上からの発砲は、原則として禁止されている。ただし、５ノット未満の低速で航行している状態であれば、発砲は認められている。

【要点１：禁止猟法はすべて暗記する】

「狩猟鳥獣の乱獲や、他鳥獣の錯誤捕獲などを防止する」ための目的で、狩猟には「使ってはいけない道具や方法」があります。これらは禁止猟法と呼ばれています。

また、禁止猟法と合わせて、爆薬や劇薬、毒薬、据銃、落とし穴（陥穽）などは『人の生命や財産に危害を加える危険性がある』ために使用が禁止されています。これらの猟法は危険猟法と呼ばれます。

禁止猟法
空気散弾銃を使用する猟法。
ヤマドリおよびキジの捕獲等をするためテープレコーダーなどを使用する猟法。 キジ笛を使用する猟法。
犬にかみつかせることのみにより捕獲等をする方法、犬にかみつかせて狩猟鳥獣の動きを止め、もしくは鈍らせ、法定猟法以外の方法により捕獲等をする猟法。（ただし、銃猟中に猟犬が獲物を偶然に噛殺してしまったり、発砲により猟犬を死傷させてしまう危険性が高く、やむをえずナイフ等で止めさしをする場合などは、本規制の対象外）
かすみ網を使用した猟法。
おし、とらばさみ、つりばり、とりもち、矢（吹き矢、クロスボウなど）を使用すること。
危険猟法
爆薬や劇薬、毒薬、据銃、落とし穴（陥穽）など

上記の禁止猟法で、『空気散弾銃』は、威力が弱く狙った獲物を仕留めきれずに半矢にしてしまう可能性が高いので使用が禁止されています。同様の理由で、クロスボウやコンパウンドボウなどの『矢』を使った猟法も禁止されています。

なお、網･わなに関する禁止猟法について詳しくは、第２編第２章「猟具に関する知識」で詳しく解説をします。

【要点２：法定猟法でも禁止猟法に触れることがある】

禁止猟法には『法定猟法』とオーバーラップしている部分があります。例えば『散弾銃』は法定猟法の一種なので狩猟に使用することができますが、「口径の長さが 10 番を超える銃器（口径が大きい散弾銃）」は禁止猟法に触れるので使用することができません。

法定猟法に係わる禁止猟法
口径の長さが10番を超える銃器を使用する猟法。（銃の口径は番数が小さくなるほど大きくなる。つまり10～1番の口径は禁止）
飛行中の飛行機、もしくは運行中の自動車、または5ノット以上の速力で航行中のモーターボートの上から銃器を使用する猟法。
構造の一部として3発以上の実包を充てんすることができる弾倉のある散弾銃を使用する猟法。
ライフル銃を使う猟法。ただし、ヒグマ、ツキノワグマ、イノシシ、ニホンジカに限っては、口径の長さが5.9㎜を超えるライフル銃を使用可能。
ユキウサギ及びノウサギ以外の対象狩猟鳥獣の捕獲等をするため、はり網を使用する方法。（人が操作することによってはり網を動かして捕獲等をする方法を除く）
同時に31以上のわなを使用する猟法。
鳥類、ヒグマ、ツキノワグマをわなで捕獲すること。
イノシシ、ニホンジカを捕獲する『くくりわな』で、輪の直径が12㎝より大きい、もしくはワイヤーの直径が4㎜未満、もしくは締付け防止金具、よりもどしが装着されていないもの。
イノシシ、ニホンジカ以外の獣類を捕獲する『くくりわな』で、輪の直径が12cmより大きい、もしくは締め付け防止金具が装着されているもの。
法定猟法に係わる危険猟法
危険なわな（例えば、人の手で操作ができないほどの強力なバネや、獲物を宙吊りにするような強力な動力を持つわな）

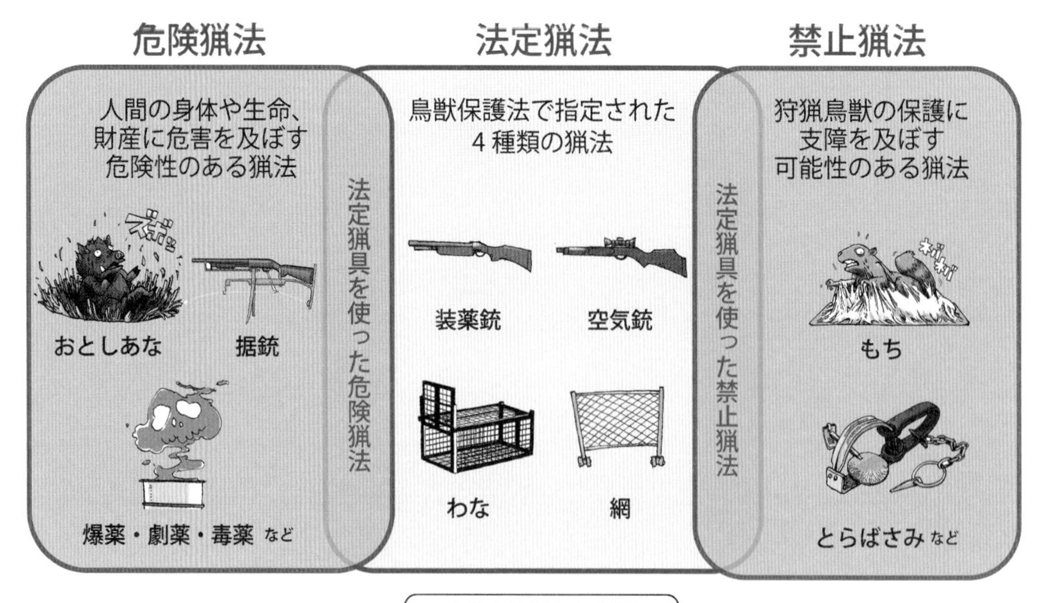

【例題 19 解答：ウ】

Ⅱ狩猟に関する法令
２鳥獣の保護及び管理並びに狩猟の適正化に関する法律（鳥獣法）
（３）狩猟免許と猟具　③猟法の使用規制

---

② 捕獲数の制限

【例題 20】

１日当たりの捕獲数の制限について、次の記述のうち正しいものはどれか。
ア．ヤマシギおよびタシギは、合計して５羽である。
イ．カモ類は１種類につき、５羽まで捕獲できる。
ウ．網を使ってカモ類を捕獲する場合は、１日に 200 羽まで捕獲できる。

【要点：捕獲数の上限はすべて暗記する】

カモ類	１日あたり合計５羽。 網を使う場合は、狩猟期間中に合計して 200 羽まで。
エゾライチョウ	１日あたり２羽。
ヤマドリ及びキジ（コウライキジを除く）	１日あたり合計して２羽。
コジュケイ	１日あたり５羽。
ヤマシギ及びタシギ	１日あたり合計して５羽。
キジバト	１日あたり 10 羽。

狩猟鳥獣の捕獲数上限は上表のように定められています。例えば、１日の狩猟で１人の狩猟者が「マガモ３羽、カルガモ１羽、コガモ１羽」の合計５羽であれば問題ありませんが、「マガモ５羽、カルガモ５羽、コガモ５羽」だと合計 15 羽になるので違反になります。

【例題 20 解答：ア】

Ⅱ狩猟に関する法令
２鳥獣の保護及び管理並びに狩猟の適正化に関する法律（鳥獣法）
（７）捕獲数

---

③ 狩猟が禁止されている場所

【例題 21】

次の記述のうち正しいものはどれか。

ア．都市公園など人が集まる場所では銃器による狩猟が禁止されているが、網・わなによる狩猟は禁止されていない。

イ．わなにかかった狩猟獣が公道上に飛び出すような設置方法であっても、わな自体が公道上に設置されていなければ違反にはならない。

ウ．狩猟が禁止されている「公道」には、自動車道や歩道だけでなく、農道や林道も含まれる。

【要点：狩猟が禁止されている場所は、どの猟法でもダメ】

禁止されている場所	主な理由
公道（農道や林道も含む）	人や車の往来を妨げるため。
社寺境内・墓地	神聖さや尊厳を保持するため。
区域が明示された都市公園	人が多く集まる所で事故を防止するため。
自然公園の特別保護地区、原生自然環境保全地域	生態系保護を図るため。

狩猟が禁止されている場所は上表のとおりです。これらの場所では銃猟だけでなく、網猟・わな猟、徒手採捕などの自由猟も禁止されています。

上記でわかりにくいのが「公道」という表現です。「公道」という言葉には法律的な定義はありませんが、　応、所有者が国や地方公共団体以外の、いわゆる「私道」も含まれるとされています。よって『農道』や『林道』をはじめ「人が往来することを目的に設けられた道」は、すべて〝狩猟禁止〟とされています。

【例題 21 解答：ウ】

Ⅱ狩猟に関する法令
2鳥獣の保護及び管理並びに狩猟の適正化に関する法律（鳥獣法）
（9）捕獲規制区域等　①狩猟禁止の場所

④ 銃猟における注意点

【例題 22】

次の記述のうち正しいものはどれか。

ア．人や飼養動物、建物などに弾丸が到達するおそれがある方向への銃猟は、実害が発生した場合に限り違反として扱われる。
イ．公道上で狩猟をすることは禁止されているが、公道上にいる獲物を銃猟することは問題ない。
ウ．弾丸が公道上に着弾すると違反だが、上空を通過した場合でも違反となる。

【要点１：銃猟では弾の発射方向に注意】

銃猟では、人、飼養動物、建物や電車、自動車、船舶などの乗り物に対して発砲することが禁止されています。さらに上記の人や物に「弾丸が到達するおそれがある距離･方向」から発砲することも違反に当たります。

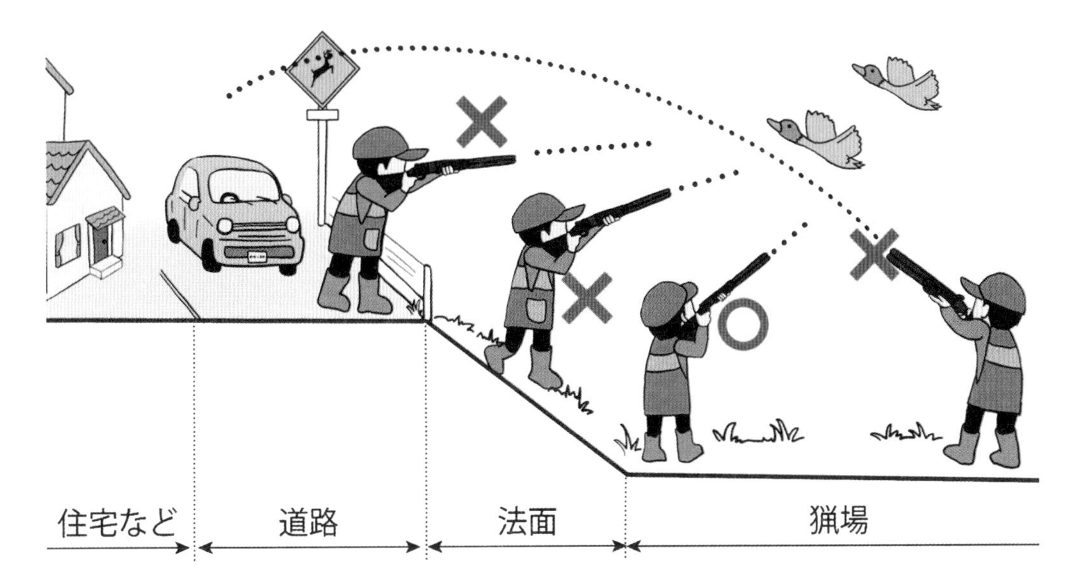

【要点２：住宅密集地での銃猟は禁止】

「住居が集合している地域や広場、駅などの多数の人が集まる場所」での銃猟も禁止されています。この「住宅が集合している」という表現が曖昧なのでわかりにくいですが、平成 12 年に「半径約 200m 以内に人家が約 10 件ある場所は『住宅が密集している場所』にあたる」という最高裁判例が出たことから、狩猟者の間では一応の基準になっています。なお、本件は網猟・わな猟には関係ありませんが〝法律の話〟なので、共通問題として出題される可能性があります。

【例題 22 解答：ウ】

Ⅱ狩猟に関する法令
２鳥獣の保護及び管理並びに狩猟の適正化に関する法律（鳥獣法）
（９）捕獲規制区域等　①狩猟禁止の場所

---

⑤ 鳥獣保護区・休猟区

【例題 23】

次の記述のうち正しいものはどれか。

ア.『休猟区』は、環境大臣が指定する。

イ.『鳥獣保護区』は、鳥獣を保護する目的で、全国的な見地からは環境大臣が、地域的な見地からは都道府県知事によって指定される。

ウ.『休猟区』では、生息数が減少している狩猟鳥獣の狩猟は禁止されているが、それ以外の狩猟鳥獣を捕獲することは問題ない。

【要点：設定主体と目的を覚える】

捕獲規制区域の名称		設定主体	主な目的
鳥獣保護区	国指定鳥獣保護区	環境大臣	鳥獣の保護（全国的）
	都道府県指定鳥獣保護区	都道府県知事	鳥獣の保護（地域的）
休猟区		都道府県知事	減少した狩猟鳥獣の増加

狩猟が規制されている区域は、先の例題以外にも、上表に挙げる鳥獣保護区と休猟区も含まれます。これらの区域では標識が立っているので、その区域に入猟してはいけません。

鳥獣保護区には、『渡り鳥の一大繁殖地』のような全国的・国際的（ラムサール条約などを履行するため）に重要とされる場所があり、環境大臣が国指定鳥獣保護区に指定します。『都道府県内の希少な生物が多数生息するエリア』といった地域レベルでは、都道府県知事が都道府県指定鳥獣保護区に指定します。

なお、鳥獣保護区内には「埋め立てや人工物設置に許可を要する」とした特別保護地区があり、さらにその中には「焚火や植物の採取、撮影等に許可を要する」とした特別保護指定区域があります。

【例題 23 解答：イ】

Ⅱ狩猟に関する法令
2鳥獣の保護及び管理並びに狩猟の適正化に関する法律（鳥獣法）
（9）捕獲規制区域等

---

⑥ 特定猟具使用禁止・制限区域

【例題 24】

次の記述のうち正しいものはどれか。

ア.『特定猟具使用制限区域』に入猟する者は、都道府県知事の承認を得なければならない。

イ.『特定猟具使用禁止区域』は、野生鳥獣の保護を目的として都道府県知事が設定する。

ウ.『特定猟具使用禁止区域（銃器の使用禁止）』で銃猟を行う者は、都道府県知事の承認を得なければならない。

【要点１：特定猟具使用禁止・制限区域の目的を理解する】

規制区域の名称	設定主体	主な目的	入猟の承認
特定猟具使用禁止区域	都道府県知事	危険防止や静穏の保持のため	なし
特定猟具使用制限区域			都道府県知事の入猟承認が必要

『特定猟具使用禁止区域』と『特定猟具使用制限区域』は、特定の法定猟法（銃器、網、わな）の使用が原則として禁止されているエリアです。特定猟具使用禁止区域の中でも特に銃器を禁止する区域は、一般的に『銃禁エリア』や『銃猟禁止区域』と呼ばれており、銃猟をする狩猟者は特に注意が必要です。これら区域にも鳥獣保護区や休猟区のような看板が立っています。

【要点２：禁止区域と制限区域の違い】

禁止区域と制限区域の主な違いは、制限区域は都道府県知事から『入猟の承認』を得れば、特定猟具で狩猟が可能です。ただし近年では制限区域を設けている都道府県はおそらく無く、また「網やわな」を使用禁止・制限する区域も見当たりません。実猟的には「銃禁エリア」の存在だけ知っていればよいですが、一応法律的な知識として覚えておきましょう。

【要点３：鳥獣保護区・休猟区との違い】

鳥獣保護区と休猟区は「鳥獣の保護」を目的とする一方で、特定猟具使用禁止・制限区域は「銃弾による危害を防止したり、発砲音により周辺住人を脅かさないようにするため」などが目的となります。よって、病院や学校が新しく建てられたり、新興住宅地として開発が行われたりするエリアは、ある年から急に「銃禁エリア」に指定されることがあります。銃猟を行う人は毎年都道府県から発行される『鳥獣保護区等位置図』(いわゆる「ハンターマップ」)に目を通して確認をしましょう。

【例題 24 解答:ア】

Ⅱ狩猟に関する法令
2鳥獣の保護及び管理並びに狩猟の適正化に関する法律(鳥獣法)
(9)捕獲規制区域等 (16)指定猟法禁止区域

---

⑦ 指定猟法禁止区域

【例題 25】

『指定猟法禁止区域』について、次の記述のうち適切なものはどれか。
ア. 住民の生命や財産を守るために「銃器の使用禁止」などを定めた区域である。
イ. 「水辺域における鉛散弾使用禁止」など、鳥獣の保護に重要な支障をおよぼす恐れがある猟法の使用を禁止する区域である。
ウ. 爆発物や毒薬などの使用を禁止した区域である。

【要点:おおむね『鉛散弾規制区域』を指す】
指定猟法使用禁止区域は、『鳥獣の保護に重要な支障を及ぼすおそれがあると認められる猟法』を禁止する区域です。鳥獣保護区のように、全国的な見地から規制する場合は環境大臣が、地域的な見地からは都道府県知事が指定します。
「特定猟具使用禁止・制限区域」と区別がつきにくいかもしれませんが「指定猟法」とは「法定猟法の中での1つの猟法」で、近年では『水辺における鉛散弾の使用禁止(鉛散弾規制区域)』が該当します。

【例題 25 解答:イ】

Ⅱ狩猟に関する法令
2鳥獣の保護及び管理並びに狩猟の適正化に関する法律(鳥獣法)
(16)指定猟法禁止区域

---

⑧ 銃猟の時間規制

【例題 26】

銃猟の時間規制について、次の記述のうち正しいものはどれか。

ア. 日没後から日の出前までは銃猟が禁止されているが、わな猟や網猟には時間規制がないため、夜間であっても架設ができる。

イ. 日没または日の出の定義は狩猟者の感覚的なものであり、目がよい人は夜遅くまで、または朝早くから銃猟ができる。

ウ. 日没後から日の出前までに行う夜間銃猟は原則禁止されているが、環境省令で定める一定の条件に従えば、一般狩猟者でも夜間銃猟は可能である。

【要点1：日の入りと日の出の時間は国立天文台が決める】

銃猟は日没から日の出までの時間は禁止されています。注意点として、この「日没」と「日の出」の時間は感覚的なものではなく、国立天文台が発表する「こよみ（暦）」のことです。この暦は日にちと都道府県によって異なるため、出猟前には必ず当日・狩猟をする都道府県の「日の入り」と「日の出」の時間をハンターマップ等で確認してください。なお、本件は網猟・わな猟には関係のない話ですが〝法律の話〟なので、共通問題として出題される可能性があります。

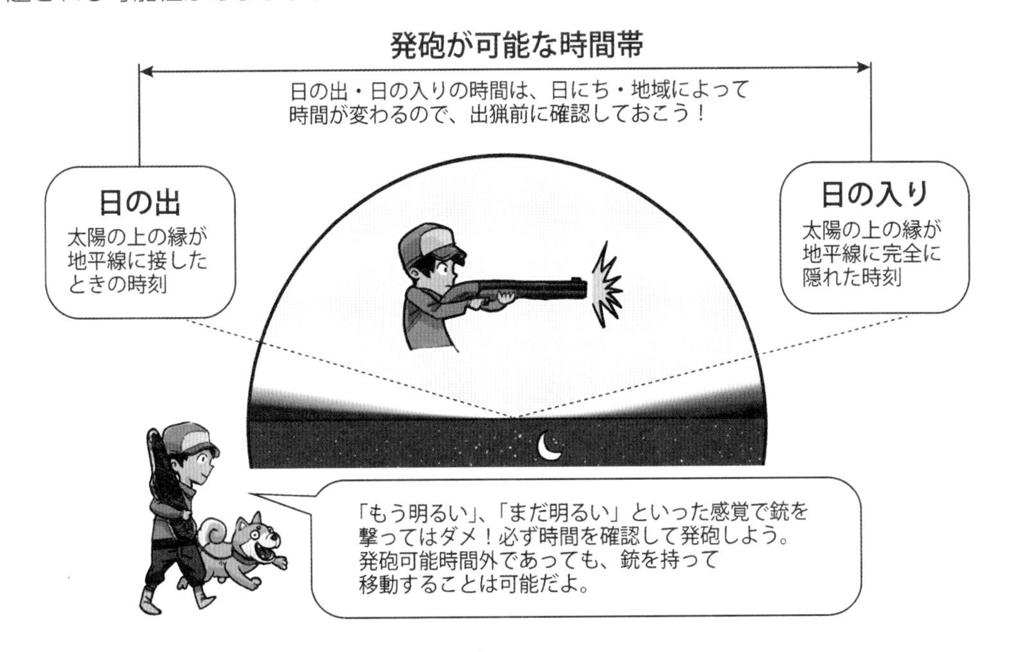

【要点2：一般狩猟者は、夜間銃猟は不可】

「日の入り」から「日の出」までの時間に行う銃猟を『夜間銃猟』といいます。ただし、夜間銃猟が許可されているのは『認定鳥獣捕獲等事業者』が環境省令で定める一定の条件下でのみ行えることなので、一般的な狩猟者には関係ありません。認定鳥獣捕獲等事業者については、第２編第４章で詳しく解説をします。

【例題 26 解答：ア】

Ⅱ狩猟に関する法令
２鳥獣の保護及び管理並びに狩猟の適正化に関する法律（鳥獣法）
（９）捕獲規制区域等　⑥銃猟の時間規制

---

⑨ 土地占有者の承諾を得なければならない場所

【例題 27】

> 次の記述のうち、正しいものはどれか。
> ア．果樹園内で狩猟をする場合、土地所有者に狩猟鳥獣の捕獲許可をうけなければならない。
> イ．国有林で狩猟をする場合は、林野庁から入猟の承認を受けなければならない。
> ウ．垣やさくなどで囲われた土地では、土地占有者の承諾を得なければ狩猟はできない。

【要点：捕獲の許可ではなく『狩猟の承認』を受ける】

日本では野生鳥獣は〝無主物〟なので、狩猟をする土地の人に「狩猟鳥獣を捕獲する許可」を受ける必要はありません。しかし『垣・さくなどで囲まれた土地（牧場や敷地内など）、作物のある土地（果樹園や畑など）』で狩猟をする場合は、その土地の所有者からの『狩猟をする承認』が必要になります。

なお、国有林で狩猟をする場合『狩猟の承認』を受ける必要はありませんが、管轄の森林管理事務所に入林の手続きなどが必要になる場合があります。

余談ですが、法律的には上記の場所でのみ狩猟の承認が必要になりますが、実際の狩猟では里山や休耕地のような場所であっても、その土地の人やその場にいる人に「狩猟をやってもよいか」を尋ねて承認をもらうことが望ましいといえます。地元の人たちとトラブルを起こさないことを心がけましょう。

【例題 27 解答：ウ】

Ⅱ狩猟に関する法令
２鳥獣の保護及び管理並びに狩猟の適正化に関する法律（鳥獣法）
（10）土地占有者の承諾等

---

⑩「捕獲等」の定義

【例題 28】

次の記述のうち正しいものはどれか。
ア．獲物に向かって発砲をした場合、当たり所が悪く逃がしてしまっても、それは「捕獲行為」をしたことになる。
イ．鳥獣を空砲や花火などで威嚇する行為は捕獲には当たらないので、狩猟鳥獣以外に行っても問題はない。
ウ．鳥獣保護区から獲物を追い出して捕獲することは禁止されているが、狩猟ができる場所から鳥獣保護区に逃げ込んだ獲物は捕獲可能である。

【要点１：弾が当たらなくても捕獲等になる】
鳥獣法で定める「捕獲等」という言葉は「獲物を殺傷して手に収める」だけでなく、「生きたまま採取する」、「わなや網で獲物を拘束する」といった行為も含まれます。さらに銃猟では、「獲物に向かって発砲する」や「弾は命中したが逃げられる（半矢）」、「空砲を使って狩猟鳥獣を威嚇する」も含まれることに注意してください。

【要点２：追い出し猟の禁止】
鳥獣保護区や休猟区など狩猟ができない場所から獲物を追い出し、禁止されていないエリアで銃猟をするといった猟法は、「追い出し猟」として禁止されています。「カモが大量に群れている銃禁エリアの池に〝花火〟を撃ち込み、飛んできたカモを撃ち落とす」といった猟法も「追い出し猟」と解釈されるので注意してください。

【例題 28 解答：ア】

Ⅱ狩猟に関する法令
２鳥獣の保護及び管理並びに狩猟の適正化に関する法律（鳥獣法）
（13）捕獲等の定義等　①捕獲等の定義

---

⑪ 銃器等による止めさし

【例題 29】

次の記述のうち正しいものはどれか。
ア．銃器の所持者でなくても、止めさしの用途であれば、他人から銃器を借りることができる。

イ. わなにかかった獲物がノウサギのような小動物であった場合、銃器による止めさしはできない。
ウ. 電気ショックで止めさしをすることは違反にあたる。

【要点1：銃器による止めさしの要件を理解する】

捕獲した野生鳥獣は、捕獲した時点で『無主物』から捕獲した人の『所有物（家畜)』に移ったものとして扱われます。よって、わなで捕獲された獣を銃器を使って『止めさし』する行為は、狩猟ではなく〝屠殺〟とみなされるため、銃刀法上の目的外利用（猟銃・空気銃は、狩猟・標的射撃・有害鳥獣駆除の用途のみで所持可能であり、屠殺はこの目的に含まれない）として違法とされてきました。

しかし近年、くくりわなにかかった大型獣が暴れて狩猟者が死傷するケースが後を絶たないことから、下表の条件において銃器による止めさしが容認されるようになりました。

銃器による止め刺しの条件
止め刺しを実施する人は、その都道府県で銃猟者登録を受けていること。
止め刺しをする場所が銃禁エリアでないこと。
獲物の動きを確実に固定できない『くくりわな』などにかかっている場合。
わなにかかっているのがイノシシやオスジカ（有害鳥獣駆除ではクマ類も）といった獰猛かつ大型の動物であること。
わなをしかけた狩猟者の同意があるうえで行われること。
跳弾や誤射などの危険性がないことが確保されていること。

【要点2：電気ショッカーは止めさしに利用できる】

わなにかかった獲物に電極を突き刺し感電状態にする『電気ショック（電気殺処分器)』は、禁止猟法に含まれていないため止めさしに使用することは問題ありません。ただし、感電事故等には十分注意して取り扱いましょう。

【例題 29 解答：イ】

Ⅱ狩猟に関する法令
2鳥獣の保護及び管理並びに狩猟の適正化に関する法律（鳥獣法）
（13）捕獲等の定義等　①捕獲等の定義

---

⑫ 残滓の取扱い

【例題 30】

> 次の記述のうち正しいものはどれか。
> ア．捕獲した鳥獣をその場で解体し、内臓や骨といった部位をその場に放置して帰ることは、問題にはならない。
> イ．捕獲した鳥獣が思いのほか大きかったり、運搬する道具を持っていなかった場合は、例外としてその場に放置することができる。
> ウ．捕獲した鳥獣を放置することは違反となるが、地形や地質、積雪等で持ち帰ることが困難で、埋設も困難と認められる場合は、例外として認められる。

【要点１：捕獲した獲物は原則すべて持ち帰るか、適切に埋設する】

捕獲した鳥獣は、全量を持ち帰るか、全量または骨や内臓などの残滓を〝適切に埋設〟する必要があります。どういった基準を「適切」とするかは明確な定めはありませんが、「埋めた獲物の死体や残滓を野生鳥獣が簡単に掘り返せない程度に深い穴を掘る」程度の対応は必要だといえます。

なお、狩猟で捕獲した獲物やその残滓は、一般廃棄物（生ごみ）として出しても問題ありません。ただし狩猟者のマナーとして、血や内臓がゴミ袋の外側から見えたり、臭いが漏れないように対処をしましょう。有害鳥獣駆除の場合は、都道府県や市町村から発行される捕獲許可証に「捕獲後の処置」という記載があるので、その内容に従って処分してください。

【要点２：持ち帰りが困難な場合は、例外的に放置可能】

大型獣を捕獲した際に、地形や地質で持ち帰るのが困難であり、さらに地面が雪に埋もれて埋設も困難な場合は、例外的に捕獲した狩猟鳥獣を放置することができます。ただし狩猟者として「回収が困難な気象・場所で狩猟をやらない」というのが大前提です。

【例題 30 解答：ウ】

Ⅱ狩猟に関する法令
２鳥獣の保護及び管理並びに狩猟の適正化に関する法律（鳥獣法）
（15）残滓放置規制

1－7　鳥獣捕獲等の許可、鳥獣の飼養許可並びにヤマドリ及びオオタカの販売禁止

① 捕獲許可制度

【例題 31】

> 次の記述のうち正しいものはどれか。
> ア．鳥獣の捕獲許可は、レジャー目的でも申請を行うことができる。
> イ．非狩猟鳥獣や、鳥のひな・卵であっても、環境大臣または都道府県知事から捕獲許可を受けることで、捕獲が可能になる。
> ウ．鳥獣の捕獲許可が下りた場合は、１年を通して全国的に許可の下りた鳥獣を捕獲することができる。

【要点１：狩猟制度と捕獲許可制度は全く別の制度】

捕獲許可制度では、例えば「学術研究」や「鳥獣の保護」、「鳥獣の個体数管理」、「生活環境や農林水産業の被害防止」、「博物館や動物園などの施設に展示」、「愛がんのための飼養」といった目的がある場合、環境大臣または都道府県知事がその申請に対して『捕獲許可』を出すことで、その鳥獣を捕獲することができます。

なお、ここでいう「鳥獣」は、狩猟鳥獣である必要はありません。捕獲の許可が下りれば、狩猟鳥獣でないニホンザルやカモシカ、ドバトといった鳥獣も捕獲可能ですし、狩猟期間外であっても問題ありません。捕獲許可制度を理解するためには、まず「狩猟制度とはまったく別の話」ということを頭に入れておいてください。

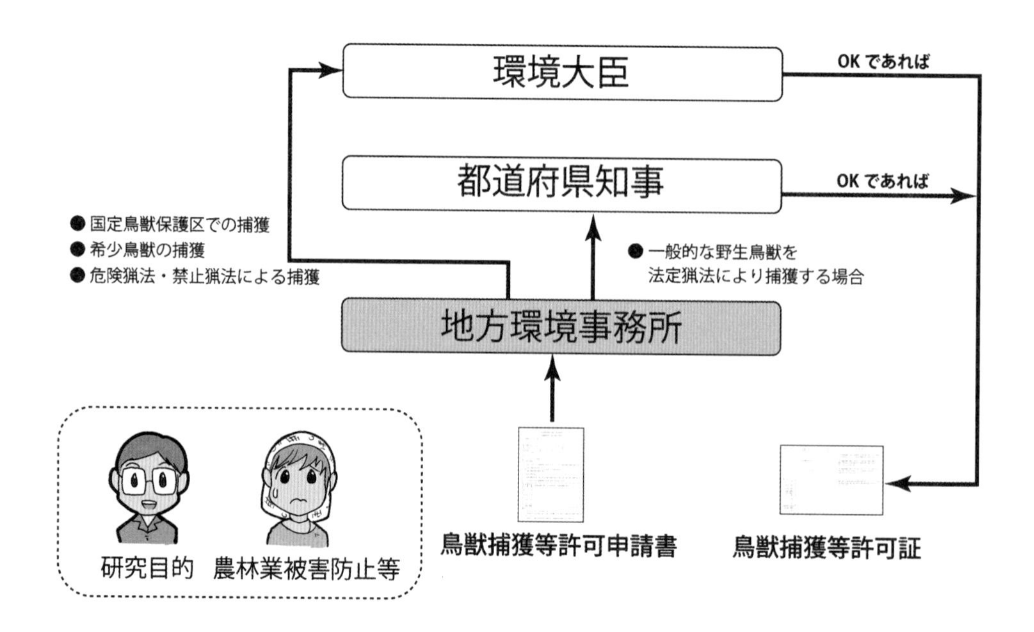

狩猟制度と捕獲許可制度の違いは下表になります。

	狩猟制度	捕獲許可制度
捕獲対象	狩猟鳥獣（ひな・卵を除く）	すべての鳥獣（ひな・卵を含む）
捕獲の理由	問わない	学術研究、農林水産業の被害防止、鳥獣の保護・個体数管理など
捕獲にあたる申請	必要なし（法定猟法を使用する場合は狩猟免許の取得と狩猟者登録が必要）	環境大臣または都道府県知事（有害鳥獣捕獲では市町村長）が許可を出す
捕獲者の資格要件	法定猟法にあたっては 網：網猟免許 わな：わな猟免許 装薬銃、空気銃：第一種銃猟免許 空気銃：第二種銃猟免許	申請内容により異なるが、有害鳥獣捕獲の場合は原則として、使用する猟具に応じた狩猟免許が必要。
対象地域	鳥獣保護区、休猟区、狩猟が禁止されている区域以外	許可された範囲内
時期	狩猟期間	許可された期間
方法	禁止された猟法以外（法定猟法では網猟、わな猟、銃猟）	許可された方法（危険猟法によっては制限あり）

【要点２：有害鳥獣捕獲は捕獲許可制度内で行われる】

捕獲許可制度は狩猟制度とは別制度なので詳しく知っておく必要はありませんが、捕獲許可制度で実施される『有害鳥獣捕獲』は狩猟者にとっても関係してくる点なので、しっかりと理解しておきましょう。

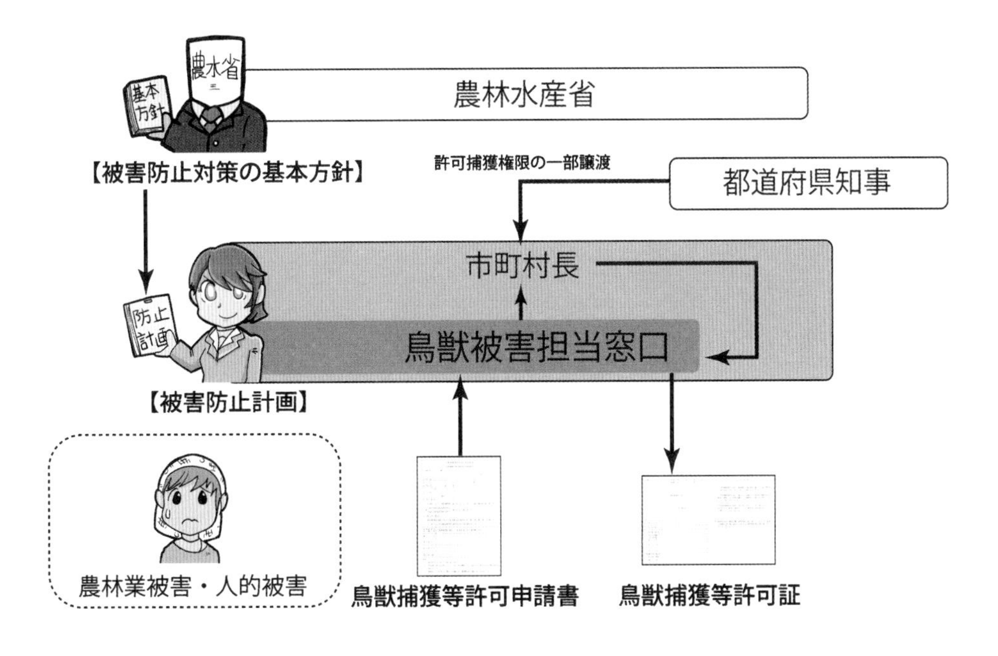

有害鳥獣捕獲は、2007 年に制定された『鳥獣による農林水産業等に係る被害の防止のための特別措置に関する法律』（鳥獣被害防止特措法）で仕組みが作られており、これにより都道府県知事の持つ「捕獲許可を出す権限」の一部または全部が市町村長に譲渡されます。

市町村は野生鳥獣被害の現場に最も近い行政機関なので、都道府県が許可を出すよりも迅速に有害鳥獣対策が行えるようになりました。なお、この制度は〝任意〟なので、上記のような仕組みを持たない市町村もありますが、少なくとも 2016 年には 1,500 の市町村（全国市町村の約９割）がこの仕組みを採用しています。

【要点３：鳥獣被害対策実施隊を覚えておく】

許可捕獲制度に関してはもう一つ、鳥獣被害対策実施隊について理解しておきましょう。

先述の仕組みで、市町村は被害現場の状況に則した有害鳥獣対策が実施可能となりますが、一般的な人が畑に出没するイノシシやニホンジカを捕獲したり侵入を防いだりといったことはなかなかできません。そこで各市町村では「被害防止施策に積極的に取り組むことが見込まれる者」を鳥獣被害対策実施隊に任命し、鳥獣被害対策や生息状況の調査、鳥獣の捕獲などの取り組みを実施しています。

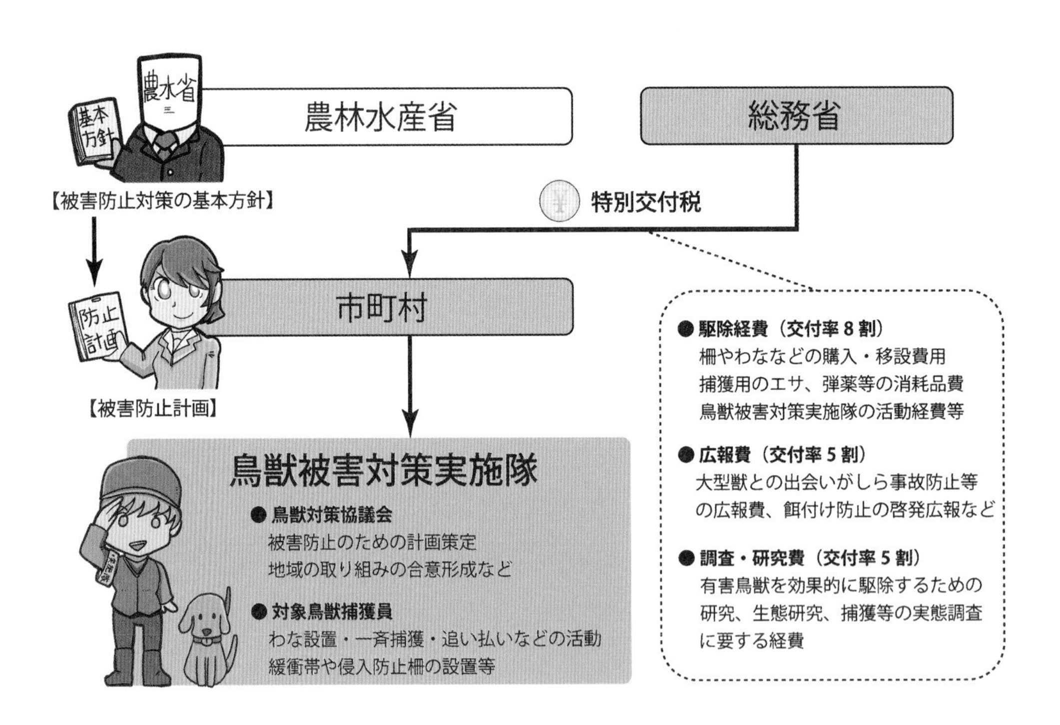

鳥獣被害対策実施隊の中でも、特に捕獲活動に従事する隊員は「対象鳥獣捕獲員」と呼ばれており、一般狩猟者が任命されることもよくあります。なお、任命された者は非常勤特別職の地方公務員であり、「捕獲報奨金」といった名目で報酬が支払われることもあり

ます。近年、地方では野生鳥獣による農林業被害が加速度的に増えているので、これから狩猟者を目指す人は、是非参加を検討してみてください。

なお、対象鳥獣捕獲員の任命は市町村長が行いますが、どのような基準で任命をするかは市町村によって異なります。気になる人は市町村の農林振興課などに問い合わせるか、「○○市町村　鳥獣被害防止計画」で検索してみるとよいでしょう。

【例題 31 解答：イ】

Ⅱ狩猟に関する法令
２鳥獣の保護及び管理並びに狩猟の適正化に関する法律（鳥獣法）
（11）鳥獣の捕獲許可等

---

② 鳥獣のはく製販売・飼養等

【例題 32】

次の記述のうち適切なものはどれか。

ア．ヤマドリの生体を販売する場合は都道府県知事から許可を受ける必要があるが、剥製や食肉などを販売する場合は許可を受けなくてもよい。

イ．狩猟期間中に捕獲したヤマドリ以外の狩猟鳥獣を販売や飼養等する場合は、都道府県知事からの許可を受ける必要はない。

ウ．狩猟鳥獣（ひなを除く）であれば、どのような鳥獣であっても捕獲の許可や飼養登録を受けずに飼養が可能である。

【要点１：ヤマドリは販売禁止鳥獣】

狩猟で捕獲した狩猟鳥獣は、食肉（ジビエ）として消費することはもちろん、剥製や標本にしたり、生け捕りにして飼養、繁殖、販売することもできます。ただし「ヤマドリ」については『販売禁止鳥獣』に指定されているため、生体や剥製、肉などを販売する場合は、都道府県知事の許可を受けなければなりません。なお、販売禁止鳥獣には「オオタカ」も含まれますが、オオタカは狩猟鳥獣ではないため、捕獲許可が無ければ捕獲することはできません。

【要点２：特定外来種は飼養禁止】

先に「狩猟鳥獣は飼養や販売が許可なくできる」と述べましたが、狩猟鳥獣であっても、アライグマ（カニクイアライグマを含む）、ミンク（アメリカミンク）、ヌートリア、タイワンリス（クリハラリス）は『特定外来生物』に指定されているため、これら獣を飼養したり、生体として販売することはできません。

特定外来生物については、『第2編第4章（4－5）外来生物対策』でも詳しく解説をします。

【例題32解答：イ】

Ⅱ狩猟に関する法令

2鳥獣の保護及び管理並びに狩猟の適正化に関する法律（鳥獣法）

（11）鳥獣の捕獲許可等　③飼養　④販売

1－8　猟区

【例題33】

『猟区の種類』についての次の記述のうち、適切なものはどれか。

ア．捕獲調整猟区の中には、キジのメスであっても狩猟ができるところもある。

イ．猟区（放鳥獣猟区を含む）を設定できるのは、国または都道府県、市町村といった行政機関に限られる。

ウ．放鳥獣された狩猟鳥獣のみを捕獲対象とした猟区は放鳥獣猟区と呼ばれている。

【要点1：猟区の定義】

「猟区」とは、猟場（鳥獣保護区、休猟区、狩猟ができない区域以外の場所）の一部を区切り、放鳥獣などを行い狩猟鳥獣の保護と繁殖を図った区域のことを指します。また猟区は、猟区の設定者（国や都道府県、市町村、猟友会や森林組合などの民間団体）により狩猟者の制限や捕獲等数の制限などのルールが設けられており、入猟する際は入猟承認料を支払う必要があります。イメージ的には「天然釣り堀の狩猟バージョン」です。

なお、令和3年時点における猟区は、北海道の『西興部村猟区』、『占冠村猟区』、神奈川県の『清川村猟区』など、国内に13ケ所しかありません。

【要点2：放鳥獣猟区】

例題5で解説したとおり、猟区内で狩猟をする場合は狩猟期間が延長されています。また猟区には、放鳥獣をしている狩猟鳥獣のみを捕獲対象とした放鳥獣猟区と、それ以外の猟区（狩猟読本では「捕獲調整猟区」と記載）があります。

キジやヤマドリを放鳥している放鳥獣猟区では、キジ・ヤマドリのメスを狩猟できる場合があります。ただし、令和5年時点では放鳥獣猟区を設定している場所はありません。

【要点3：狩猟税が安くなる特例】

狩猟者登録をする際には、狩猟をする場所を「都道府県内全域」とするか「放鳥獣猟区のみ」とするかが選択できます。「放鳥獣猟区のみ」を登録した場合は、その登録区分では放鳥獣猟区のみでしか狩猟ができませんが、狩猟税の税率が4分の1になります。ただし令和5年時点では全国的に放鳥獣猟区はないため、この制度は実質的には形骸化しています。

【例題33解答：ウ】

Ⅱ狩猟に関する法令
2鳥獣の保護及び管理並びに狩猟の適正化に関する法律（鳥獣法）
（12）猟区　②猟区の種類

網猟・わな猟は〝準備９割、本番１割〟

野池に浮かぶ大量のカモを見て「ここで網をつかったら、カモを一網打尽にできるのでは!?」と思い、網猟免許に興味を持った方も多いのではないでしょうか？もしそうだとしたら、あなたの試みがうまくいくことは〝絶対に〟ありません。

網猟は鳥がいる場所に網を仕掛けても捕獲することはできません。なぜなら、常日頃から天敵に狙われている野生動物は、私たち人間が意識する以上に違和感に対して敏感であり、少しでも危機感を覚えると近寄ってくることはないからです。

網でカモを捕獲するためには、まずは〝餌場を作ること〟が大切です。具体的には、網を張ってもよい畑や水辺を見つけたら、網を張る前にくず米や青米、そばなどを撒きます。カモたちははじめのうちは警戒して近寄ってきませんが、大量にある餌を目の前に少しずつ警戒心が緩んでいき、餌を撒いた場所に集まってくるようになります。この餌やりを繰り返してカモたちの警戒心が十分緩んできたと思ったら、網を架設してスタンバイ状態にしておき、捕獲を実行する〝Xデー〟を決めます。

この『カモのむそう網猟』に限らず、網猟やわな猟の世界は〝準備９割、本番１割〟と言われています。例えば『谷切網猟』や『坂越網猟』と呼ばれる網猟では、鳥（主にカモ）が飛行するルートと時間、天候や風向きなどを事前に調査しておかなければなりません。同様にわな猟の一種である「はこわな」においても、イノシシやニホンジカがはじめから箱の中に入ってくることはないので、餌を使って少しずつ警戒心を解いていく必要があります。

このように網猟やわな猟は「免許と猟具があればすぐに獲物を捕獲できる」というわけではありません。よって、網猟やわな猟を検討している人は、まず「準備に使える時間的余裕はあるのか」を検討してください。もし十分な時間がとれない忙しい方であれば、獲物と出会えば捕獲の可能性が少なからず存在する、散弾銃や空気銃を使った銃猟を強くオススメします。

第2章.

猟具に関する知識

2－1　網の種類、構造及び機能

① 網の分類

【例題１】

次の記述のうち、法定猟具のみを挙げているものはどれか。
ア．むそう網、かすみ網
イ．もちなわ、はり網
ウ．つき網、なげ網

【要点１：法定猟具の〝網〟を暗記する】

猟具の「網」は、柔軟性のある糸を格子状に編み、それを獲物にかぶせて絡め取る道具です。網猟の歴史は非常に古く、古代エジプトの壁画には網を使って水鳥を捕獲する姿が残されていることから、網猟は少なくともリネン（亜麻）が盛んに活用されるようになった紀元前３千年ごろにはすでに存在していたと考えられます。

猟具としての網は人類有史以前から様々なものが使われてきましたが、現在日本で網猟免許を取得することで使用できる網（法定猟具）は、「むそう網」、「はり網」、「つき網」、「なげ網」の４つに分類されています。

<table>
<tr><th colspan="2">分類</th><th>猟具名</th><th>分類の一例</th></tr>
<tr><td rowspan="13">道具としての網</td><td rowspan="9">法定猟具の網</td><td rowspan="4">むそう網</td><td>穂打ち</td></tr>
<tr><td>片むそう</td></tr>
<tr><td>双むそう</td></tr>
<tr><td>袖むそう</td></tr>
<tr><td rowspan="3">はり網</td><td>うさぎ網</td></tr>
<tr><td>谷切網（峰超網）</td></tr>
<tr><td>袋網（地獄網）</td></tr>
<tr><td>つき網</td><td>うずら網、叉手網</td></tr>
<tr><td>なげ網</td><td>坂網（坂取網）、かも網</td></tr>
<tr><td rowspan="3">禁止猟具の網</td><td>はり網</td><td>かすみ網</td></tr>
<tr><td>もちなわ</td><td>ながしもちなわ
はりもちなわ</td></tr>
<tr><td>つりばり</td><td>はえなわ</td></tr>
<tr><td colspan="3">上記以外の網（例えば「魚用のたも網」、「捕虫網」など）</td></tr>
</table>

【要点2：禁止猟具が禁止である理由を理解する】

法定猟具の判別問題で頻出するのが、「かすみ網」、「もちなわ」、「つりばり」の禁止猟具3種類です。禁止猟具の判別では名前を丸暗記するのではなく、「なぜその網が禁止されているのか？」という理由まで理解しておきましょう。なお、かすみ網に関しては「はり網」の項目で詳しく解説をします。

1．捕獲した獲物が死ぬ可能性が高い、または無駄に長く苦痛を与えてしまう。
2．錯誤捕獲が起こったとき、無傷で放鳥獣することが困難である。
3．狩猟鳥獣、非狩猟鳥獣の区別なく、無作為に鳥獣を捕獲してしまう可能性が高い。
4．番人（網を操作する人）がいなくても作動する（ただし「うさぎ網」は除く）。

【要点3：「もちなわ」は粘着物質の付いた網で水鳥を絡めとる】

「もちなわ」は、ヤマグルマやクロガネモチなどの樹脂で作った粘着物質「とりもち」や、粘着性のある化学物質を網に塗り、網に触れた鳥獣を絡めとる猟具です。もちなわの種類には、網を水辺に敷いて餌や囮につられて寄ってきた水鳥を捕獲する「ながしもちなわ」や、蜘蛛の巣の要領で空中に張る「はりもちなわ」などがあります。このようなもちなわは、狩猟鳥・非狩猟鳥の区別なく網にかけてしまうことや、非狩猟鳥がかかっても無傷で解放することができないため使用が禁止されています。

なお、もちなわに限らず粘着性のある物質を使った猟法は総じて禁止されています。例えば、「はご（羽子）」と呼ばれる棒にとりもちを付け、水田や沼地に大量に刺して鳥をからめとる「千本はご」や、囮の入った鳥かごを高く吊るしておき、寄ってきた鳥をとりもち付きのはごで絡めとる「たかはご」、陸上を歩く鳥の移動ルートにとりもち付きのシートを敷いておく「グルートラップ」などの猟法も禁止されています。

【要点4：「つりばり」は餌の付いた網でひっかけて捕獲する】

「つりばり」は文字通り、魚釣り用のかぎ針を使った猟法全般を指します。つりばりを使った網には、漁具として使用される「はえなわ」があります。これは、網に結び付けた餌付きのつりばりを水中に沈めておき、つりばりごと餌を飲み込んだ水鳥を捕獲します。つりばりの使用が禁止されている理由は「とりもち」と同じく、無作為に捕獲してしまうことと、錯誤捕獲された鳥獣を無傷で放鳥獣することができないためです。

【例題１解答：ウ】

Ⅳ猟具に関する知識　２網・わな　２－１網　（１）種類

---

② むそう網

【例題２】

> 次の記述のうち、「むそう網」のみを挙げているものはどれか。
> ア．つき網、地獄網、袋網
> イ．片むそう、坂あみ、峰越網
> ウ．双むそう、穂うち、袖むそう

【要点１：むそう網の種類は４種類】

法定猟具の一種である「むそう網」には、網の組方や仕掛け方の違いにより、「片むそう」、「双むそう」、「穂うち」、「袖むそう」の４種類に分類されます。このなかで「穂うち」だけは「むそう」の名前が付いていないので注意してください。

【要点２：「分類」は法律的な決まりではない点に注意】

法定猟具である「むそう網」、「はり網」、「つき網」、「なげ網」は法律上で定められた用語ですが、狩猟読本で〝分類〟とされている網の名前、例えば「むそう網」でいうところの「穂うち」、「片むそう」、「双むそう」、「袖むそう」という用語には、法定の定義があるわけではありません。そのため、むそう網には上記以外にも「雁むそう」や「かくし網」、「ひら網」といった種類があり、また「穂うち」の中にも複数のバリエーションがあったり、「双むそう」を「りょうばむそう」と呼ぶ地方もあります。

狩猟免許試験の対策としては、狩猟読本に書かれている網の分類まで用語として覚えておく必要はあります。しかし実際に網猟を行うにあたっては、その地域で行われる網猟の用語やノウハウを諸先輩方から学んでいくようにしましょう。

【例題２解答：ウ】

Ⅳ猟具に関する知識　２網・わな
２－１網　（２）構造や使用方法　①むそう網

【例題３】

「むそう網」について、次の記述のうち正しいものはどれか。
ア．飛んできた鳥に対してラケット状の網を振り、叩き落として捕獲する猟具である。
イ．網を地面に伏せておき、鳥獣が網の範囲に入ったところで手綱を引いて網をかぶせる猟具である。
ウ．両手に網を持った状態で鳥獣に近づき、網を投げつけて絡めとる猟具である。

【要点１：地面に伏せた網を手綱で操作する猟具】

むそう網は、あらかじめ地面に網を伏せておき、餌などで誘引した獲物が網の範囲に入ったところで、手綱を引いて網をかぶせる猟具です。『網を伏せておく』、『手綱を引いて起動させる』という点が、他の網との大きな違いとなります。

むそう網は原理上、網を伏せておける平坦な場所であればどこでも仕掛けることができるため、古くはタヌキやキツネといった毛皮獣を大量捕獲する目的でも使用されていました。しかし近年における網猟のメインターゲットは鳥類であり、小型のむそう網は『畑に群れるスズメ』や『誘引されて近づいてきたキジ』、大型のむそう網は『畑や水辺に集まるカモ』を捕獲する目的で使用されています。

【要点２：基本的な〝片むそう〟の仕組みを知る】

片むそうは、地面に固定した丁番付きの足杭に支柱（手竹）をセットし、支柱の間に網を張ります。支柱の片側は控綱と呼ばれるロープで杭（控杭）に固定し、もう片方の支柱には手綱を取り付けます。手綱を引くと２本の支柱はほぼ同時に立ち上がり、そのままの勢いで前方に倒れて網が覆いかぶさる仕組みになっています。網の大きさや網を張る高さ、手綱・控綱の距離などは捕獲する獲物によって異なりますが、一例として、右図にカモ類を捕獲する片むそうの設計図を載せています。

片むそう網は銃砲店などで取扱われていることもありますが、専門的な物は非常に高価です。そこで小型の片むそうであれば竹とナイロン製の防鳥ネットなどで自作をしたり、大型の片むそうであれば狩猟仲間数人でお金を出し合ってグループで運用されたりしています。

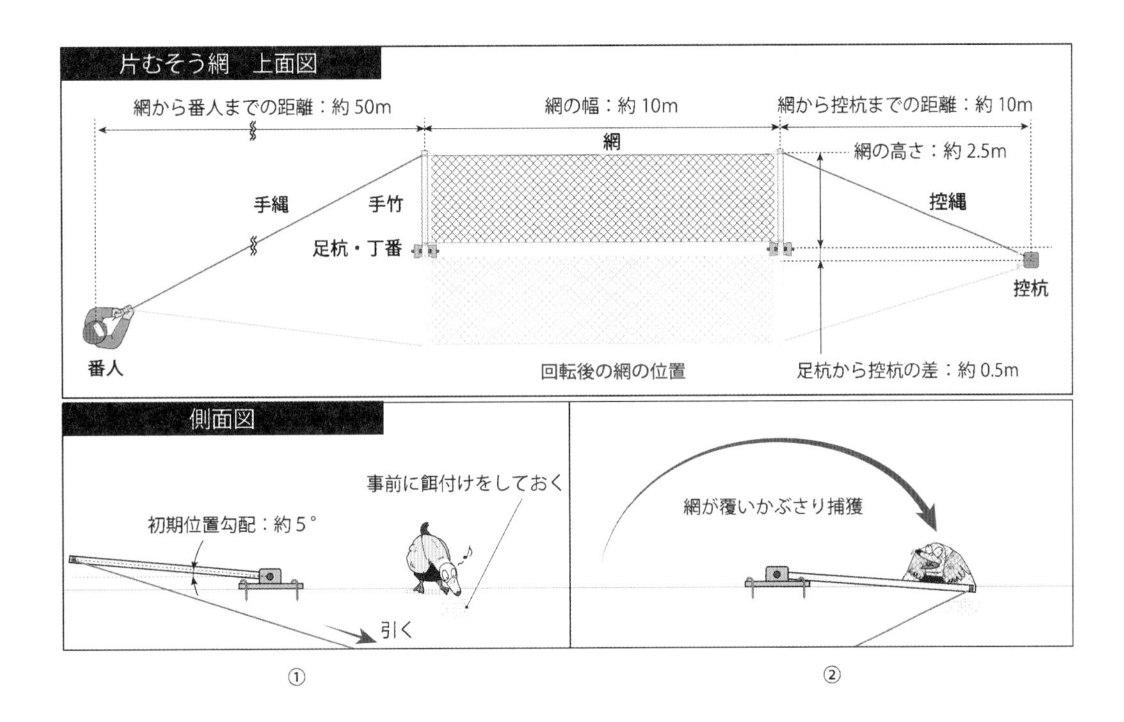

【要点３：片むそうを向かい合わせにした〝双むそう〟】

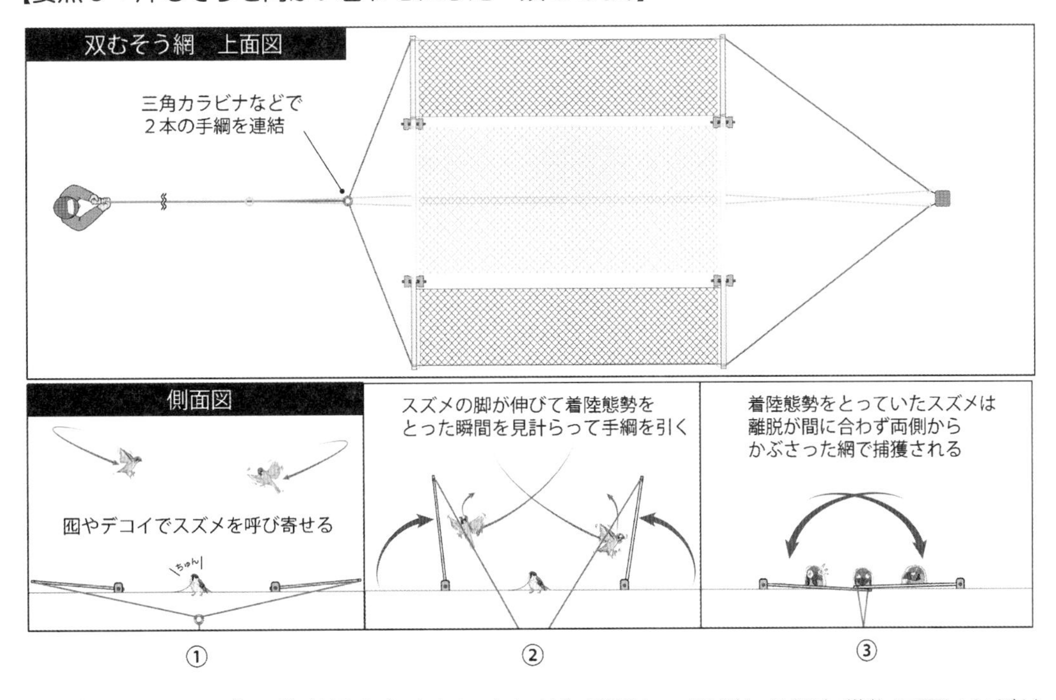

　双むそうは、２枚の片むそうを向かい合わせに設置し、両側から網を獲物に覆いかぶせる仕組みの網です。網を２つ利用するため捕獲効率は上がりますが、獲物に与える違和感が大きいため主にスズメの捕獲に使用されます。

【例題3解答：イ】

Ⅳ猟具に関する知識　2網・わな
２－１網　（2）構造や使用方法　①むそう網

【例題4】

むそう網の一種である「穂うち」について、次の記述のうち正しい物はどれか。
ア．網をたたんだ状態で地面に伏せておき、獲物が奥まで入ってきたところで網を展開する。
イ．片むそうと仕組みは同じだが、手綱の長さが片むそうの2倍以上あるため、遠距離から操作できる。
ウ．手綱を引くと、網は地面を擦るように水平に動く。

【要点1：奥まで誘い込んで仕留める〝穂うち〟】

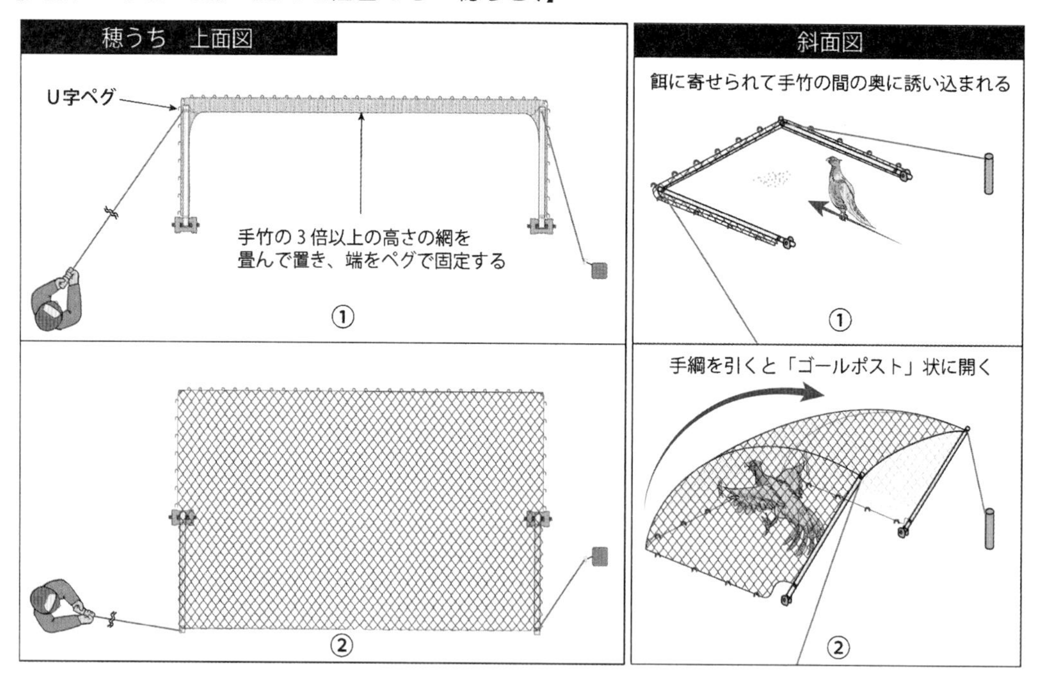

むそう網の一種である「穂うち」は、網が片むそうのように支柱の間ではなく、網の端をペグなどで地面に固定している点が特徴です。手綱を引くと、支柱が持ち上がると同時に地面に折り重ねておいた網が持ち上がり、サッカーの〝ゴールポスト〟のような形状になって獲物を包み込みます。

片むそうでは、獲物を捕獲できる範囲は網の前方に限られますが、穂うちの場合は〝支柱の間〟も捕獲範囲になります。また、鳥は瞬時に真後ろに飛び立つことができないため、獲物を奥までおびき寄せることができれば高い捕獲率を上げることができます。

ただし、穂うちに使用する網は支柱の〝3倍以上の高さ〟が必要になるため、猟具のコストが高くなります。また、手返し（再セッティングにかかる時間）が片むそうに比べて悪いことから、捕獲チャンスが限られているキジ猟で使用されることが多いようです。

【要点2：穂うちに袖を付けた〝袖むそう〟】

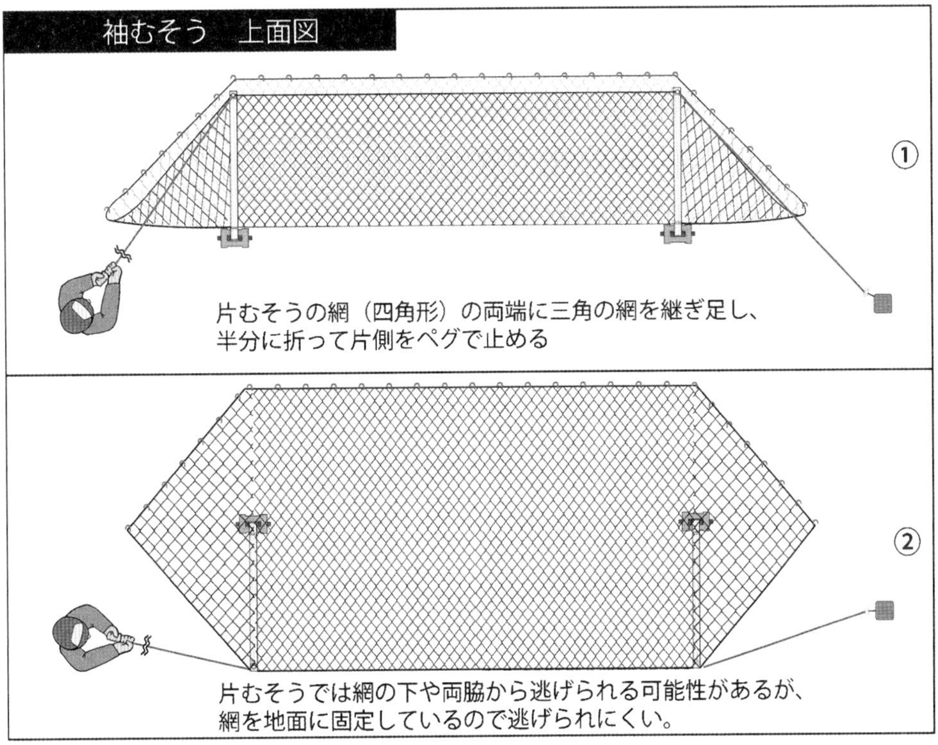

袖むそう　上面図

①

片むそうの網（四角形）の両端に三角の網を継ぎ足し、
半分に折って片側をペグで止める

②

片むそうでは網の下や両脇から逃げられる可能性があるが、
網を地面に固定しているので逃げられにくい。

狩猟読本の解説では「袖むそうは〝穂うち〟を細長くして、両脇に三角の網を継ぎ足したもの」とありますが、大正15年（1926年）に書かれた資料によると「〝通常のむそう網〟の両脇に三角形の網を継ぎ足したもの」と記述されています。また狩猟読本のイラストでは、足杭の並びに網を止めるペグが描かれていますが、実際は上図のように地面に伏せた網の端をペグで止めるようにセットするようです。

よって狩猟読本の記述は誤植だと思われますが、網には様々な派生型があるので確かなことは言えません。ひとまず狩猟免許試験に出題された場合に備えて、袖むそうは「穂うちの派生型」と覚えておいてください。

【例題4解答：ア】

Ⅳ猟具に関する知識　２網・わな
２−１網　（２）構造や使用方法　①むそう網

③ はり網

【例題５】

「はり網」について、次の記述のうち正しいものはどれか。
ア．地面に網を張っておき、獲物が網の上に乗った瞬間に引き揚げて閉じ込める猟具である。
イ．鳥が飛行するルートに無数の網を張っておき、後日網にからめとられた鳥を回収する猟具である。
ウ．網を垂直方向に張っておき、網に向かってきた鳥獣を絡めとる猟具である。

【要点１：はり網は〝垂直〟に網を張る猟具】

むそう網が地面に伏せておく網なのに対し、網を空中や地面に垂直方向に立てて張るのが「はり網」の特徴です。原則として現在の鳥獣法では〝はり網は禁止猟具〟とされていますが、「人が操作して動かす場合」と「ノウサギ・ユキウサギの捕獲を目的とした場合」に限り、はり網は法定猟具として使用できます。

はり網には狩猟読本に書かれている「うさぎ網」、「谷切網（やつきりあみ）（峰越網（おごしあみ））」、「袋網（地獄網）」の３種以外にも、「張切網（はりきりあみ）」や「キジ網」、「おこし網」など、様々な種類と方言があります。また、大人数で鳥や獣を追い込み、あらかじめ張っておいた網で絡めとるはり網猟は、太古の時代から世界各地で行われていました。

【要点２：張りっぱなしは禁止されている】

はり網は、空中に張った状態で使用することが禁止されており、使用するさいは必ずはり網を操作する人（番人）が必要とされています。なお、むそう網の場合は地面に伏せている限り鳥獣がかかることはないため、網の存在に慣れさせるためにあらかじめ地面に伏せておき、その上に餌を撒いて誘引しておくことは問題ありません。

「うさぎ網」は張りっぱなし禁止の〝例外〟となっており、網を張った状態で人が近くにいなくても使用することができます。ただしこれは決して「網を張ったまま放置して使用する」という意味ではありません。うさぎ網を張りっぱなしにして良いとする理由はウサギ猟の〝準備〟のためであり、ウサギ猟が終了した後はすべて回収するのが原則となります。

【例題５解答：ウ】

Ⅳ猟具に関する知識　２網・わな
２－１網　（２）構造や使用方法　②はり網

【例題6】

次の記述のうち正しいものはどれか。
ア. うさぎが通る位置に網を張っておき、追い上げたうさぎを網で絡め取る猟具が「うさぎ網」である。
イ. カモなどが通過する山の峰や峠に網を張り、カモが飛んできたところで番人が手綱を引いて絡めとる猟具が「袋網」である。
ウ. 獲物を追う勢子と待ち伏せをする「たつ」に分かれ、網を張っている方向に向かって鳥獣を追いやり網で絡めとる猟具が「谷切網」である。

【要点1:うさぎを追い上げて捕獲する〝うさぎ網〟】

うさぎ網猟は、まず、山の中腹のうさぎが通りそうな道(獣道)に網を張り巡らせておき、複数人の勢子が鳴り物(太鼓やラッパなど)を鳴らしながら山の下から上へ向かって進んでいきます。物音に驚いたノウサギやユキウサギは逃げようとしますが、うさぎの前脚は後脚よりも短い(坂を下るよりも上るほうがスピードが出る)ため、中腹に張られた網に突っ込んで動けなくなります。

うさぎ網の形状は地方によって違いがありますが、一般的には高さ 0.9 ~ 1.2m、幅は 11 ~ 12m ないし 27 ~ 29m、稀に 100m 近くの大型タイプも存在します。素材は麻や木綿の撚(よ)り紐(ひも)が使われますが、雪が積もる地域では白く染色した紐が使われています。

近年ではうさぎの生息数が激減しているため、うさぎ網猟を行う狩猟者も激減しています。しかしうさぎ網猟は、かつては青年団や学生生徒が〝しょうぶたんれん〟(立派な軍人になるよう鍛えること)の名目で行ったり、集落で冬の備蓄食料を得る目的で行ったりと、網猟を代表する猟法でした。「うさぎおいしかのやま」で知られる童話も、そのような〝兎追い〟の情景をうたったものとされています。

【要点2：網を上下させて飛んできた鳥を絡めとる〝谷切網〟】

谷切網猟は、カモが餌場に飛んでくるルート、または寝床にしている水辺に帰ってくる岡の間に、「谷渡し」と呼ばれる太い綱を引き上げておき、そこに網をたるませた状態にしておきます。カモが飛んできたら網に繋がれた綱（開綱）を引いて〝数秒間〟だけ空中に網を張るようにし、カモが網にぶつかったところを見計らって、谷渡しをつないでいる綱（車綱）と開綱の両方を放して、カモを絡め取るように網を落とします。

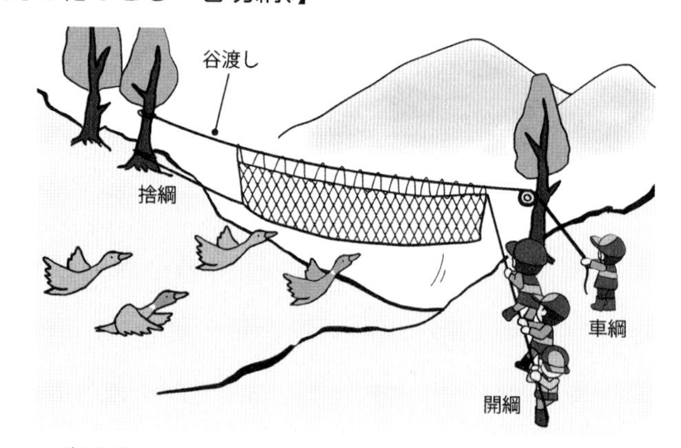

谷切網猟（峰越網猟）は現在の実施状況がまったくわかっておらず、おそらくすでに消滅した伝統猟法と考えられます。一応、大正15年（1926年）に書かれた書籍によると、谷切網猟は千葉県内や千葉北部の印旛沼周辺で行われていたという記録が残されており、この情報によると「全長八間から十七間（12m～30m）、幅三間半から五間（3.5m～9m）」、まれに「全長三十間（54m）、幅六間（11m）」もの巨大な網を、十数名のグループで運用していたとされています。

【要点3：グループで獲物を追いこむ〝袋網〟】

袋網は、網で袋状の構造物を作り、その中に勢子が鳥獣を追い込んで捕獲する猟具です。「大人数で獲物を追い込む」という太古から存在する猟法ですが、近代の袋網猟は主にスズメの捕獲を目的としており、このことから袋網のことを「スズメ網」や「地獄網」と呼ぶ地域もあります。

袋網の大きさは高さ3m、幅10m、奥行き20mほどで、勢子がスズメの群れている竹藪などに入り込んで、袋網の方向に追い立てます。途中、スズメたちが進路を変えないように進行方向上には待ち伏せ役（たつ）が配置されており、「スズメおどし」などの鳴り物を使って脅かしながら、袋網の方に追い立てます。

かつてはスズメが稲を荒らす害鳥として積極的に駆除されていましたが、近年は機械化の影響からかスズメの生息数が減り、同時に袋網を使ったスズメ猟の姿も見ることはなくなっています。

【例題6解答：ア】

Ⅳ猟具に関する知識　2網・わな
2－1網　（2）構造や使用方法　②はり網

【例題7】

「かすみ網」について、次の記述のうち正しいものはどれか。
ア. かすみ網は禁止猟法に指定されて以降も密猟が後を絶たなかったことから、現在では使用だけでなく所持や販売も禁止されている。
イ. 暗色の細い繊維でできた網を地面に伏せておき、鳥が飛んできたところを番人が手綱を引いて網で絡めとる猟具である。
ウ. かすみ網は禁止猟法ではあるが、猟友会の許可を得ることで狩猟に使用することができる。

【要点1：鳥から見えない網で絡めとる〝かすみ網〟】

かすみ網は、暗色の細い糸で作られた網を空中に張り、飛んできた鳥を絡めとる「はり網」の一種です。かすみ網に使用されている糸は、人間の目からはうっすらと〝カスミがかかった〟ように見えますが、飛んでくる鳥の目からは判別できません。そこでかすみ網の裏に囮となる鳥を用意しておき、おびき寄せた同類の鳥をかすみ網に飛び込ませるように仕掛けます。かすみ網にかかった鳥は本能的に『糸を足で掴んで蹴る』という動作を繰り返しますが、かすみ網の細い糸では飛び立つための反動を得ることができないため、一度絡め取られた鳥は網の中で死ぬまでもがき続けることになります。

【要点2：かすみ網は「はり網」の一種だが禁止猟法】

かすみ網は江戸時代より、観賞用・食用としてツグミやアトリ、カシラダカなどの小鳥を取る猟具として全国的に利用されていました。しかし昭和22年（1947年）にこれら小鳥が狩猟鳥獣から外され、さらに昭和25年（1950年）には禁止猟法に指定されたことにより、使用はできなくなりました。

【要点3：現在では所持および販売も禁止】

昭和25年（1950年）に禁止猟法に指定されたかすみ網ですが、捕獲効率の高さと設置・撤去がしやすいという特徴から、その後も全国でかすみ網による密猟が後をたちませんでした。そこで平成3年（1991年）の鳥獣法改正時に、かすみ網は使用だけでなく〝所持や販売も禁止〟となり、今にいたります。しかしそのような規制強化にも関わらず、かすみ網による密猟は今もなお続いています。もしも猟場でかすみ網（張りっぱなしの違法な網も含め）を見つけた場合は、最寄りの警察署に連絡をしましょう。

【例題7解答：ア】

Ⅳ猟具に関する知識　2網・わな
2－1網　(2) 構造や使用方法　かすみ網

④ つき網

【例題８】

「つき網」について、次の記述のうち正しいものはどれか。

ア．全長２～５ｍほどの棒の先に「もち」を付けた網を巻いておき、草むらなどに隠れている鳥に突き出すようにして絡めとる猟具である。

イ．全長１～２ｍ程度の柄のついた網であり、飛んでいる鳥に投げつけて捕獲する猟具である。

ウ．全長３～８ｍほどの長い柄のついた袋状の網であり、草むらなどに隠れている鳥に突き出すようにして捕獲する猟具である。

【要点１：鳥がいる場所に網を突き出す〝つき網〟】

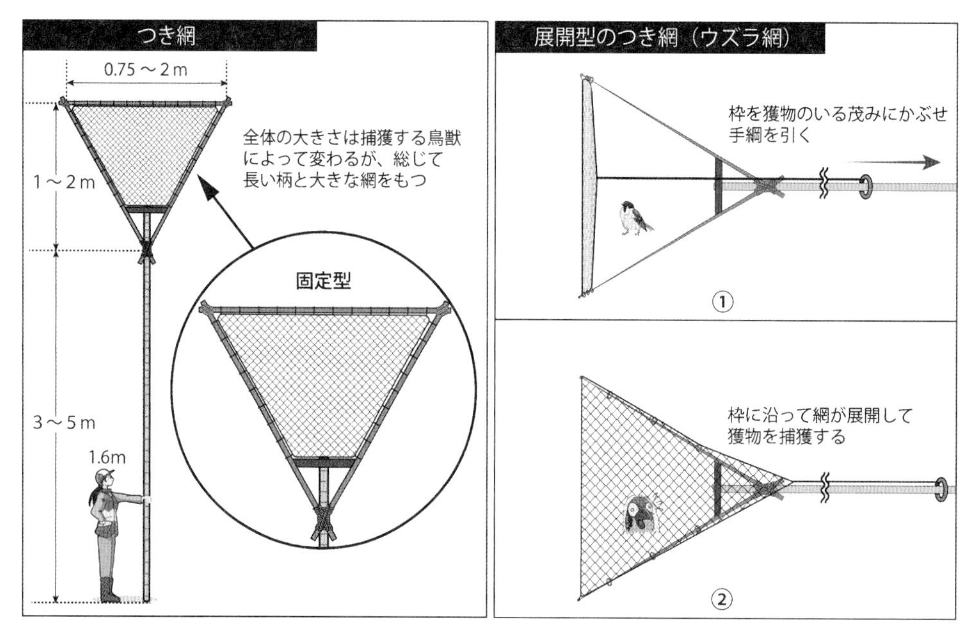

つき網は、長い柄のついた網を両手で持ち、藪や草むらの中に隠れている鳥を捕獲する猟具です。大きさや構造は地域によって違いますが、総じて全長３～５ｍほどの柄の先に、２ｍほどの巨大な網が付きます。この網を鳥が隠れている藪などに向かって突き出し、驚いて飛び上がった鳥を絡め取ります。

つき網は主にタシギやウズラを捕獲するために使用されていた猟具で、ポインターなどの猟犬でこれら野鳥を探し出し、隠れている草むらに網を突き出して捕獲する猟が行われていました。しかし現在ではウズラは狩猟鳥獣から外されているため、このようなつき網を使用した猟を行っている狩猟者はおそらくいません。

昭和38年（1963年）に刊行された文献の中でも「最近の使用の実態は不明」とされているほど使用者の少ないつき網ですが、近年の農地では農業用の灌漑水路（コンクリートで固められた幅の狭い水路）にカルガモやコガモが群れていることがよくあります。そこで、このような場所ならつき網猟ができるかもしれません。

【例題8解答：ウ】

Ⅳ猟具に関する知識　2網・わな
2－1網　（2）構造や使用方法　③つき網

---

⑤ なげ網

【例題9】

「なげ網」について、次の記述のうち正しいものはどれか。
ア. 別称が多く、「坂網」、「坂取網」、「地獄網」などとも呼ばれている。
イ. 飛んでいる鳥に投げつけると、網の一部が外れて中に入った鳥をつつみこみ、逃げられないようにする仕組みを持つ。
ウ. 飛んでいる鳥に対して網を投げつけて、命中したショックで気絶させる猟具である。

【要点1：柄のついた網を投げつけて絡めとる〝なげ網〟】

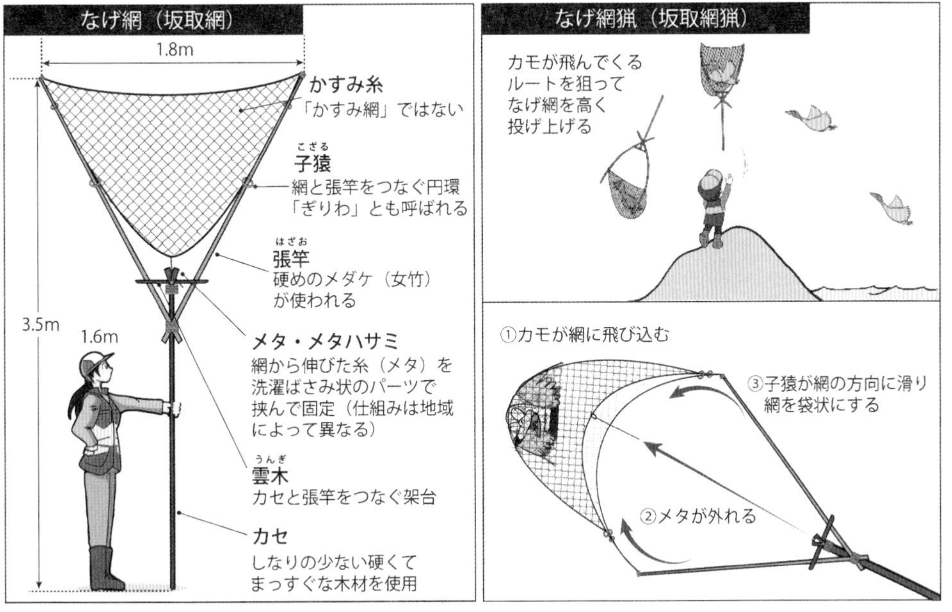

なげ網は、柄のついた網を飛んでくる鳥に向かって投げ上げて〝キャッチ〟する猟具です。なげ網の構造はつき網と似ていますが、網の下端を挟んで止める「メタハサミ」と呼ばれる構造になっており、飛んできた鳥が網に飛び込むとメタハサミから網が外れて袋状

になり、中に飛び込んできた獲物が抜け出せなくなります。
なげ網のメインターゲットはカモであり、谷切網猟のようにカモが移動するルート上に伏せておき、カモが上空を通過するタイミングを見計らって網を投げ上げます。その豪快な猟趣から、かつては『武士の鍛錬』のために行われていた地域も多く、そのような場所では今もなお〝伝統猟法〟としてその業が受け継がれています。
なお、なげ網には方言が非常に多く、例えば鹿児島県南種子町宝満池で行われている「鴨突き網猟」は、猟具の分類から言うと「つき網」ではなく「なげ網」になります。
また、九州では「つき網」を「うずら網」、「なげ網」を「かも網」と言ったり、関東以北では「なげ網」を「坂網（さかあみ）」や「坂取網（さかとりあみ）」と言ったりと、様々な方言があるので注意が必要です。

【例題９解答：イ】

Ⅳ猟具に関する知識　２網・わな
２－１網　（２）構造や使用方法　④なげ網

２－２　網の取扱い（注意事項を含む）

① 網猟の基本

【例題 10】

網猟で効率的に獲物を捕獲する方法として、次の記述のうち適切なものはどれか。
ア．網は大きければ大きいほど獲物を捕獲する確率が増えるため、できる限り巨大な網を用意しておくことが重要である。
イ．網猟では獲物の習性をよく理解しておくことが大切であり、場所の選定や、誘引用の餌、囮を用意しておくなどの事前準備が重要である。
ウ．事前に鳥が群れている場所を探しておくことが重要であり、猟期開始と同時にいち早くその場所に網を張ることが重要である。

【要点１：網猟の９割は〝準備〟にある】
猟場を歩けば獲物を捕獲するチャンスに巡り合える銃猟とは異なり、網猟は獲物が網に入った一瞬しか捕獲のチャンスはありません。つまり、この〝一瞬のチャンス〟を作りだすことが網猟の肝であり、そのためにはあらかじめ網の範囲内に餌を撒いて獲物の警戒心を緩めておいたり、鳥が飛来するルートと時間、気象などの下調べが重要になります。

【要点２：鳥の習性をよく理解する】

例えばスズメは、風下から飛来して向かい風を受けながら減速し、折りたたんでいた足を延ばすようにして着陸するといった習性があります。よってむそう網でスズメを捕獲するさいには、風下に向かって網が覆いかぶさるように設置したほうが、より効率的に捕獲できます。

デコイ＆コール

またカモなどの水鳥は、飛来してくるさいに周囲に仲間がいると安心して下りてくるという習性があります。そこでカモの網猟では「鳴きガモ」と呼ばれる飼育されたカモを囮として用いたり、『デコイ』と呼ばれる人形と『ダックコール』と呼ばれる道具でおびき寄せるなどの工夫が必要になります。

もちろん狩猟で相手をするのは〝生き物〟なので、その習性には個体差があります。ゲームのように『攻略法』があるわけでもないので、まず、鳥獣の習性を理解するためによく観察し、楽しみながら色々工夫してみることが大切です。

【例題10解答：イ】

Ⅳ猟具に関する知識　２網・わな
２－２罠　（２）構造や使用方法　鳥獣の習性と捕獲効率

〝甲種狩猟免許〟とは？

法定猟法の網とわなは、かつては「甲種狩猟免許」という名前で一緒になっており、狩猟免許を受けられる満20歳以上であれば、この甲種狩猟免許を取得することで、網とわなを猟具として使用することができていました。

しかし2000年代ごろから日本各地では、狩猟者の減少や農林業従事者の高齢化などの影響でイノシシやニホンジカによる農林業被害が深刻化し、対して狩猟鳥は減少が続いたことから、わなの需要は伸び、網の需要は減るという事態になりました。

そこで平成18年（2006年）に行われた鳥獣法改正によって、甲種狩猟免許は「網猟免許」と「わな猟免許」に分かれ、さらにそれまでは「乙種狩猟免許」と呼ばれていた分類が「第一種銃猟免許（装薬銃・空気銃）」、丙種狩猟免許を「第二種銃猟免許（空気銃）」に改められました。

さらに平成28年（2016年）には、若い捕獲の担い手を増やすことを目的に、網猟免許・わな猟免許を受けられる年齢が満18歳に引き下げられることになりました。

2－3　わなの種類、構造及び機能

① わなの分類

【例題 11】

次の記述のうち、法定猟具のみを挙げているものはどれか。
ア．くくりわな、とらばさみ、はこわな、格子おとし
イ．囲いわな、おとしあな、はこおとし、戸板おとし
ウ．はこわな、はこおとし、くくりわな、囲いわな

【要点 1：法定猟具の〝わな〟を暗記する】

<table>
<tr><th></th><th>猟具名</th><th>分類の一例</th></tr>
<tr><td rowspan="4">法定猟具のわな</td><td>くくりわな</td><td>ひきずり型・鳥居型・ピラミッド型
はねあげ型
筒式イタチ捕獲器
バネ式くくりわな</td></tr>
<tr><td>はこわな</td><td>片開き型・両開き型</td></tr>
<tr><td>はこおとし</td><td></td></tr>
<tr><td>囲いわな</td><td></td></tr>
<tr><td rowspan="11">禁止猟具のわな</td><td colspan="2">鳥類およびヒグマ、ツキノワグマの捕獲を目的としたわな</td></tr>
<tr><td colspan="2">31 基以上を使用したわな</td></tr>
<tr><td colspan="2">つりばり、とりもち、矢（クロスボウなど）を使用するわな</td></tr>
<tr><td colspan="2">据銃やおとしあな、大型獣を吊り上げるような強力なくくりわななど、人の生命や身体に重大な危害を及ぼすおそれのあるわな</td></tr>
<tr><td rowspan="4">くくりわな</td><td>『輪の直径が 12 ㎝をこえる』もの</td></tr>
<tr><td>『締め付け防止金具を取り付けていない』もの</td></tr>
<tr><td>イノシシ、ニホンジカの捕獲を目的としたくくりわなで、『よりもどしが装着されていない』もの</td></tr>
<tr><td>イノシシ、ニホンジカの捕獲を目的としたくくりわなで、『ワイヤーの直径が 4 ㎜未満』のもの</td></tr>
<tr><td>はこおとし</td><td>「さん」（ストッパー）の付いていないもの</td></tr>
<tr><td>おし</td><td>格子落とし・戸板おとし、など</td></tr>
<tr><td>とらばさみ</td><td>鋸歯・直径 12 ㎝以上のとらばさみ
上記以外のとらばさみ</td></tr>
</table>

法定猟法の「わな」は、くくりわな、はこわな、はこおとし、囲いわなの４種類が指定されているので、すべて暗記してください。法定猟法の問題でよく出題される禁止猟具は左表のとおりです。なお、「法定猟法だが禁止猟具にあたるわな」（例えば、輪の直径が12㎝をこえるくくりわな）といった複雑な規制については、法定猟法それぞれの項目で詳しく解説をします。

【要点2：重量物で圧し潰す〝おし〟】

「おし」は餌を使って獲物を誘引し、餌に触れる、または餌を支えている棒に触れることで支柱が外れ、支柱が支えていた重量物で獲物を圧し潰すわなです。重量物には、木材を格子状に組んで作った「格子おとし」や、戸板や扉を利用した「戸板おとし」、「扉おとし」などがあります。

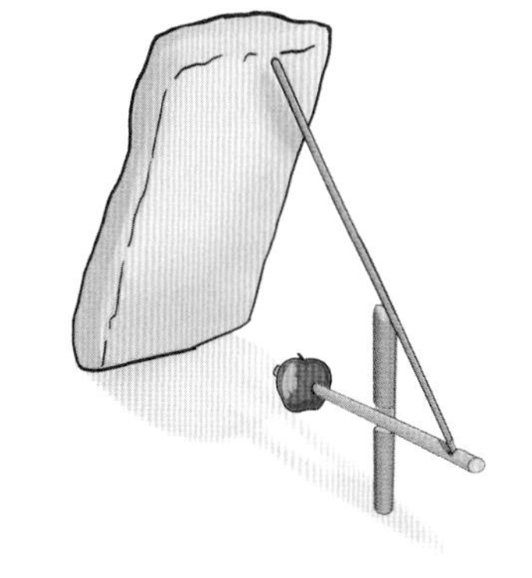

獲物が触れる軽い力で重量物を支える支柱を動かすためには、何かしらの工夫が必要になります。そこで人類は古くから右図のような「てこの原理」を利用した仕組みを用いてきました。

おしはその性質上、高確率で鳥獣を圧死させてしまいます。そのため非狩猟鳥獣がかかった場合、無傷で放鳥獣をすることができないため、使用が禁止されています。

【要点3：バネで挟んで捕獲する〝とらばさみ〟】

「とらばさみ」は、バネの力で獲物の体を挟み捕獲する猟具です。最も有名なのは脚を挟んで捕獲するタイプですが、首や胴を入れたところを巨大なバネで挟み込むタイプ（巨大なねずみとりのような仕組みのわな）も「とらばさみ」とされています。

とらばさみは設置が簡単なので、主に毛皮獣（タヌキやキツネなど）を捕獲するわなとして長く使用されてきました。しかし人が誤ってかかると大けがを負うため「鋸歯（ギザギザの歯）があり、開いた状態の内径が12㎝を超えるとらばさみ」の使用は禁止されていました。さらに平成19年（2007年）には上記以外のとらばさみも使用が禁止され、とらばさみは〝全面的に禁止猟具〟となりました。

ただし、とらばさみは現在でもホームセンターなどで一般的に販売されています。これは自宅敷地内に出没する家ねずみの捕獲や、行政の許可を受けて行う有害鳥獣捕獲で使用されるものなので、狩猟用途では使用してはいけません。

【要点4：シンプルながら最強〝おとしあな〟】

「わな」の中には戦争でも使われるような非常に危険なものもあります。その代表格といえるのが「おとしあな（陥穽）」で、これは地面に深く掘った穴を隠し、その上を通った相手を落下させます。さらにこの穴の底には『尖った杭（逆茂木）』や有刺鉄線が張っており、落とした相手を死亡または負傷により動けなくさせます。なお、狩猟に使うおとしあなは、たとえ浅い穴であっても人がはまると足を骨折するなどの大事故につながる可能性があるので、使用は全面的に禁止されています。

陥穽（おとしあな）

その他「危険なわな」として禁止されているものに、「据銃」や「据弓（アマッポ）」、があります。これは銃や弓の発射機構に糸を張っておき、糸に触れると弾や矢が発射される仕組みになっています。古くは大型獣の狩猟に使われたり、現在でも戦場で「ブービートラップ」として使用されるわなですが、当然ながら銃や弓を使うわなはとても危険なので猟具として使用することは禁止されています。同様な理由で、大岩や丸太を上空に吊るしておき、糸に引っかかった相手に向けて落とす「デッドフォール」なども、危険なわなとして使用が禁止されています。

【例題 11 解答：ウ】

Ⅳ猟具に関する知識　2網・わな
2－2わな　（1）種類

---

② くくりわな

【例題 12】

「くくりわな」について、次の記述のうち正しいものはどれか。
ア.「バネ式くくりわな」は、ワイヤーで作った輪をバネの力で締める仕組みのくくりわなである。
イ.「ひきずり型」は、獣が輪の中に頭を入れるとバネの動力で輪が締り捕獲する仕組みのくくりわなである。
ウ.「はねあげ型」は、イノシシやニホンジカの体にワイヤーをひっかけて、高く吊るし上げる仕組みのくくりわなである。

【要点1：ひきずり型は、獲物の〝自重〟で輪が締まる】

ひきずり型は、針金で作った輪を獣が普段から通る道（獣道）にぶら下げるように設置します。通りかかった獣が輪に気付かずに頭を入れると、違和感を覚えて前方に走り出すため、その引っ張る力で首にかかっていた輪が締り捕獲することができます。

「鳥居型」や「ピラミッド型」と呼ばれるタイプのくくりわなも原理自体は「ひきずり型」と同じです。ただしこれらのくくりわなは獣道上ではなく、高さ１～1.5mほどの鳥居状またはピラミッド状に組んだ構造物に輪をセットします。この構造物の下には獣を誘引する餌が撒いており、輪の中に獣が首を入れやすくする仕組みになっています。

これら自重で輪が締まるくくりわなは、主にノウサギやユキウサギをターゲットとして用いられますが、大型の輪を使ってシカやイノシシの胴をくくる「胴くくり」と呼ばれるタイプもあります（※誤って猟犬を捕獲する危険性が高いので、設置方法・設置場所には十分な注意が必要）。また、古くはキジやヤマドリを捕獲するわなとしてもよく利用されていましたが、現在ではわなを使って鳥を捕獲することは禁止されています。

【要点２：はねあげ型は、木の〝弾力〟で輪が締まる】

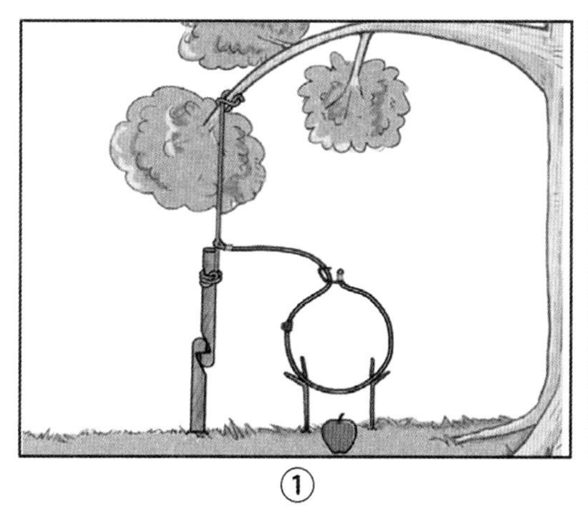
①

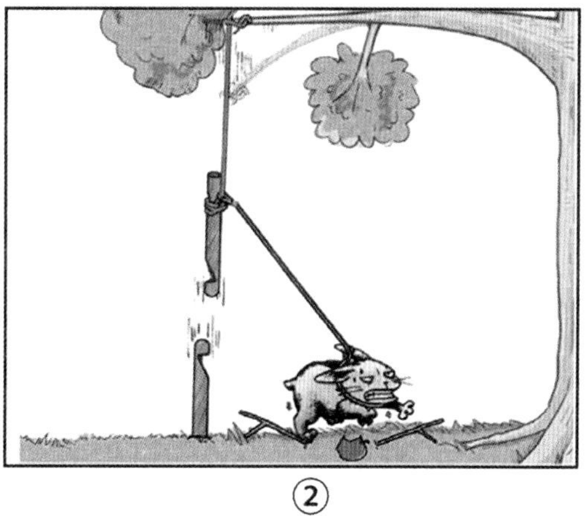
②

はねあげ型は、細い立木や太い枝、竹などを曲げて弾力を持たせ、その先に輪を結び付けて空中に設置するくくりわなです。ただし、この状態で手を離すと曲げた木が元の形に戻ってしまうため、木と地面の間に噛み合いを作って固定します。餌に誘引された獣は「ひきずり型」と同じように輪の中に頭を入れてひきずると、噛み合いが外れて木が元の形に跳ね上がり、輪が締まって獣を捕獲します。

はねあげ型はひきずり型に比べて輪が締まる速度が速いため、太古の時代から使用されてきました。しかし近年では、猟犬がかかって宙づりになってしまう危険性があることから、はねあげ型が利用されることはほとんどなくなっています。

なお、「大型獣を吊り上げることができる構造のわなは禁止」とされていますが、この「吊り上げる」がどの程度を指すのかまでは、法律上で定義されていません。目安として、輪でくくられたイノシシの〝片足〟が常に引っ張り上げられるようなわなは、人間がかかると足を掬われて転倒する危険性があるので、危険なわなに該当する可能性があります。

【要点3：〝バネの力〟で輪が締まるバネ式は、現在主力くくりわな】

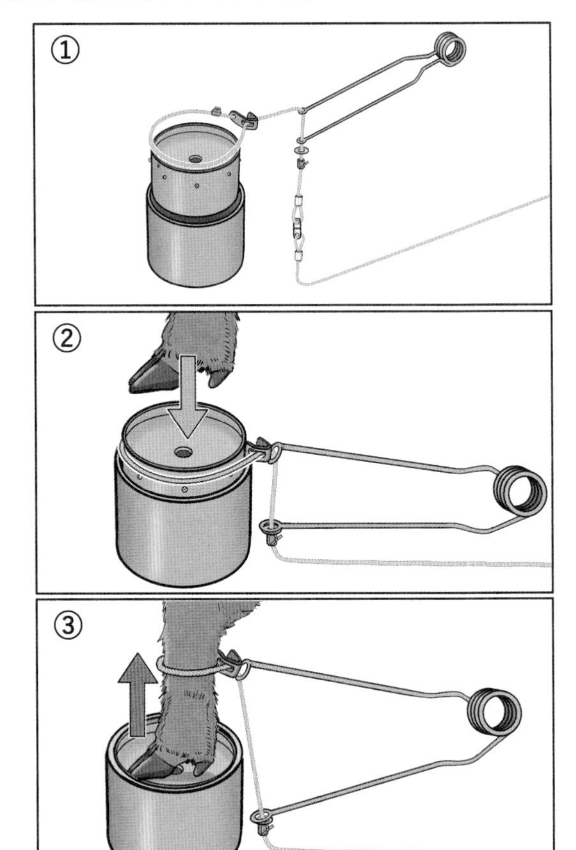

バネ式くくりわなは、獣の体の一部（主に脚）が輪の中に入ると、バネの力で輪が締まり獣をとらえる仕組みになっています。バネには獣が触れることで力を開放する仕組み（トリガー）が設けられており、これには「踏板式」や「蹴糸式」などがあります。さらにバネの種類も「押しバネ」、「ねじりバネ」、「引きバネ」の３種類があり、猟場の地質や気候、捕獲したい獲物の種類などによって選択します。

バネ式くくりわなは、現在のわな猟で最もメジャーな猟具であり、イノシシ、ニホンジカを捕獲するくくりわなのほぼ100％がバネ式です。一昔前まではホームセンターなどで部品を購入して自作するしかありませんでしたが、近年ではわな猟具専門メーカーが多数存在しており、独自開発したバネ式くくりわなを販売しています。近年のわな猟初心者は、これらメーカー製わなを購入してくくりわなの基本を学んでいくのが一般的な流れになっています。

【要点4：イタチ捕獲の専用わな〝筒式イタチ捕獲器〟】

筒式イタチ捕獲器は、塩ビ管などに針金で作った輪を設置し、獣が中に入るとバネのストッパーが外れて体をくくる仕組みになっています。狭い場所に設置できるため、わずかな隙間から侵入してニワトリを食い殺してしまうイタチの駆除を目的に使用されています。

イタチ捕獲器と同じ原理で作動するわなに、「エッグトラップ」と呼ばれるタイプもあります。これは餌を入れた筒を地面に刺しておき、獣が餌を食べようと前脚を入れたところでストッパーが外れて前脚を捕獲します。手先が器用なアライグマを選択的に捕獲できるため、「アライグマ捕獲器」や「アラホール」と呼ばれることもあります。

【例題12解答：ア】

Ⅳ猟具に関する知識　2網・わな
2－2わな　（2）構造や使用方法　①くくりわな

【例題13】

「くくりわな」について、次の記述のうち正しいものはどれか。
ア．筒式イタチ捕獲器は、ワイヤーに「こぶ」を付けるなどして、輪が完全に締まりきらないようにしている。
イ．構造の一部に「よりもどし」が装着されていないくくりわなは、総じて使用が禁止されている。
ウ．輪の直径が12㎝を超えるくくりわなは使用できないが、イノシシやニホンジカを捕獲する目的であれば使用できる。

【要点1：締め付け防止金具は、輪が完全に閉まらないようにする仕組み】

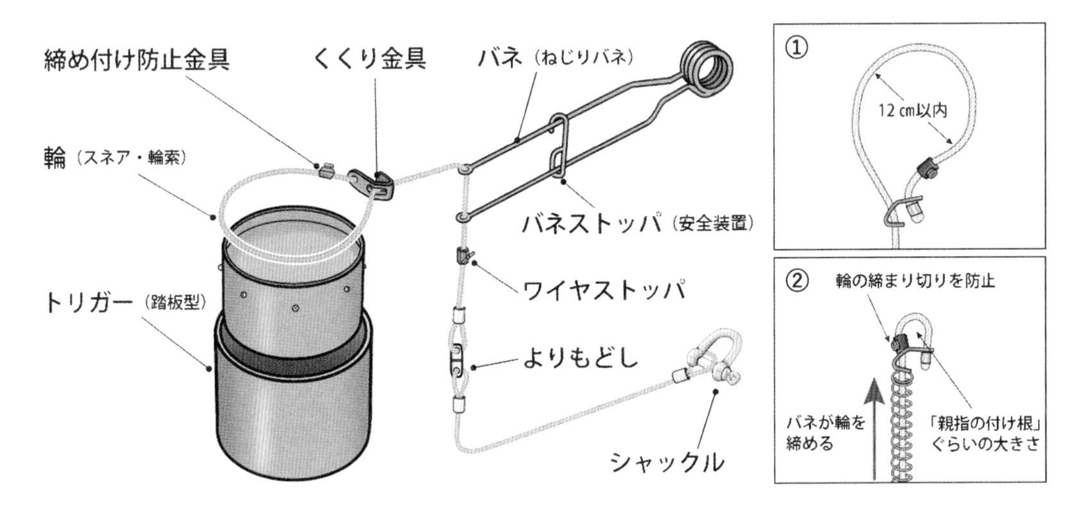

くくりわなに必ず取り付けなければならない部品が『締め付け防止金具』（またはそれに類する機構）です。これは輪が完全に締まりきらないようにする部品であり、獲物を締め付ける輪の力で脚を切断したり、窒息死させてしまうことを防ぐ目的があります。

締め付け防止金具を輪のどの位置にセットするかは捕獲する獣の種類によって変わりますが、イノシシ・ニホンジカの捕獲を目的とする場合は、閉めた輪の直径が〝親指の付け根の太さ〟ぐらいになるのが目安です。もちろん、締まった輪の直径は大きいほど獣にかける負担は小さくなりますが、あまりゆるすぎると暴れたショックで輪がスッポ抜けてしまい、怒り狂った獣から逆襲をされる危険性が高まります。

イノシシ・シカ用のくくりわなでは、締め付け防止金具に「ワイヤ止め」や「かしめ」と呼ばれる部品が使われます。ひきずり型や筒式イタチ捕獲器などの小中型獣用の場合はワイヤーに「こぶ」を作ったり、ワイヤーにワッシャーを取り付けるなどで締め付けを防止する仕組みが施されます。

【要点2：輪の直径は12㎝以内。ただし条例により解除される場合もある】

輪を開いたときの最大長辺は12㎝以内でなければなりません。この「12㎝」というのは「ツキノワグマやヒグマの脚が入らないサイズ」と言われており、クマの錯誤捕獲を防止することが主な理由になります。なお、くくりわなが小中型獣用であったとしても、輪の直径は12㎝以内でなければなりません。

12㎝規制は鳥獣法施行規則（第十条九項）で定める全国的な決まりですが、九州などのクマが生息していない地域では、都道府県の条例により〝12㎝規制が解除〟されているところもあります。そのためわな猟具メーカーでは規制解除品（輪が12㎝を超えて開くもの）が販売されていることもあります。規制解除されていない地域でこれらのくくりわなを使うのは違反になるので、あらかじめ確認をしておきましょう。

【要点3：よりもどしは、イノシシ・シカのくくりわなに必須】

「よりもどし」は「猿環（さるかん）」や「スイベル」とも呼ばれる部品で、ワイヤーのねじれ（キンク）を防止するために取り付けます。くくりわなにかかった獣はワイヤーを引っ張るだけでなく、たるませたり、地面を転がって捩じったりと様々な動きをします。このときワイヤーにキンクができると、その部分で切れやすくなってしまうため、獣がワイヤーを切って逃げるといったトラブルが発生しやすくなります。

よりもどしの装着が必須となるのは、イノシシとニホンジカを捕獲する目的の大型獣用のくくりわなだけです。とはいえ、タヌキやアライグマといった小中型獣でも暴れる力はすさまじいので、くくりわなにはすべからく、よりもどしを装着しておくべきでしょう。

【例題13解答：ア】

Ⅳ猟具に関する知識　2網・わな
2－2わな　（2）構造や使用方法　①くくりわな

---

③ はこわな

【例題 14】

> 「はこわな」について、次の記述のうち正しいものはどれか。
> ア. 箱の中にワイヤーをぶら下げておき、餌に誘引された獣が頭をワイヤーに入れることで首がしまり、捕獲するわなである。
> イ. 箱の中に入り込んだ獣がトリガーを踏むと、天井が落下して出入口をふさぎ、獣を捕獲するわなである。
> ウ. 扉が片側のみの「片開き型」と、両側にある「両開き型」の2種類ある。

【要点1：箱の中に閉じ込める〝はこわな〟】

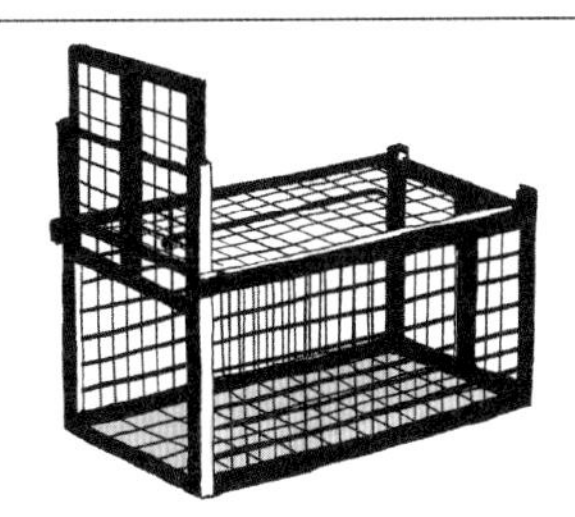

大型箱わな

イノシシやシカなどの大型獣を捕獲する目的のはこわな。鉄筋やワイヤーメッシュを溶接して作る。高さ 1 m、幅 1.3m、奥行 2m ほどのサイズが一般的。

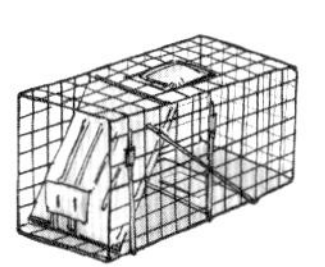

小型箱わな

タヌキやアライグマなどの中型獣を捕獲する目的のはこわな。持ち運びが可能なサイズで、トリガーも一体になっている。市販品を購入するのが一般的。

「はこわな」は、鉄筋やワイヤメッシュに覆われた頑丈な箱の中に獣を誘引し、入り切ったところで扉を閉めて捕獲する猟具です。くくりわなに比べて設置が簡単なことや、錯誤捕獲が起こっても無傷で放鳥獣できること、捕獲した獣から反撃を受けるリスクが低いことなどの長所があるため、くくりわなと同様に現在のわな猟でよく使われています。

はこわなの分類に法的な決まりはありませんが、一般的には大きさで「大型タイプ」と「小型タイプ」に分けられ、扉の数で「片開き式」と「両開き式」、さらにトリガーの種類で「踏板式」や「吊り餌式」、「蹴糸式」などに細かく分類できます。

【要点2：はこわなには、片開きと両開きがある】

片開き式と両開き式のどちらを使うかは狩猟者の好みによりますが、片開き式は構造がシンプルなので作動安定性が高く、箱に入った獣の捕獲率が高い（四つ足の獣は後ろ向きには素早く動けないため）という長所があります。一方、両開き式は、前方に見通しが良いため箱に入る獣の警戒心を緩めることができる点がメリットです。

扉を閉めるトリガーには様々な種類がありますが、板の上に獣が乗ると、扉のつっかえが取れて閉まる「踏板式」や、天井から吊り下げられた餌を引っ張ることで扉が落ちる

「吊り餌式」、はこわなの中に紐を張っておき、獣が触れると「チンチロ」と呼ばれる金具が外れて扉が落ちる「蹴糸式」がよく用いられています。

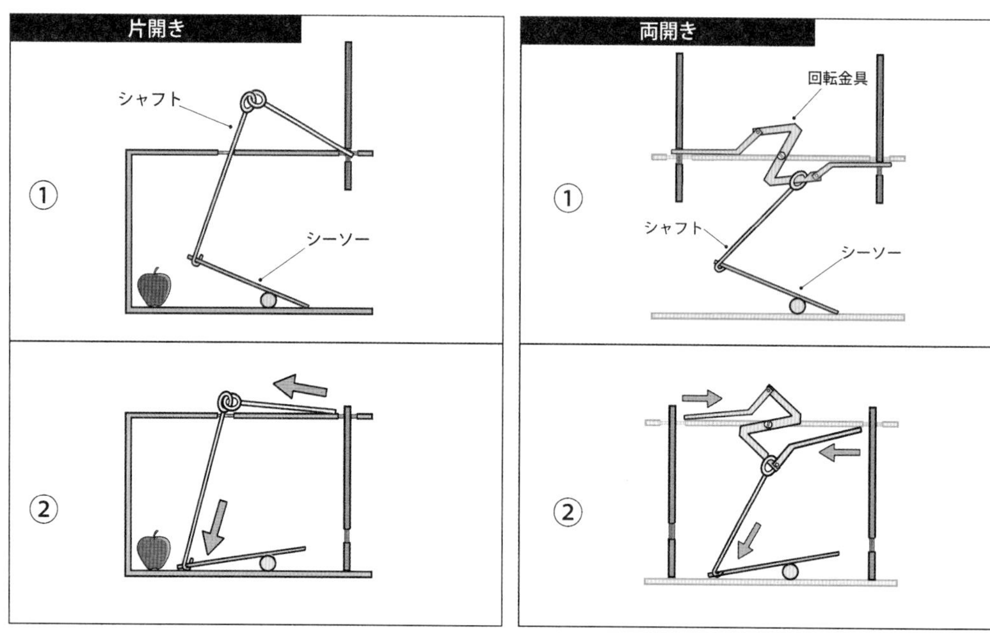

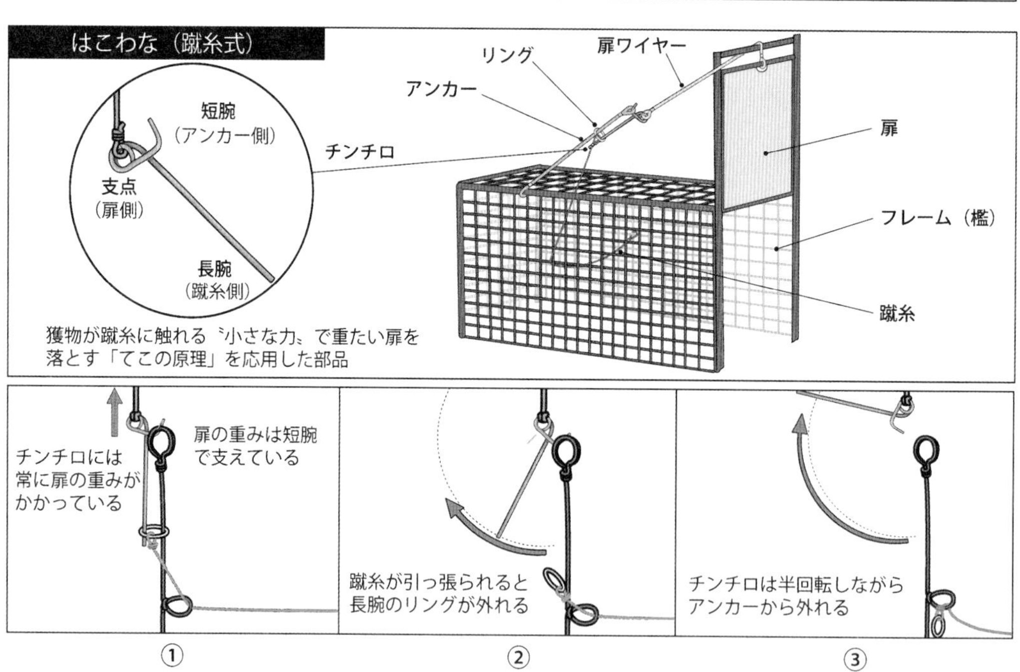

【例題 14 解答：ウ】

Ⅳ猟具に関する知識　2網・わな
2－2わな　(2）構造や使用方法　③はこわな

④ はこおとし

【例題 15】

「はこおとし」について、次の記述のうち正しいものはどれか。
ア．一般的に、小型のはこわなを「はこおとし」という。
イ．ストッパーのない構造は「おし」の一種として禁止猟具にあたる。
ウ．獣が「さん」に触れると、天井が落ちる仕組みになっている。

【要点１：天井が落ちて入り口をふさぐ〝はこおとし〟】

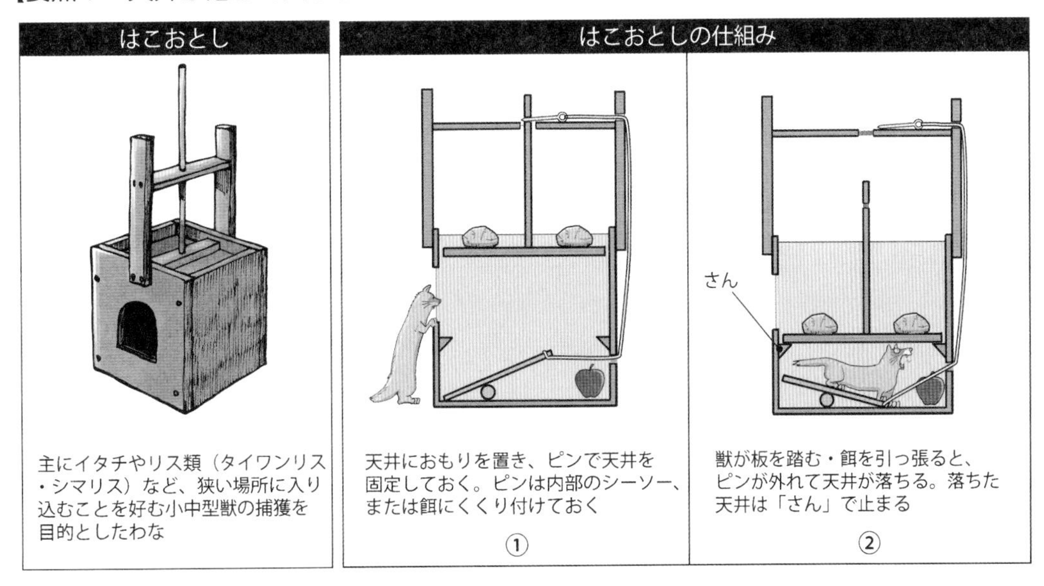

「はこおとし」は、箱の中に入ってきた獣を閉じ込めて捕獲する猟具です。「はこわな」と同じように思えますが、はこおとしは扉ではなく〝天井が落ちる〟ことで入り口をふさぐ点に違いがあります。

【要点２：ストッパー（さん）のないタイプは禁止猟具】

はこおとしは天井の裏に石などを乗せて落とす仕組みになっています。そのため、箱の中には「さん」と呼ばれるストッパーが付いており、落ちてきた天井で中の獣を圧し潰さないようにする仕組みになっています。なお、「さん」の付いていないはこおとしは「おし」の一種として禁止猟具となっています。

【例題 15 解答：イ】

Ⅳ猟具に関する知識　２網・わな
２－２わな　（２）構造や使用方法　③はこおとし

⑤ 囲いわな

【例題 16】

「囲いわな」について、次の記述のうち正しいものはどれか。
ア．床面積が２㎡以上ある大型はこわなを指す。
イ．使用するのに、狩猟免許や狩猟者登録が不要な場合がある。
ウ．フェンスで囲われた土地に獣が入ってきたところを、番人が扉を閉めて捕獲するわなである。

【要点１：天井のない〝囲いわな〟】

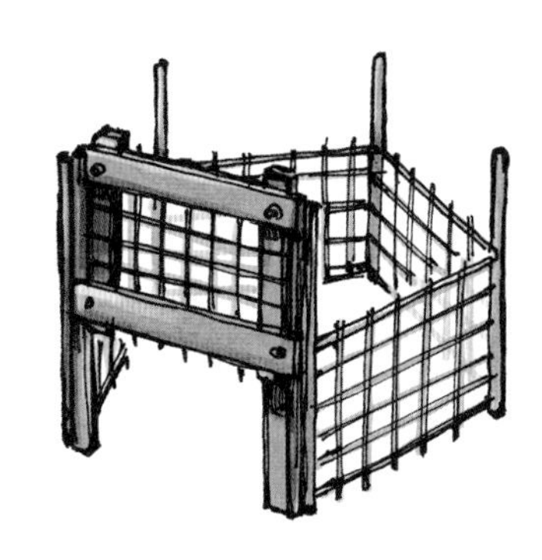

「囲いわな」は、餌に誘引された獣が中に入ると、扉が閉まり捕獲する猟具です。原理的には「はこわな」と同じですが、「天井がない、または天井が半分以上開口しているもの」が「囲いわな」と定義されています。

〝天井がない〟という特徴から、囲いわなはいくらでも大型化することが可能なので、サッカーコート２面分という大規模なものもあります。しかし囲いわなは大型化するほど扉を落とすトリガーが複雑になるので、近年では赤外線センサーや IoT カメラ（インターネット回線等を使って遠隔操作できるカメラ）といった電子機器が使用されることも多くなっています。

【要点２：地区で設置する場合は免許・登録は不要の場合がある】

一般的に囲いわなは、獲物を捕獲して楽しむレジャーハンティングというよりも、イノシシやニホンジカを群れごと捕獲して農林業被害を防ぐ〝有害鳥獣捕獲〟の目的で使用されます。また規模的に個人で運用されることは少なく、大抵は農林業関係者の組合や自治会がお金を出して設置することがほとんどです。

そのため囲いわなは『農林業者が自らの事業に対する被害を防止する目的』がある場合に限り、『わな猟免許の取得や狩猟者登録は不要』とされています。もちろん、狩猟制度内で狩猟鳥獣を捕獲するため、猟期や捕獲等数といった各種規制は遵守する必要はあります。また、猟期外で運用する場合は狩猟ではなく、都道府県（または市町村）の捕獲許可を得て行う必要があります。

【例題 16 解答：イ】

Ⅳ猟具に関する知識　２網・わな
２－２わな　（２）構造や使用方法　④囲いわな

2－4　わなの取扱い（注意事項を含む）

① 標識の設置

【例題 17】

次の記述のうち、正しいものはどれか。

ア．わなには、住所、氏名、都道府県知事名、登録年度、狩猟者登録証の番号を書いた金属またはプラスチック製の標識を付けることが義務付けられているが、網にはその決まりはない。

イ．わなを同じ場所に複数設置する場合、わなが見える範囲に標識を掲げることで、１枚に省略することができる。

ウ．標識に記載する情報は、縦横１㎝以上の文字で記入する必要がある。

【要点１：猟具に取り付ける標識の決まり】

登録番号	号	登録年度	令和　年度
氏名			
住所			狩猟
電話番号		登録知事	知事

網・わなを使用して狩猟をする場合は、『縦横１㎝以上の文字』で、『住所、氏名、都道府県名、登録年度、狩猟者登録証の番号』を書いた『金属またはプラスチック製の標識』を、『使用する猟具すべて』に取り付けなければなりません。

このような標識はインターネット通販で販売されていたりもしますが、アルミ板やプラスチック板、ラミネート防水した用紙などにフォーマットを印刷して自作する人もいます。網猟・わな猟を行ううえでは必ず使用する道具なので、忘れないように準備をしておきましょう。

【例題 17 解答：ウ】

Ⅵ狩猟の実施方法　８網・わなの取扱い上の注意事項

（１）注意事項　①標識の設置

---

② わなの設置に関する注意事項

【例題 18】

> 次の記述のうち、正しいものはどれか。
> ア. わなを設置できる数は 30 個以下なので、できる限り 30 個のわなを設置することが望ましい。
> イ. 大型はこわなや囲いわなのような撤去が困難なわなは、確実に使用できないような状況にしておけば、猟期終了後に設置し続けても鳥獣法違反には問われない。
> ウ. 山奥など移動に時間がかかる場所にわなを設置した場合は、１週間に１回程度の見回りでかまわないとされている。

【要点１：自分が管理できる範囲で最小限のわなをかける】

法律上、わなは１人につき 30 個以内であれば合法的に設置することができます。とはいえ、決して「30 個かけなければならない」というわけではありません。もしもわなに１日複数頭の獲物がかかってしまったら、その対応には思いもよらない時間がかかります。よってわなは数をむやみに増やすのではなく、獲物の痕跡（フィールドサイン）をよく観察して、捕獲確率が高そうな場所を厳選して設置しましょう。

【要点２：見回りは原則１日１回】

わなを設置した後は原則として『１日１回以上』捕獲がされていないか見回りをしなければなりません。よってわなを設置する場所は山奥など毎日の見回りが難しい場所ではなく、『林道沿いから少し入った獣道』や『里山と人里の境目』などアクセスが良い場所を選ぶようにしましょう。

ただし、移動がしやすい場所は人（登山者や農林業従事者など）の往来が少なからずあります。よってわなを設置した場所には標識だけでなく「わな注意！」といった看板を設置して注意喚起をするように工夫しましょう。

なお、見回りは「１日１回しなければ違法」というわけではありません。そのため大雨など天候の悪い日は事故防止のため無理に見回りを行う必要はありません。しかし天候が長期間崩れるのが予想される場合は、わなをいったん解除しておくなどの対策をしておきましょう。

【要点3：猟期後はわなを解除する】
くくりわなや小型のはこわなは、トリガーを外したり、バネにかかる力を開放することで不稼働状態になります。この休止状態でわなを設置しておくことは問題ありませんが、猟期が終了する日までには、すべて撤収・回収するようにしましょう。多くのわなを長期間休止状態にしておくと回収し忘れが発生するため、メモに設置場所を記録しておくなどの工夫をしてください。近年ではわなの設置場所を管理するスマートフォンアプリも登場しているので、積極的に活用しましょう。

撤収が困難な大型はこわなや囲いわなは、不稼働状態にしておくことで猟期終了後も設置しておくことができます。ただし他人の土地に設置する場合は、その土地に工事や草刈りなどが入ることもあるので、土地の人に必ず許可を得るようにしてください。

【例題18解答：イ】

Ⅵ狩猟の実施方法　8網・わなの取扱い上の注意事項
（1）注意事項　④非猟期における撤去等

---

③ 止め刺し

【例題19】

わなで捕獲した獣の「止め刺し」について、次の記述のうち正しいものはどれか。
ア. わなに捕獲された大型獣は不用意に近づくと反撃を受ける危険性があるため、止め刺しは銃器の利用が望ましい。
イ. わな猟を行う場所はなるべく秘匿したほうがよいので、止め刺しのさいはなるべく単独で行動したほうがよい。
ウ. 錯誤捕獲されたカモシカ、ツキノワグマ、ヒグマの放獣は危険なので、すみやかに銃を使用して止め刺しを行うべきである。

【要点1：わな猟で最も難しい〝止め刺し〟】
止め刺しは、網・わなで捕獲した鳥獣にとどめを刺す行為です。止め刺しは特に獣を捕獲するわな猟において危険性を伴う作業であり、止め刺し作業中にイノシシの牙で切られたり、オスジカの角に刺されたりして死傷する事件も多数報告されています。よって、止め刺しの作業は単独で行うのは避け、ベテラン狩猟者からの指示を仰ぎながら行うようにしましょう。

【要点2：止め刺しで銃を使えなければ、保定を行う】

止め刺しの最も安全性が高い方法は『銃』による遠距離からの狙撃です。しかし止め刺しに銃を使うのにはいくつかの要件があるので、詳しくはP64を確認してください。

銃を使った止め刺しができない場合は、ナイフで獲物の急所（心臓や心臓付近の太い血管、頸動脈など）を突いて失血死させる止め刺しが行われます。しかしこのような止め刺し方法は獲物に近づく必要があるため、必然的に獲物から反撃を受けるリスクが高くなります。そこで止め刺しの作業に入る前には、獲物の動きを完全に止める〝保定〟を行いましょう。

保定の方法には色々ありますが、例えば先端にくくりわなの輪が付いた長い棒で獣の首を掴んで動きを止める「アニマルコントロールスネア」や、イノシシの鼻に輪を押し当ててバネの力で縮める「鼻くくり」、くくりわなのワイヤーに錨を投げて引っかけ吊るし上げて転倒させる「ワイヤーフック」などがあります。これらの保定具はホームセンターで売られている部品で自作することもできますが、わな猟具専門メーカーで販売されているものもあります。

【要点3：錯誤捕獲ではすみやかに関係各所に連絡】

カモシカ、ツキノワグマ、ヒグマは、わなで捕獲することができない大型獣ですが、ごくまれにこれら大型獣がわなにかかることもあります。このような獣を〝あえて〟捕獲するような場所・猟法で捕獲するのは違法ですが、その意図がなければ「錯誤捕獲」として鳥獣法違反にはなりません。

わなで錯誤捕獲が起こった場合は速やかに放鳥獣する必要がありますが、対象が先述の大型獣の場合は放獣作業に多大な危険性をともないます。そのため、これら獣の錯誤捕獲が発覚したら、速やかに市町村の鳥獣行政を担当する窓口に連絡をして、その後の指示を仰ぎましょう。連絡先は狩猟者登録時に配布される鳥獣保護区等位置図（ハンターマップ）に記載されているはずです。

【例題19解答：ア】

Ⅵ狩猟の実施方法　8網・わなの取扱い上の注意事項
（1）注意事項　①標識の設置

---

④ その他、わな猟における注意事項

以下は狩猟読本には記載がありませんが、わな猟を行ううえでとても大切な要素になるので、必ず覚えておいてください。

【要点１：わなは使用前・使用後に点検を行う】

一度でも獲物がかかったわなを再使用する場合は、ワイヤーの切れ、キンク、バネの痛み、フレームのゆがみ、ボルトの緩みなどを点検し、トリガーが正常に動作するか確認を行いましょう。もし異変があるようであれば罠メーカーに修理を依頼するか、部品を購入して修理するようにしてください。

狩猟読本には「鳥獣は、光る物や油のにおいがするものは避ける習性があるので、真新しい金属製の罠などを使用するときには注意が必要」という記載がありますが、近年の罠メーカーが扱うワイヤーやバネは、人工物臭や金属光沢を落とす工夫が施されていることも多く、真新しい物を使っても特に影響はありません。逆に、これらのわなをわざと錆びさせたり、脱色や油抜きをしてしまうと、耐久性が下がってワイヤー切れやスッポ抜けなどのトラブルにつながります。

この点については狩猟者の間でも考え方は千差万別ではありますが、わな猟では捕獲の効率よりも「安全第一」を心がけるようしましょう。

【要点２：処分方法のことまで考えておく】

狩猟は「獲物を仕留めたら終わり」ではありません。当然ながら、残された屠体を猟場から移動させ、食用にするのであれば解体し、食用にしない部位（残滓）は適切に処理しなければなりません。特にわな猟はグループではなく単独で行うことがほとんどなので、屠体を移動させる道具や車両、解体する場所、残滓の処分方法、そして得られた猟果（ジビエなど）の保管方法まで考えておく必要があります。

狩猟で出た残滓などは、一般の家庭ごみで出すことができます。しかし、血や内臓が入ったごみ袋を見えるように置いてしまうと、異臭や見た目の悪さから近所に大きな迷惑をかけてしまいます。そこで残滓はなるべく細かく解体し、内臓類は収集日前まで冷凍をして、ゴミに出すときは外から見えないように工夫をしましょう。

有害鳥獣捕獲で出た残滓は、捕獲許可証に記載のある方法で処分してください。自治体によっては専用の焼却施設や、屠体を堆肥に加工する処理装置、ジビエ処理施設などに持ち込むことができます。

第3章.

鳥獣に関する知識

3－1　狩猟鳥獣及び狩猟鳥獣と誤認されやすい鳥獣の形態（獣類にあっては足跡の判別を含む）

① 鳥獣の種類

【例題１】

『鳥獣の種類』について、次の記述のうち正しいものはどれか。

ア.「種」としてヤマドリに分類されていても、狩猟鳥であるとは限らない。

イ. 日本には、鳥類は250種以上、獣類は約30種（ネズミ・モグラ類、海生哺乳類を除く）が生息している。

ウ. ネズミ科の獣は保護されていないので、自由に捕獲駆除できる。

【要点１：保護されていないネズミは「いえねずみ」の３種】

日本国内には、鳥類は約550種以上、獣類は約80種（ネズミ・モグラ類、海生哺乳類を入れた場合は約160種）の野生鳥獣が生息しています。第２編１章でも解説した通り、鳥獣法では「いえねずみ３種」と一部の海生哺乳類以外の鳥獣は保護されています。

ちなみに、鳥獣法で「いえねずみ」と一部の海生哺乳類が除外されている理由ですが、「いえねずみ」と呼ばれる『ドブネズミ』、『クマネズミ』、『ハツカネズミ』は衛生環境の維持を理由に保護対象から外れています。そのため、「ねずみとり」や「殺鼠剤」を使ってこれらネズミを駆除することは、捕獲許可を受けなくても実施することができます。

ただし注意点として、保護されていないのは「いえねずみ３種だけ」です。野山に住む「アカネズミ」や「ヒメネズミ」などは保護されており、狩猟鳥獣でもないので、無許可で捕獲をすると違法になります。また、「いえねずみ３種」は狩猟鳥獣ではないので、装薬銃や空気銃を使って捕獲すると銃刀法違反になります。

海獣については『ニホンアシカ、ゴマフアザラシなどのアザラシ５種、ジュゴン』が鳥獣法で保護されており、それ以外のアシカやオットセイは『膃肭臍獣（らっこおっとせい）猟獲取締法』で、クジラやイルカ、トドは『水産資源保護法』で保護されています。

【要点２：狩猟鳥獣は「種」で指定。「亜種」も含む】

生物は「リネン式階層分類体系」と呼ばれる方法で体系化されており、鳥獣は『綱（こう)』→『目（もく)』→『科（か)』→『属（ぞく)』→『種（しゅ)』に分類されます。例えば「ニホンジカ」は『哺乳綱→偶蹄目→シカ科→シカ属→ニホンジカ（種)』に分類され、キジは『鳥綱→キジ目→キジ科→キジ属→キジ（種)』に分類されます。

さらに「種」の下位には「亜種」という分類があり、「ニホンジカ（種)」には、北海道に『エゾジカ』、本州に『ホンシュウジカ』と『キュウシュウジカ』、対馬、屋久島、馬毛島には『ツシマジカ』、『ヤクシカ』、『マゲジカ』、沖縄慶良間諸島には『ケラマジカ』の７亜種が国内に生息しています。

狩猟鳥獣は「種」で指定されているため、下位の「亜種」も含みます。よって特別な規制がない限りは『ニホンジカ』であれば上記『エゾジカ』も『ホンシュウジカ』も狩猟できます。

ただし注意が必要なのが、狩猟鳥獣には「亜種を除く」とする種もいます。例えば『ヤマドリ』は『ヤマドリ』(本州)、『ウスアカヤマドリ』(本州・四国の一部)、『シコクヤマドリ』(中国地方・四国)、『アカヤマドリ』(九州北中部)、『コシジロヤマドリ』(九州南部）の５亜種がいますが、『コシジロヤマドリ』だけは狩猟鳥獣から外されています。

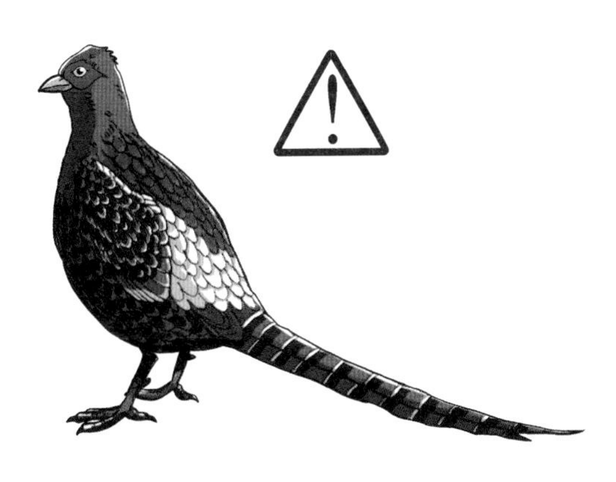

コシジロヤマドリ

さらに、鳥獣の分類は現在でも研究が行われており、最新のDNA鑑定などで「別種」、「亜種」と判定されることもあります。それに伴い、和名が変更になるケースもあるので、十分注意しましょう。

【例題１解答：ア】

Ⅲ鳥獣に関する知識
１鳥獣に関する一般知識　（２）本邦産鳥獣種数①鳥獣の種数

---

② ノイヌ・ノネコ

【例題２】

「ノイヌ・ノネコ」について、次の記述のうち正しいものはどれか。

ア. イヌ科イヌ属ノイヌ、ネコ科ネコ属ノネコに分類される獣を指す。
イ. 飼い主が不明のイエイヌ・イエネコで、いわゆる野良猫、野良犬を指す。
ウ. 野生化したイエイヌ・イエネコで、山野で自活している個体を指す。

【要点：ノイヌ、ノネコだけは分類学上の分類ではない】

例題１で「狩猟鳥獣は種で分類されている」と述べましたが、これの例外にあたるのが『ノイヌ』と『ノネコ』です。一般的に「イヌ」と呼ばれる獣は、「イヌ科→イヌ属→オオカミ（種）→イエイヌ（亜種）」、「ネコ」は「ネコ科→ネコ属→ヨーロッパヤマネコ（種）→イエネコ（亜種）」に属するため、「イヌ」と「ネコ」は狩猟鳥獣ではありません。しかし鳥獣法では「山に入り餌を自分で調達し自立している（野生化した）イエイヌ・イエネコ」を『ノイヌ』、『ノネコ』と定義しており、この条件であれば狩猟鳥獣として捕獲が可能となります。

ここで注意が必要なのが、『ノイヌ』や『ノネコ』は〝野良犬〟や〝野良猫〟とは異なる点です。野良犬や野良猫は「飼い主のいないイエイヌ・イエネコ」であり、人家周辺にいる限り「野生化したノイヌ・ノネコ」とはみなされません。よってこれらのイヌ・ネコを銃器やわななどで捕獲すると鳥獣法違反となり、飼い主がいたとしたら動物愛護管理法違反になります。

よって、『ノイヌ』や『ノネコ』は基本的には、離島や山奥など普段人がいない場所に生息するイヌ・ネコであると考えておきましょう。ただし、これらを捕獲する場合も関係各所によく確認を行ってください。

【例題２解答：ウ】

Ⅲ鳥獣に関する知識　１鳥獣に関する一般知識
（２）本邦産鳥獣種数　③野生鳥獣としてのイヌやネコ

③ 鳥獣の計測基準

【例題３】

『鳥獣の大きさの測定方法』について、次の記述のうち正しいものはどれか。
ア. 「頭胴長」は、獣の頭から尾までの長さを指す。
イ. 鳥類の「体長」は、口ばしの付け根から尾の付け根までの長さを指す。
ウ. 獣の「体長」は、吻端から尾の先までの長さを指す。

【要点：獣の「頭胴長」は尻尾を除く。鳥は尻尾まで含んで「全長」】

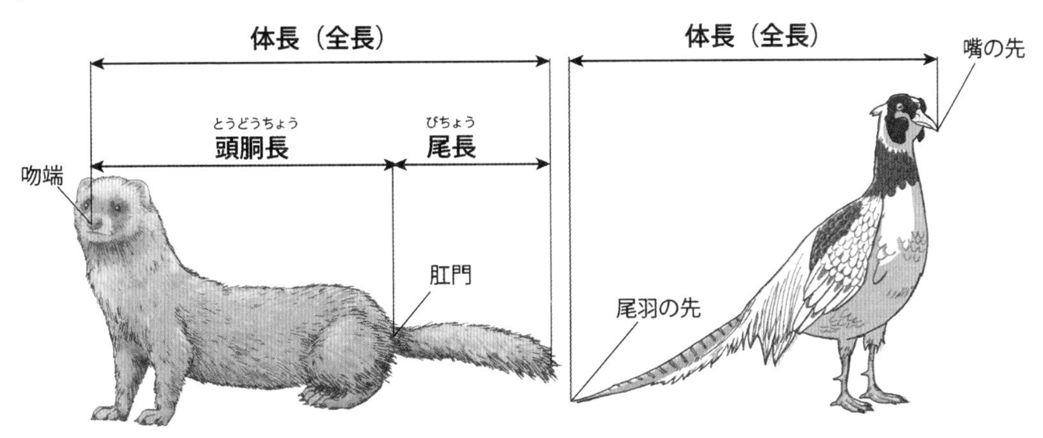

鳥獣の計測方法は、上図の通りです。獣類は「吻端」（頭部で最も前方に突出した部分。大抵は鼻先）から、尾の付け根（肛門の位置）までの長さを『頭胴長』と呼び、尾の長さを『尾長』と呼びます。

鳥類は〝尾を含めた全体の長さ〟を「体長」としており、さらに右図のように羽の長さ（翼長）や、翼を開いた状態の長さ（翼開長）などで計測されます。

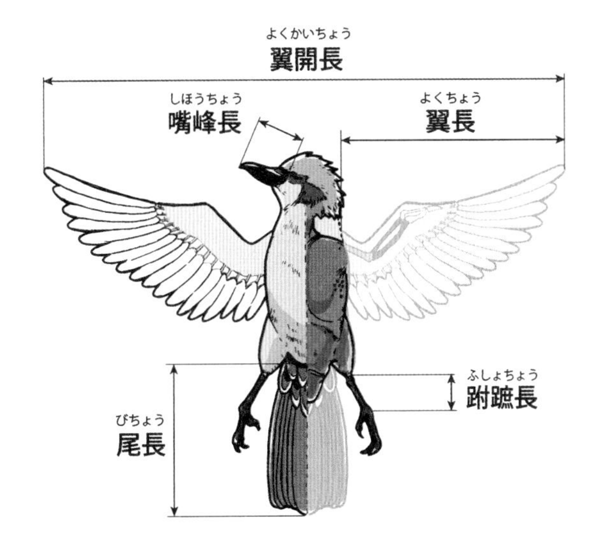

【例題3解答：ウ】

Ⅲ鳥獣に関する知識
1鳥獣に関する一般知識　（4）鳥獣の体　①大きさの測定

---

④ 鳥獣判別の基本

【例題4】

狩猟鳥獣の『判別（同定）の基本』として、次の記述のうち適切なものはどれか。
ア．ニュウナイスズメよりも小さい鳥に狩猟鳥はいない。
イ．狩猟鳥の中には、全身が白いものも多い。
ウ．「猛禽類」と呼ばれる鳥類の中には、狩猟鳥も含まれる。

【要点：鳥獣判別はザックリ判定し、細かく見ていく】

鳥の種類を判別（同定）するのは知識と経験が必要になりますが、『狩猟鳥』を判別するだけなら、いくつかのコツがあります。

まず、狩猟鳥獣には『全身が白い鳥』はいません（遺伝子疾患のアルビノと呼ばれる個体は除く）。また、ワシやタカ類、フクロウ類などの『猛禽類』、シロサギやアオサギ、ゴイサギなどの『サギ科の鳥』、カモメに似た『海鳥』、スズメ・ニュウナイスズメを除いて『大人の握りこぶし』より小さい鳥、『ガン類』よりも大きな鳥類（ツルやハクチョウなど）は、狩猟鳥ではありません。

狩猟では発見した鳥の種類を瞬時に判別しなければならないので、まずはこのような〝ザックリ〟とした感覚を身に付けておきましょう。

【例題４解答：ア】

Ⅲ鳥獣に関する知識　２鳥獣の判別　（１）判別一般　②判別方法

---

⑤ 色による判別

【例題５】

> 鳥獣の『色による判別』として、次の記述のうち適切なものはどれか。
> ア．図鑑や剥製などでは実際の体色と体色の印象が異なる場合があるので、日ごろから鳥獣を注意深く観察することが重要である。
> イ．鳥獣の判別を養う目は、図鑑や剥製などを見て覚えるぐらいで十分養われる。
> ウ．狩猟鳥獣か否かを十分に判別できなかったとしても、とりあえず捕獲して実物を観察することが重要である。

【要点：鳥獣の色合いは光加減で大きく変わる】

鳥の羽は日光の当たり具合などで色味が変わるため、図鑑だけでなく実物を見て覚えることが大切です。狩猟鳥獣か判別できる自信がない場合は、一切の捕獲をしないようにしましょう。

【例題５解答：ア】

Ⅲ鳥獣に関する知識　２鳥獣の判別　（３）色　①色による判別

---

⑥ 大きさによる判別

【例題6】

次の記述のうち適切なものはどれか。
ア. ハシブトガラス>ムクドリ>キジバト>スズメの順で体が大きい。
イ. 同じ種の獣であっても、一般的に寒冷地方に生息する地域個体群の方が大型化する傾向がある。
ウ. 鳥獣は例外なく、メスよりもオスの方が体長が大きい。

【要点1：鳥類の大きさは「ものさし鳥」で分類してみる】

鳥類の大きさを言い表す際は、日常的に目にする鳥が基準とされることがよくあります。これらの鳥は「ものさし鳥」とも呼ばれており、「カラス大」と言えば「比較的大型の鳥」、「ハト大」と言えば「足の裏よりも少し大きい鳥」、「ムクドリ大」と言えば「手のひらを広げたサイズの鳥」、「スズメ大」と言えば「こぶし大」をイメージします。

狩猟免許試験では鳥類の大きさを並べた問題がよく出題されますが、それぞれの細かい数字を覚えておくのは大変です。そこで、ひとまずはものさし鳥との比較を覚えて、だいたいのサイズが想像できるようにしておきましょう。

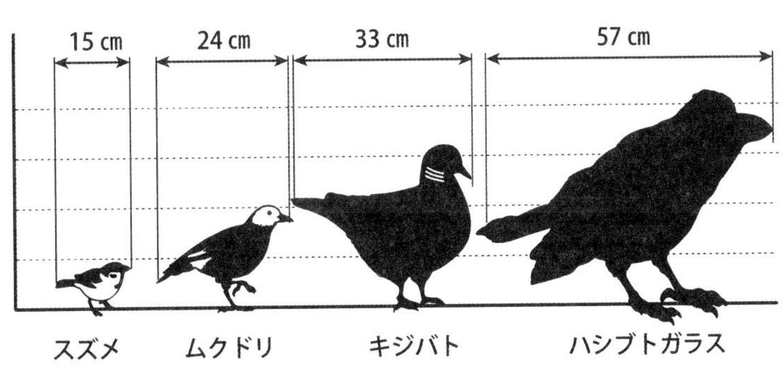

【要点2：鳥獣は北方の個体群ほど体が大きくなる傾向】

一般的に鳥獣は、北部に生息する個体群ほど体が大きくなるといった特徴があります。これは『ベルクマンの法則』と呼ばれており、「恒温動物は体が大きくなるほど体温を維持しやすくなるため」と考えられています。

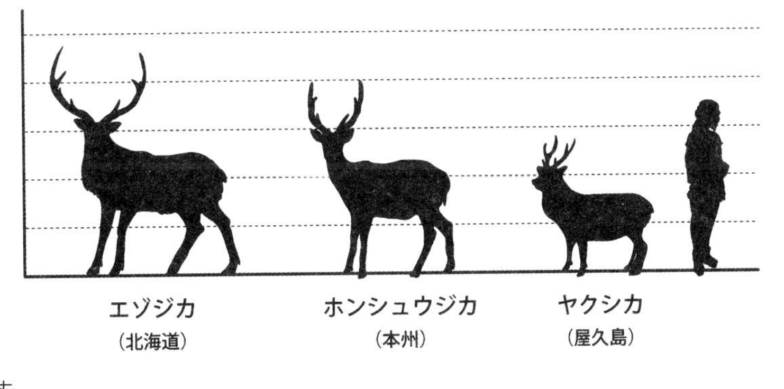

もちろん上記法則には例外もありますが、狩猟鳥獣に限定していえば法則が当てはまっています。代表的なニホンジカの例では、北海道のエゾジカ『頭胴長約150㎝・体重

120 kg』に対して、屋久島のヤクシカは『頭胴長約 110 cm・体重約 25 kg』と小型になります。
「イノシシ」についても、本州の「ニホンイノシシ（亜種）」が頭胴長約 140 cmに対して、沖縄の「リュウキュウイノシシ（亜種）」は、頭胴長約 80 cm程度と小型になります。なお、『イタチ』、『キジ』のように性別の違いによって全長が変化する（一般的にはオスの方が大きい）鳥獣はいますが、違いがみられない種も多数存在します。

【例題6解答：イ】

Ⅲ鳥獣に関する知識
2鳥獣の判別　（2）体の大きさ　①大きさによる判別

---

⑦ 換羽・換毛

【例題7】

> 鳥獣の『季節による体色の変化』について、次の記述のうち適切なものはどれか。
> ア．カモ類のオスが、見た目が派手な繁殖羽になることを「エクリプス」という。
> イ．ノウサギは、冬期に白くなるものと、一年中褐色のままでいるものがある。
> ウ．キジ・ヤマドリのオス・メスの目の周りには、赤色の羽毛が生えている。

【要点1：非繁殖羽になることをエクリプスという】

カモ類のオスは冬になると派手な色の羽に生え変わります。しばしば、この「繁殖羽に変わること」を「エクリプス」と勘違いされていますが、“eclipse”はもともと「力を失う」という意味なので、繁殖羽から地味な非繁殖羽に変わることが「エクリプス」になります。

カルガモを除いて日本国内に生息するカモは冬に渡ってくる鳥なので、エクリプス状態のカモを見かけることは稀です。しかし地域によっては猟期始まりに、繁殖羽と非繁殖羽が〝混じった〟カモを見かけることがあります。非狩猟鳥のメスと見間違えやすいので注意しましょう。

【要点2：同じ種でも生息環境で羽・毛の色は変わる】

ノウサギやユキウサギは冬場になると、白い冬毛に換毛します。しかし必ず白くなるというわけではなく、雪の少ない地方に生息する『ノウサギ』は冬場でも茶褐色をしており、北海道のエゾユキウサギでも真っ白にならない個体がいます。

このように鳥の羽や獣の毛の色は、生息している環境や気象によって大きく変わることがあるので注意が必要です。

【要点3：キジやヤマドリの赤い部分は皮膚が変形したもの】

キジ科のオスは、眼の周辺が真っ赤になっています。これは「羽の色」ではなく『にくだれ』と呼ばれる皮膚が変化した部位です。この肉垂はキジ・ヤマドリのメスにはなく、また同じキジ科の『コジュケイ』にはオス・メスどちらにもありません。

【例題7解答：イ】

Ⅲ鳥獣に関する知識

2鳥獣の判別　(3) 色　③季節変化

---

⑧ 身体的特徴

【例題8】

次の記述のうち適切なものはどれか。

ア. ニホンジカとカモシカの角は枝分かれのない太い一本角である。

イ. ハシビロガモは、オスのみが巾の広いくちばしをしている。

ウ. キジ科の中でも、コジュケイの尾は短くなっている。

【要点：鳥獣特有の身体的特徴を抑えておく】

鳥獣を判別する際は、その鳥の〝主な特徴〟を知っておくことが大切です。狩猟鳥獣の特徴については、本章の『(3－3) 鳥獣に関する生物学的な一般知識』でまとめているので参考にしてください。

『角』に関しては、狩猟鳥獣の中で角を持つ獣は「ニホンジカ」のみになります。非狩猟獣の「カモシカ」も角を持ちますが、ニホンジカの角は「枝角 (アントラー)」、カモシカの角は「洞角 (ホーン)」と呼ばれています。また、ニホンジカの枝角は1年ごとに〝生え変わる〟のに対して、カモシカの洞角は生え変わらないといった違いがあります。

【例題８解答：ウ】

Ⅲ鳥獣に関する知識　２鳥獣の判別　（４）形

3－2　狩猟鳥獣及び狩猟鳥獣と誤認されやすい鳥獣の形態（習性、食性等）

① フィールドサイン

【例題９】

次の記述のうち適切なものはどれか。
ア．獣類は総じて、巣穴回りなど特定の場所に糞をする。
イ．ヌタ場は、沢近くのくぼみなど水気の多い場所に作られる。
ウ．イノシシは蹄行性の獣であり、人で言う「かかと」を付いて歩行する。

【要点１：鳥獣の存在を知る手がかり『フィールドサイン』を知る】

野生鳥獣が残す糞や足跡、採餌跡（食み跡）、泥浴びをした跡（ヌタ場）、寝床の跡（寝屋）などはフィールドサインと呼ばれており、野生鳥獣の存在や生態を知る上では欠かせない情報源です。こういったフィールドサインの収集と解析は、特にわな猟で重要な要素となりますが、銃猟においても『単独忍び猟』などの渉猟（歩き回って獲物を探すスタイルの猟）をするうえでも重要になります。

もちろん、狩猟免許試験までにすべてのフィールドサインを知っておかなければならないというわけではありません。ここでは必要最低限の知識を身に付け、実際は猟場に出て少しずつフィールドサインの種類と特徴を覚えていきましょう。

 **球型** ノウサギやリス、ムササビなどの小型の草食獣に多い形状。植物の繊維質が凝縮した質感。	 **俵型** ニホンジカ、カモシカの糞。シカは歩きながら糞をするので進路に向けて落ちていることもある
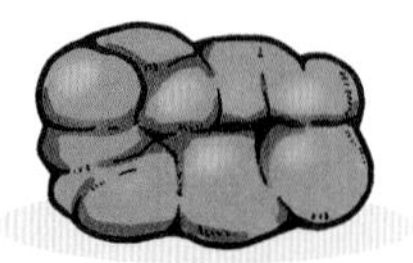 **塊型** イノシシやクマなど草食寄りの雑食性に多い。クマの糞は未消化物が多く、糞に餌の色や匂いが出る。	 **棒型** タヌキやイタチなどの肉食傾向寄りの雑食獣に多い。昆虫の羽などの未消化物が見つかることが多い。

【要点２：糞の種類は大きく４つ】

〝糞〟は、その形や大きさ、内容物などを詳しく調べることで、野生鳥獣の種類や大きさだけでなく、まだ近くにいるかやどのような場所に出没しそうかといった数多くの情報を得ることができます。

獣の中には、同じ場所に糞をするタメフンという習性を持つものがおり、例えばカモシカやタヌキはこのタメフンの習性を持ちます。非狩猟獣であるカモシカと狩猟獣であるニホンジカは生息範囲が被っており錯誤捕獲の危険性が高い獣の一種ですが、このタメフンを発見することで、カモシカの存在を知ることができます。

【要点3：足跡の形は3つに大別できる】

糞と合わせて重要となるフィールドサインに足跡があります。この足跡を知るためには、まずは「動物の歩き方には3種類ある」ことを覚えておきましょう。

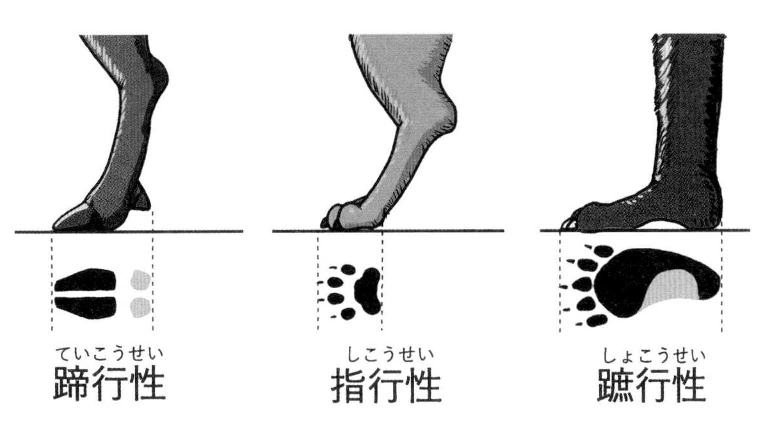

蹠行性は、人間でいう「かかと」や「手のひら」を地面につける動物の歩き方です。この歩き方をする動物は歩行の安定性が高く、木に登ったり、穴を掘ったり、物を持ったりと指先を器用に扱うことができます。私たち人類を含めた霊長類をはじめ、クマ類やアライグマ、ハクビシン、リス類、さらに鳥類や爬虫類、両生類も、この蹠行性に分類されます。

指行性は、手のひらやかかとを浮かして、〝4本の指先〟(人間の親指にあたる指は退化)で地面を歩くのが特徴です。蹠行性に比べて足先の器用さは落ちますが、より高速に移動ができ、足音を忍ばせて移動することができるなどの長所を持ちます。足跡は、いわゆる肉球の跡が残り、イヌやネコ、タヌキ、キツネなどの中型獣に多い足跡です。

蹄行性は爪先が進化した『ひづめ（蹄）』を持つ動物の歩き方で、日本国内ではイノシシとシカ類（ニホンジカと外来種のキョンなど）、カモシカ、ヤギなどが該当します。指行性よりもさらに高速に移動ができ、狭い足場でも移動ができるという長所を持つ一方で、器用さは落ちるため木に登ったり、物を持ったりすることはできません。

【要点4：クマダナや泥浴びの習性も重要な痕跡】

特徴的なフィールドサインに、例えばクマダナ（熊棚）があります。これはヒグマやツキノワグマが木に登って果実などの餌を採る際に、折った枝を樹上に敷き詰める習性です。鳥の巣のように見えますが、クマは地面や木の洞などに巣を作るので、クマダナで生活をしているわけではありません。クマ類の特徴的な習性には、杉などの樹皮を剥いで形成層を食べるクマ剥ぎや、木を爪でひっかいてテリトリーを主張する爪痕などがあります。
イノシシやニホンジカは体に付いたダニなどの寄生虫を落とすために、泥に体をこすりつける泥浴びと呼ばれる行動をとります。この時できた跡はヌタ場と呼ばれており、ヌタ場の乾き具合などでいつ頃獲物がこの近くに現れたかを知ることができます。ヌタうちをしたイノシシやニホンジカは、木に体をこすりつけながら移動するため、進行方向に泥の跡が残されます。

【例題９解答：イ】

Ⅲ鳥獣に関する知識　２鳥獣の判別
（５）糞　（６）足跡　（８）その他

---

② 鳴き声

【例題 10】

鳥類の鳴き声について、次の記述のうち適切なものはどれか。
ア．鳥類は鳴き声だけでなく、羽音などの違いからも聞き分けることができる。
イ．鳥の鳴き声にはさえずりと地鳴きの２種類があり、地鳴きが聞かれるのは繁殖期のころである。
ウ．カラス類の鳴き声は全く同じような声であり、鳴き声だけで判別することは不可能である。

【要点１：ひとまず「聞きなし」で鳴き声を覚えておく】
鳥類を判別する際は、鳴き声が重要な判別要素になります。例えばマガモやカルガモなどは「グワッ、グワッ」と聞こえるだみ声で鳴くことが多いですが、同じカモでもヒドリガモは「ウィギョン！」といった全く異なる鳴き声を上げます。
また、ヒヨドリは「ぴぃーよ、ぴぃーよ」とよく通る大きな声で鳴くため、遠くからでもその存在を知ることができます。見た目はそっくりのハシボソガラスとハシブトガラスも、ハシボソは「ガーッ、ガーッ」とかすれた声で鳴く一方で、ハシブトガラスは「カー、カー」と澄んだ声で鳴きます。
鳥の鳴き声には複数の種類があり、繁殖期にオスが縄張りを宣言したり、メスにアピールする際に発せられる『さえずり』と、それ以外での『地鳴き』に大きく分けられます。例えばウグイスの場合「ホーホケキョ」はさえずりで、「チャッチャッ！」という鳴き声は地鳴きです。

【要点2：「聞きなし」だけでなくWebで音源を聞いて覚える】

鳥の鳴き声は、文字（聞きなし）で説明をしてもなかなか伝わりにくいと思います。そこで、認定NPO法人『バードリサーチ』や、サントリー社の『日本の鳥百科』などのWebサイトには鳴き声が収録された音源が〝無料〟で公開されているので、是非活用してください。

【例題10解答：ア】

Ⅲ鳥獣に関する知識　2鳥獣の判別　（7）鳴声

---

③ 鳥類の渡り

【例題11】

次の記述のうち正しいものはどれか。

ア. 渡りの途中で日本国内に住み着き、繁殖をする鳥のことを留鳥という。

イ. カモ類の多くは冬に日本国内に渡ってくる冬鳥だが、カルガモは国内で繁殖する留鳥である。

ウ. カラスやスズメのように1年中国内に生息する鳥のことを『年鳥』という。

【要点：渡りの分類を覚える】

季節によって生息地を移動する鳥は『渡り鳥』と呼ばれており、冬季に飛来する鳥を『冬鳥』、夏季に飛来する鳥を『夏鳥』、春季や秋季に国内を通過する『旅鳥』、国内で季節的に移動する『漂鳥』、渡りを行わない『留鳥』に分類されます。

狩猟期間は冬なので、実猟上は冬鳥（カモ類やシギ類）と、留鳥を知っておけば十分なのですが、渡りの時期は地域によって異なるという点は理解しておきましょう。例えば狩猟鳥のタシギは、中部地方以南では冬鳥ですが、北の地方では夏鳥や旅鳥になっています。また、タシギとほとんど見わけが付かない非狩猟鳥のハリオシギやチュウジシギは秋に旅鳥として飛来するため、九州地方など一部の地域では狩猟期間の初めごろに見られる可能性があります。

こういった地域的な渡りの時期を知るためには、狩猟期間以外も興味を持って鳥を観察することが大切です。狩猟者の中には愛鳥家の〝クラスタ〟（SNSなどで興味を持つ人同士が自然につながるコミュニティ）に参加する人もいます。もちろん愛鳥家の中には狩猟反対という人もいますが、捕獲した狩猟鳥獣の羽や骨などを提供すると喜ばれることも多いので、積極的に参加して情報交換を行いましょう。

【例題11解答：イ】

Ⅲ鳥獣に関する知識
3鳥獣の生態等　（1）行動特性　①渡りの習性

④ 陸ガモと海ガモ

【例題12】

次の記述のうち正しいものはどれか。
ア. 水に浮かんでいるときの姿が異なり、陸ガモは尾羽が水面から出ており、海ガモは水面すれすれにある。
イ. 陸ガモは淡水域の水場にのみ生息し、海ガモは海水域のみに生息する。
ウ. ヨシガモ、ホシハジロ、コガモは、すべて陸ガモと呼ばれている。

【要点1：陸ガモと海ガモの違いを覚える】

カモ類は、その生態や習性によって『陸ガモ』と『海ガモ』の2種類に分類することができます。主な違いは下表のとおりです。

	陸ガモ	海ガモ
浮かんでいる時の尾羽の位置	水面よりも高い位置	水面すれすれ
餌の採り方	地面に上がって餌を採る。または、水中に頭を入れて水底の餌を採る。	水中に潜って餌を採る。
飛び立ち方	一気に高角度で飛び立つ	水面を蹴りながら滑走して飛び立つ

狩猟鳥のカモ類の中で、クロガモ、スズガモ、ホシハジロ、キンクロハジロの4種類が海ガモで、その他は陸ガモに分類されます。

なお、「陸ガモ」、「海ガモ」という言葉ですが、陸ガモは決して海に出ないというわけではなく、波の穏やかな日は海岸や港に陸ガモが群れていることもあります。また、海ガモは海水や汽水域でよく見かけますが、淡水域に入ってくることも多く、他の陸ガモと混群を作ることもあります。さらに陸ガモは半矢で水面に落ちて跳べなくなると潜って逃げることがあり、海ガモも水辺に上がって日向ぼっこをする姿がしばしば見られます。

こういった理由から近年では、陸ガモは『水面採餌ガモ』、海ガモは『潜水採餌ガモ』という呼び方が一般的になっています。ひとまず、どちらの呼び方も覚えておきましょう。

【要点２：泳ぎ方のシルエットも判別の役に立つ】

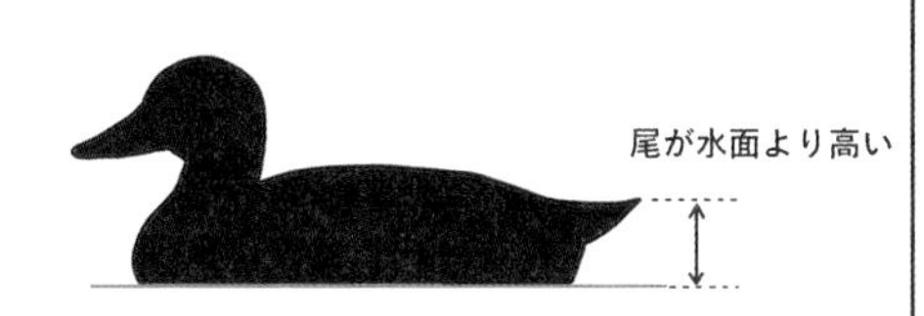

陸ガモ（水面採餌ガモ）

マガモ、カルガモ、コガモなどのマガモ属。
狩猟鳥も多いが、非狩猟鳥もいるので
複合的に判断すること。

海ガモ（潜水採餌ガモ）

キンクロハジロ、ホシハジロなどハジロ属、
クロガモ属、アイサ属、ホオジロガモ属など。
陸ガモに比べて小型な種が多い。

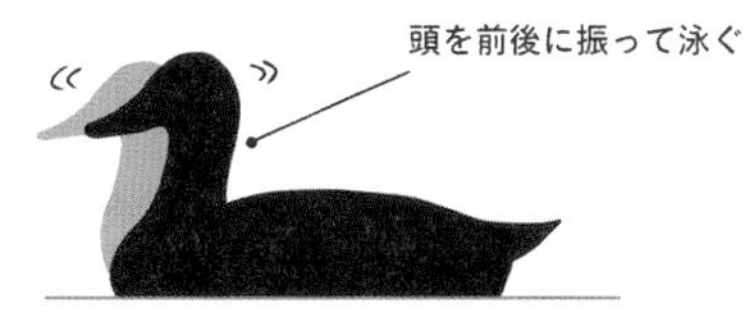

クイナ類・カイツブリ類

クイナ、バン、オオバン、カイツブリなど
この泳ぎ方をするのはすべて非狩猟鳥。

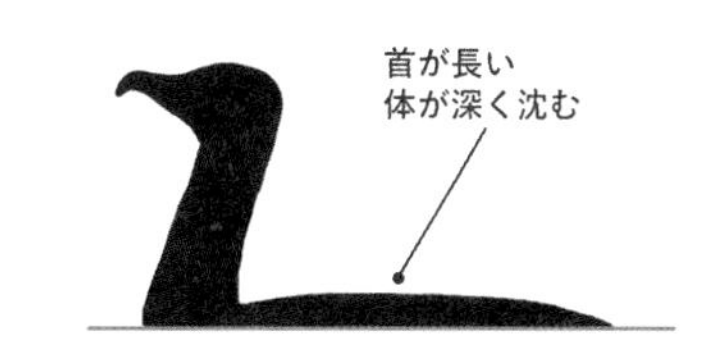

アイサ類・ウ類

ウミアイサやカワアイサなどのアイサ類。
ウミウなどのウ類。狩猟鳥はカワウのみ。

カモ類に限らず、水鳥は水面に浮かぶ姿や泳ぎ方などに特徴があります。非狩猟鳥のクイナ類、アイサ類などを見分けるポイントになるので、覚えておきましょう。

【例題 12 解答：ア】

Ⅲ鳥獣に関する知識
３鳥獣の生態等　（１）行動特性　②動作の特徴

---

⑤ 行動の特徴

【例題 13】

次の記述のうち適切なものはどれか。

ア．ヤマドリは、谷の下方に向かって急降下する谷下り（沢下り）という飛び方をする。

イ．キジは、両足をそろえてピョンピョンと跳ぶように歩く。

ウ．タシギは、羽ばたきと滑翔を繰り返しながら、波状に飛ぶ。

【要点1：鳥類の飛び方は色々ある】

陸ガモと海ガモの飛び方に違いがあるように、他の鳥類にも飛び方には違いがあります。代表的な例でいうとタシギは、『鋭い鳴き声をあげてジグザグ（雷光型）に飛んだあとに舞い上がる』といった特徴的な飛び方をします。

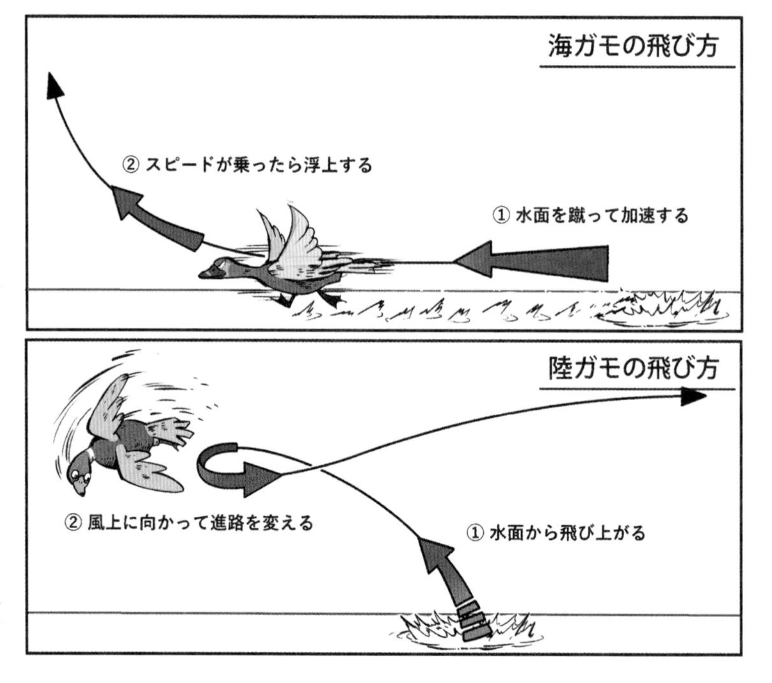

また、ヒヨドリは、『羽ばたきと滑空を繰り返しながら波状に飛ぶ（バウンディング飛行）』という習性があり、さらにはばたくときに「ヒョ！」と鳴き声を上げます。

ヤマドリには谷下り（沢下り）と呼ばれる習性があり、天敵に追われるなどで危険を感じたヤマドリは木の上に飛び乗った後、沢に沿って一直線に飛ぶ習性があります。この習性を逆手に取り、猟犬にヤマドリを探索させている間に狩猟者は谷沿いに潜み、飛んできたところを撃ち落とす猟法が有名です。

【要点2：歩き方にはホッピングとウォーキングの2つある】

鳥類は〝歩き方〟にも違いがあり、例えばスズメなどは足をそろえてピョンピョンと飛び跳ねながら歩くホッピングを行います。普段は樹上で生活をするヒヨドリも、地面に落ちた餌を探すときはホッピングで移動します。

対して、ムクドリやキジ、キジバトなどは、交互に足を出して1歩ずつ歩くウォーキングを行います。両方の歩き方をする種もおり、例えばハシブトガラスは、普段はウォーキングで歩きますが、急いで移動するときはホッピングをします。

【例題13解答：ア】

Ⅲ鳥獣に関する知識
3鳥獣の生態等 （1）行動特性 ②動作の特徴

---

⑥ 活動時間（採餌行動）

【例題 14】

> 獣類の活動時間について、次の記述のうち適切なものはどれか。
> ア．タイワンリスは昼行性で、朝や夕に多く活動する。
> イ．ノウサギは、主に昼間に活動する。
> ウ．アナグマは、夜間にのみ活動する。

【要点：鳥獣の行動には昼行性と夜行性に分けられる】

鳥類の多くは餌を求めるためなどで昼間に活動する昼行性、獣類の多くは夜間に活動することが多い夜行性と言われていますが、ゴイサギ（非狩猟鳥）は夜行性であり、タイワンリスは昼間に活動する昼行性など、例外もいます。

ただし、この夜行性、昼行性という習性は〝絶対〟ではなく、例えばニホンジカは夜行性と言われていますが、実際は朝方（薄明）と夕暮れ（薄暮）に活動していることが多く、さらに小雨が降る薄暗い日には昼間も活動しています。また、アナグマも夜行性とされていますが、視力が弱いためか昼間でも活動していることが多く、狩猟者が近づいても気づかないことがよくあります。

【例題 14 解答：ア】

Ⅲ鳥獣に関する知識
３鳥獣の生態等　（１）行動特性　③活動時間

---

⑦ 食性

【例題 15】

> 鳥獣の食性について、次の記述のうち適切なものはどれか。
> ア．ミヤマガラスは動物質のものしか食べない。
> イ．ニホンジカは植物食性なので、植物であれば無条件になんでも口にする。
> ウ．鳥獣の種類によっては、餌の条件が悪化した環境下において、普段は食べないような餌も食べることがある。

【要点：食性は動物食・植物食・雑食にわけられる】

獣は種類によって、植物質の餌を食べる植物食と、動物質の餌を食べる動物食、どちらの餌も食べる雑食に分類されます。ただし、これも先の昼行性・夜行性と同様に厳密に決まっているわけではなく、植物食性のニホンジカやマガモ、ノウサギなどは、餌が少ない状況では昆虫や小動物、動物の死体なども食べます。また、イノシシやクマ類などの獣、ミヤマガラス、キジなど鳥類は雑食性とされていますが、餌が豊富にある時期は植物食に寄る傾向があります。

動物の食性は主に〝腸内細菌の種類〟で決まっており、植物食性の動物は消化器官にセルロース等（植物の固い細胞壁）を分解して、生命活動に必須である〝アミノ酸〟等を生成する細菌を保有しています。これら動物は自身の消化器官を使うことである程度の消化吸収もできるため、植物性の餌が少なくなると動物性の餌でアミノ酸等を摂取するようになります。

対して、動物食性傾向の強い動物には消化器官にこのような細菌を保有していないため、猛禽類などの動物食性の動物は、餌が枯渇しても植物を餌にすることはありません。同様の理由で人間の消化器官にもセルロースを分解する細菌を保有していないため、生の草を食べるとおなかを壊してしまいます。

【例題15解答：ウ】

Ⅲ鳥獣に関する知識
3鳥獣の生態等　（1）行動特性　⑤食性

---

⑧ 群れ

【例題16】

鳥獣の群について、次の記述のうち適切なものはどれか。
ア．鳥類で群れを作るのはスズメぐらいで、ほとんどは単独かつがいで行動する。
イ．キジバトは、秋になると数百羽規模の大きな群れを作る。
ウ．ニホンジカは数頭から数十頭の群れを作ることがある。

【要点：群れは鳥獣によって、作る・作らない・季節的に作る】

鳥獣には季節によって群れを作る種がおり、狩猟鳥獣ではカモ類やコジュケイ、ムクドリ、ミヤマガラス、ニホンジカなどは群れを作ります。

鳥獣が群れを作る理由は『餌場を探す効率をよくするため』や『天敵の存在を素早く察知するため』などが考えられており、逆に動物食性の傾向が強い鳥獣（猛禽類やイタチ、テン、ヤマシギなど）、天敵がいない鳥獣（クマ類やイノシシ）は、基本的に群れを作りません。

【例題 16 解答：ウ】

Ⅲ鳥獣に関する知識
３鳥獣の生態等　（1）行動特性　④群

---

⑨ 営巣

【例題 17】

次の記述のうち適切なものはどれか。
ア．ツキノワグマは必ず冬眠をする。
イ．ノウサギは地中に穴を掘って群れで生活をする。
ウ．カワウは一か所に群れてコロニーと呼ばれる営巣地を作る。

【要点：鳥獣の種類により営巣場所は異なる】
ツキノワグマは樹洞や土穴に巣を作り冬眠をします。しかし、気候や餌などの条件によっては冬眠をしないこともあります。
ノウサギは草むらなどにねぐらを作り、群れを作らずに生活します。一方、ヨーロッパに生息するアナウサギは地面に穴を掘って巣を作り、群れで生活するという違いがあります。一般的にペットとして飼われているウサギ（カイウサギ）はヨーロッパのアナウサギなので、両者の習性の違いに注意しましょう。
ゴイサギやカワウなどの鳥類は、日中は散り散りで生活をしていますが、寝る前に一か所に集まってコロニーと呼ばれる集団営巣地を作る習性があります。

【例題 17 解答：ウ】

Ⅲ鳥獣に関する知識
３鳥獣の生態等　（3）生息環境及び分布　①生息環境

---

⑩ 繁殖

【例題 18】

鳥獣の繁殖期について、次の記述のうち適切なものはどれか。
ア．ニホンジカは年に複数回交尾を行う。
イ．年に１回しか交尾をしない鳥獣もいれば、複数回交尾をする鳥獣もいる。
ウ．キツネは一般的に、一夫多妻である。

【要点：一夫一妻、一夫多妻、多夫一妻に分けられるが、例外も多い】

繁殖の時期や回数は鳥獣の種類によって異なりますが、鳥類は基本的に１年に１回、春に繁殖期を迎えます。カモ類もこの例に漏れないため、猟期の冬場にはパートナー探しに精を出す繁殖羽に換羽したオスガモを見ることができます。

獣類の繁殖期は種によって異なり、ノウサギなどは年に数回交尾をします。また、イノシシも基本的には４～６月ごろに出産しますが、繁殖に失敗した個体は秋に出産をすることもあります。ニホンジカは秋に交尾を行って春に出産をするとされていますが、実際は５～８月ごろまでと、地域によって違いがあります。

繁殖の配偶システムは、一夫一妻型、一夫多妻型、多夫一妻型に分類され、鳥類やキツネ、タヌキなどは一夫一妻型。イノシシやニホンジカ、イタチ、テンなどは一夫多妻型とされています。

しかし、〝もちろん〟この分類には例外も多く、カルガモなどのカモ類も、メスが抱卵期に入るとオスは他のメスとの交尾を狙ってウロウロしていることがあります。

動物の習性は環境や状況によって大きく変わるため、一概に分類するのは難しいといえます。そこで、ひとまずは狩猟免許試験対策として暗記をしながらも、〝例外も多い〟ということを頭の隅に入れておきましょう。

【例題 18 解答：イ】

Ⅲ鳥獣に関する知識
３鳥獣の生態等　（２）繁殖生態　②営巣場所

3－3　鳥獣に関する生物学的な一般知識

このカテゴリーでは鳥獣に関する生態や習性などが問われますが、これらをすべて例題にするのは困難です。そこで各狩猟鳥獣について〝要点〟となる部分だけをピックアップしてまとめました。狩猟免許対策として要点を抑えながらも、詳細はテキストをしっかりと読み込んで知識を身に付けてください。

解説では、獣類は足跡の形、カモ類は浮かんでいる状態でのシルエットを併記しています。また、カテゴリーごとに体が大きい順に並べているので、参考にしてください。

Ⅲ鳥獣に関する知識
４各鳥獣の特徴等に関する解説

---

① 大型獣

ヒグマ（食肉目　クマ科　クマ属）

頭胴長：：約190～230㎝
生息地：林地
食性：動物食傾向の雑食
歩行様式：蹠行性
北海道にのみ生息。

日本国内に生息する獣類で最大種。12月から4月にかけて樹洞や土穴で冬眠。

ツキノワグマ（食肉目　クマ科　クマ属）

頭胴長：約120～145㎝
生息地：林地
食性：植物食傾向の雑食
歩行様式：蹠行性

多くの地域で捕獲禁止規制あり
木登りが得意で、樹上にクマダナを作る。爪痕やクマ剥ぎで林業被害を起こすことがある。

ニホンジカ（偶蹄目　シカ科　シカ属）

頭胴長：約100～200㎝
生息地：林地
食性：植物食性
歩行様式：蹄行性

オスは枝角を持ち、1年ごとに生え変わる。尻の毛色が白っぽく目立つ。国内に7亜種がおり、体格差が大きい。

イノシシ（鯨偶蹄目　イノシシ科　イノシシ属）

頭胴長：約100～150㎝
生息地：林地・農耕地
食性：植物食傾向の雑食
歩行様式：蹄行性

ブタとの混血種はイノブタと呼ばれる（狩猟可）。オスは発達した牙を持ち、狩猟者が反撃される事故も起こっている。

② 中型獣

キツネ（食肉目　イヌ科　キツネ属）

頭胴長：約 60 ㎝～ 70 ㎝
生息地：林地・草原
食性：動物食傾向が強い雑食
歩行様式：指行性

鹿児島では捕獲禁止規制。北海道では亜種キタキツネが生息。エキノコックス寄生虫の危険性あり。一夫一妻。

タヌキ（食肉目　イヌ科　タヌキ属）

頭胴長：約 50 ㎝～ 60 ㎝
生息地：林地・草原
食性：好機主義的な雑食
歩行様式：指行性

タメフンの習性がある。木登りが上手。偽死（しんだふり）をすることがある。一夫一妻。

アライグマ（食肉目　アライグマ科　アライグマ属）

頭胴長：約 40 ㎝～ 60 ㎝
生息地：林地・農耕地中の水辺
食性：好機主義的な雑食
歩行様式：蹠行性

北中米を原産とする外来種。特定外来生物に指定。ペットが野生化し、生息域を全国に拡大中。手先が器用で木登りや穴掘りが得意。

ハクビシン（食肉目　ジャコウネコ科　ハクビシン属）

頭胴長：約 60 ㎝
生息地：林地
食性：植物食傾向の強い雑食
歩行様式：蹠行性
鼻から頭にかけて白線。外来種だが、いつごろから定着しているのか不明。木登りが得意で電線を伝ってわたることもある。果樹園に出没して食害する。

アナグマ（食肉目　イタチ科　アナグマ属）

頭胴長：約 50 ㎝
生息地：林地
食性：植物食傾向の強い雑食
歩行様式：蹠行性

本州、四国、九州に生息。土中に巣穴を掘って集団で生活する。冬期は皮下脂肪が厚くなり、ずんぐりとした見た目になる。

ヌートリア（齧歯目　アメリカトゲネズミ科　ヌートリア属）

頭胴長：約 50 ㎝
生息地：水辺
食性：植物食傾向の強い雑食
歩行様式：蹠行性
特定外来生物。毛皮目的で養殖されていた個体が逃げ出して繁殖。主に西日本で野生化。土中に巣穴を掘り、田んぼの畔を破壊する被害を出す。

ノウサギ・ユキウサギ（兎形目　ウサギ科　ノウサギ属）

頭胴長：約 50 ㎝
生息地：林地・草原
食性：植物食
歩行様式：蹠行性

ユキウサギは北海道のみに生息。
冬期に真っ白な毛皮に換毛する。跳躍歩行を行いＹの字型の特徴的な足跡を残す。

テン（食肉目　イタチ科　テン属）

頭胴長：約 45 ㎝
生息地：林地
食性：動物食傾向の強い雑食
歩行様式：蹠行性
対馬に生息する亜種ツシマテンを除く。冬毛の色に個体差があり、黄色くなるものをキテン。くすんでいる個体はステンと呼ばれる。木登りが得意で樹上の餌を採る。

ミンク（食肉目　イタチ科　ミンク属）

頭胴長：約 40 ㎝
生息地：水辺の林
食性：動物食性傾向の強い雑食
歩行様式：蹠行性
北米原産の外来種（特定外来生物に指定）で、毛皮目的で養殖していた個体が野生化した。地上で営巣する鳥類の天敵となっている。泳ぎが得意で、水辺で餌を採ることが多い。

イタチ・シベリアイタチ（食肉目　イタチ科　イタチ属）

頭胴長：約 30 ㎝～ 40 ㎝
生息地：池沼・水田
食性：動物食性傾向の強い雑食
歩行様式：蹠行性
イタチのメスは非狩猟獣、オスはメスより 1.5 倍ほど大きい。
シベリアイタチは雌雄で差が少なく、尾が頭胴長の半分以上。長崎対馬市ではシベリアイタチの捕獲禁止。

タイワンリス（齧歯目　リス科　ハイガシラリス属）

頭胴長：約 20 ㎝
生息地：林地
食性：植物食性傾向の強い雑食
歩行様式：蹠行性
東南アジアを原産とする外来種（特定外来生物に指定）。ペットが逃げ出し野生化した。昼行性で木登りが得意。樹上で生活するが、人家付近にも出没する。

シマリス（齧歯目　リス科　シマリス属）

頭胴長：約 10 ㎝
生息地：林地
食性：植物食性傾向の強い雑食
歩行様式：蹠行性

狩猟獣の中では最小種。北海道に生息する亜種エゾシマリスを除く（本州では外来種のチョウセンシマリス（亜種）が繁殖）。地上生活が多く、土中に穴を掘って巣を作る。

③ カモ類

オナガガモ（カモ目　カモ科　マガモ属）

全長：75 ㎝
渡り区分：冬鳥
生態区分：陸ガモ

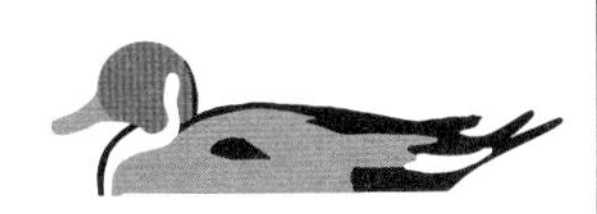

胴体はカラスよりやや小さいが尾羽が長いので、狩猟鳥のカモ類の中で頭胴長が最も長い。胸から頭部にかけて白い線が目立つ。メスも比較的長い尾羽を持つ。

マガモ（カモ目　カモ科　マガモ属）

全長：62 ㎝
渡り区分：冬鳥
生態区分：陸ガモ

カモ類の中では飛来数が最も多い。オスは黄色い口ばしと首の白い輪が特徴。メスは他のカモのメスと似た姿をしており、特に非狩猟鳥のオカヨシガモのメスと見分けがつきにくい。

カルガモ（カモ目　カモ科　マガモ属）

全長：62 ㎝
渡り区分：留鳥
生態区分：陸ガモ

狩猟鳥のカモ類の中では唯一の留鳥で雌雄同色。黒い口ばしの先だけが黄色く、眼のまわりに過眼線と呼ばれる黒い横線が入る。メスはオスより少し小ぶりで、尾羽の模様がわずかに異なる。

ヨシガモ（カモ目　カモ科　マガモ属）

全長：52 ㎝
渡り区分：冬鳥
生態区分：陸ガモ

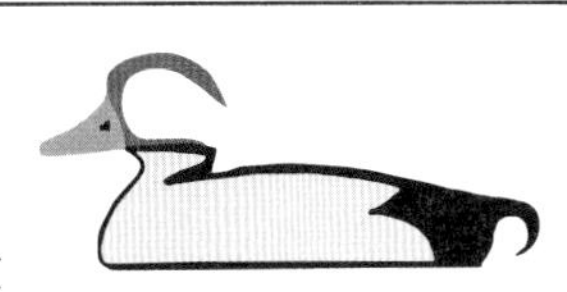

オスは盛り上がった茶と緑色の頭が特徴的でナポレオンハットの異名を持つ。メスは地味な色合いで、ヨシガモ・オカヨシガモと判別が難しい。生息数減少のため広い地域で狩猟自粛が呼びかけられている。

ハシビロガモ（カモ目　カモ科　マガモ属）

<table>
<tr><td></td><td>全長：52 cm
渡り区分：冬鳥
生態区分：陸ガモ

色合いはマガモに似るが、雌雄共に口ばしが平たく、シルエットが潰れたように見える。英語ではショベラーと呼ばれ、ショベル状の口で水面の餌を採る。</td></tr>
</table>

ヒドリガモ（カモ目　カモ科　ヒドリガモ属）

<table>
<tr><td></td><td>全長：51 cm
渡り区分：冬鳥
生態区分：陸ガモ

オスの頭部はクリーム色の羽が盛り上がりモヒカンのように見える。日本への飛来は稀だが、メスは非狩猟鳥のアメリカヒドリのメスと瓜二つ。陸ガモの分類だが、喫水域に大きな群れを作ることも多い。</td></tr>
</table>

ホシハジロ（カモ目　カモ科　ハジロ属）

<table>
<tr><td></td><td>全長：45 cm
渡り区分：冬鳥
生態区分：海ガモ
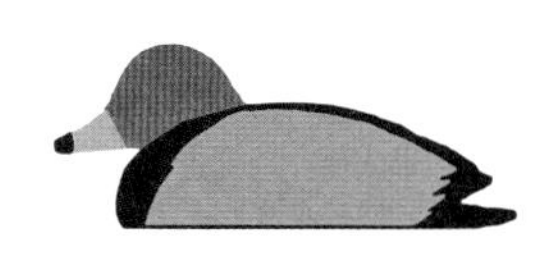
頭部がオニギリ型をしており、眼は赤い。くちばしの灰色、頭部の茶色、ゴマ塩柄の羽がよく目立つ。海ガモの分類だが、淡水域にも大きな群れを作ることが多い。</td></tr>
</table>

クロガモ（カモ目　カモ科　クロガモ属）

<table>
<tr><td></td><td>全長：47 cm
渡り区分：冬鳥
生態区分：海ガモ

外洋に面した海岸に多く、内陸の淡水域には入ってこない。くちばしの付け根が黄色く盛り上がるのが特徴。真っ黒なカモには非狩猟鳥のビロードキンクロがいるので注意。</td></tr>
</table>

スズガモ（カモ目　カモ科　ハジロ属）

<table>
<tr><td rowspan="2"></td><td>全長：45 cm
渡り区分：冬鳥
生態区分：海ガモ
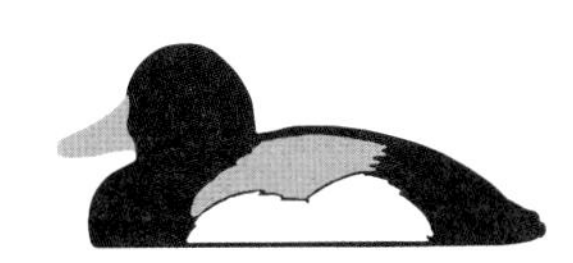</td></tr>
<tr><td>海ガモだが淡水域にも飛来し、他の海ガモと大きな混群を作る。スズガモのメスの口ばしには白い盛り上がりがあり、非狩猟鳥のホオジロガモのオスと見分けがつきにくい。</td></tr>
</table>

キンクロハジロ（カモ目　カモ科　ハジロ属）

<table>
<tr><td rowspan="2"></td><td>全長：41 cm
渡り区分：冬鳥
生態区分：海ガモ
</td></tr>
<tr><td>スズガモに似ているが、後頭部に長い冠羽が伸びる。他の海ガモと大きな混群を作る。目が金色、頭が黒、腹が白いことから金黒羽白の名前が付けられた。</td></tr>
</table>

コガモ（カモ目　カモ科　マガモ属）

<table>
<tr><td rowspan="2"></td><td>全長：36 cm
渡り区分：冬鳥
生態区分：陸ガモ
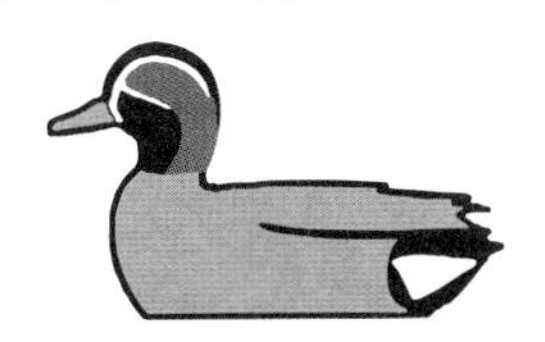</td></tr>
<tr><td>狩猟鳥のカモの中では最小種。葦の中に隠れていることも多い。オスは目の周囲から首にかけて緑色。オス・メス共に非狩猟鳥のトモエガモに似る。</td></tr>
</table>

④ ウ類

カワウ（カツオドリ目　ウ科　ウ属）

<table>
<tr><td rowspan="2"></td><td>全長：82 cm
渡り区分：留鳥
</td></tr>
<tr><td>平野部の河川や内湾に多く、枯れ枝や岩礁の上で羽を広げて休息をとる。泳いで川魚を捕食するため、漁業被害が問題になる。非狩猟鳥のウミウと酷似しているが、口ばしの付け根などで判別できる。</td></tr>
</table>

⑤ シギ類

ヤマシギ（チドリ目　シギ科　ヤマシギ属）

全長：35 ㎝（キジバト大）
生息地：林地
渡り区分：冬鳥（北海道では夏鳥・中部以北の本州では夏鳥または留鳥）

頭がオニギリ型をしており、眼が頭部の上部やや後方に位置している。地面下の虫を採食するため、畑、水田、山中の道ばたで餌をとることが多い。天敵が近づいてもギリギリまで隠れており、限界まで近づくとブルルと羽音を立てて飛び上がる。一日の捕獲上限はタシギと合計５羽まで。京都と奄美地域では捕獲禁止規制。

タシギ（チドリ目　シギ科　タシギ属）

全長：27 ㎝（ムクドリ大）
生息地：湿地
渡り区分：冬鳥（本州中部以北では旅鳥として春・秋に飛来。冬期は関東以北では少ない）

水辺に生息することが多く、長い口ばしを使って地中の虫を採餌する。電光型にジグザグに飛翔して舞い上がる飛び方が特徴的。一日の捕獲上限はヤマシギとの合計５羽まで。オオジシギ、ハリオシギ、アオシギなどと酷似しているため、地域による渡りの情報をよく調べる必要がある。

⑥ キジ類

ヤマドリ（キジ目　キジ科　ヤマドリ属）

全長：125 ㎝
生息地：林地
渡り区分：留鳥

オスは非常に長い尾を持ち、顔には赤い肉垂を持つ。羽を打ち合わせてドドドという音を立てる（ドラミング）。山地の森林地帯に生息しており、特に沢沿いの湿気の多い森林でよく見られる。驚くと谷筋に向かって降下する「谷下り」または「沢下り」と呼ばれる習性を持つ。メスは全国的に捕獲禁止規制。一日の捕獲上限はキジと合計２羽まで。亜種のコシジロヤマドリは非狩猟鳥。

キジ（キジ目　キジ科　キジ属）

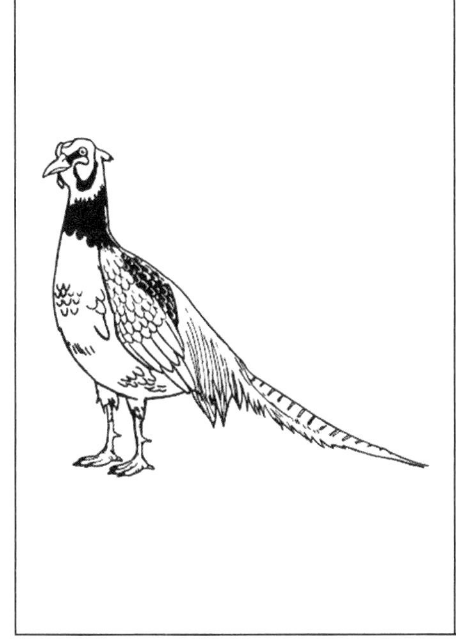	全長：80 ㎝ **生息地：草地・農耕地・林地** **渡り区分：留鳥** オスの尾羽は長く、全体的に緑色。狩猟鳥の代名詞的存在で国鳥とされている。平地から山地にかけて草原や農耕地など、比較的人里に近い場所でよく見られる。警戒すると体をすくめてジッとする習性があり、さらに警戒心が増すと高く飛び上がって滑空する。この習性を利用して、猟犬にキジをポイントさせて、合図とともに飛び立たせて射撃する猟法が広く行われている。近年では遠距離からハイパワー空気銃で狙撃する猟法も人気が高い。亜種のコウライキジは首に白い輪を持つのが特徴。生息地はキジよりも開けた場所を好み、林地ではあまり見られない。キジのメスは全国的に捕獲禁止規制だが、コウライキジのメスは除外。一日の捕獲上限はヤマドリと合計２羽まで。

エゾライチョウ（キジ目　キジ科　エゾライチョウ属）

	全長：36 ㎝（キジバト大） **生息地：林地** **渡り区分：留鳥** 北海道にのみ生息。平地から山地にかけての森林地域に生息し、特に針葉樹林等の林床に多い。雌雄はほぼ同色だが、オスは首元が黒い。かつてはライチョウ科に属していたが、現在はキジ科に改められた。体のわりに羽音が大きく「バサバサ」と音を立てて飛ぶ。「チーッチチ」と笛のような鳴き声を出すため、専用の笛を使ってコール猟が行われる。一日の捕獲上限２羽まで。雌雄はほぼ同色。

コジュケイ（キジ目　キジ科　コジュケイ属）

	全長：27 ㎝（キジバト大） **生息地：林地・農耕地** **渡り区分：留鳥** 中国原産の外来種。放鳥により全国的に分布。キジ科だが赤い肉垂を持たず、雌雄同色。数羽から数十羽の群れを作って行動し、林道を歩く姿をよく見かける。チョットコイと聞こえる独特の鳴き声が特徴だが、特定外来生物のガビチョウが声真似をしていることもある。一日の捕獲上限５羽まで。

⑦ カラス類

ハシブトガラス（スズメ目　カラス科　カラス属）

全長：57 ㎝
生息地：林地・農耕地・市街地・海岸
渡り区分：留鳥
本来は林地に生息するカラスなので、住宅地やビル群などの立体物の多い場所に定着しており、生ゴミを漁ったり、庭の木に巣を作るなどの問題行動を起こす。ハシボソガラスに比べて口ばしが太く、頭がもっさりとしており、「カーカー」と澄んだ声で鳴く。

ハシボソガラス（スズメ目　カラス科　カラス属）

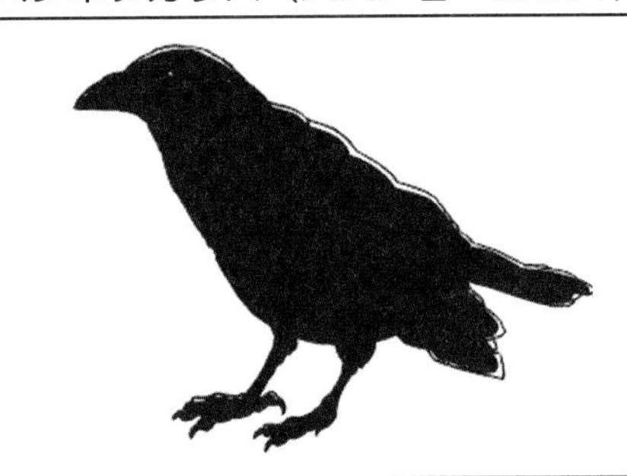

全長：50 ㎝
生息地：農耕地・市街地
渡り区分：留鳥

ハシブトガラスよりも口ばしが細く、頭もツルっとしている。鳴き声は「ガーガー」とかすれた音を立てる。ハシブトガラスに比べて開けた環境を好むため、ビル群などで見ることは少ない。

ミヤマガラス（スズメ目　カラス科　カラス属）

全長：45 ㎝
生息地：農耕地
渡り区分：冬鳥

冬期に数十から数百の群れで渡ってくるカラス。ハシボソガラスによく似ているが、口ばしの根本が白っぽく見える。群れの中に非狩猟鳥のコクマルガラスが混じっていることがあるので注意が必要。

⑧ 小鳥類

キジバト（ハト目　ハト科　キジバト属）

全長：33 ㎝
生息地：林地・市街地
渡り区分：留鳥
本来は警戒心の強い鳥だが、近年では人慣れ（シナントロープ化）をして市街地や公園などでもよく見られる。「デデッポウボウ」といった特徴的な声でよく鳴く。非狩猟鳥のドバトやアオバト、カケスとの判別に注意。一日の捕獲上限は 10 羽まで。

ヒヨドリ（スズメ目　ヒヨドリ科　ヒヨドリ属）

全長：28㎝
生息地：林地・市街地
渡り区分：旅鳥（以前は冬鳥、場所によって留鳥）

ボサボサの頭と赤い頬、長い尾羽が特徴。「ピィョピィョ」と甲高い声でよく鳴く。飛び方は波状飛行。尾羽の長さが非狩猟鳥のオナガに似るので注意。東京都小笠原村や沖縄県の一部で捕獲禁止規制。

ムクドリ（スズメ目　ムクドリ科　ムクドリ属）

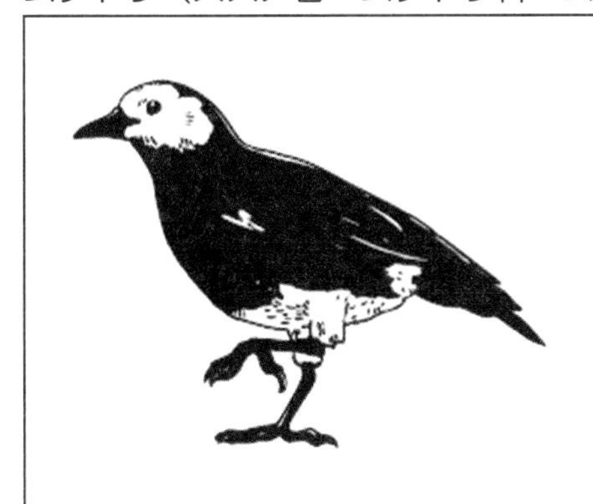

全長：24㎝
生息地：林地・市街地
渡り区分：留鳥（福島以北では夏鳥）
くちばしと足がオレンジ色であることが特徴。公園などでも見られ、地面をトコトコと両足で歩く。冬期は１万羽以上の大群がみられることもある。かつては害虫を食べる益鳥として大切にされていたが、駅前などの人気の多い場所の木に寝床を作り「ギャイギャイ」と騒ぎ立てるため、近年は防除活動が行われている。

スズメ（スズメ目　スズメ科　スズメ属）

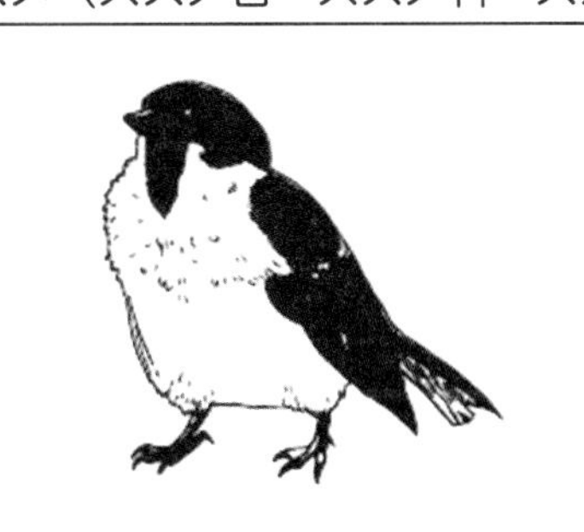

全長：15㎝
生息地：農耕地・市街地
渡り区分：留鳥

平野部から山地、農耕地、市街地などで広くみられる。繁殖期以外は群生し、秋には大きな群れを作る。同じサイズの非狩猟鳥であるツグミやホオジロ、カワラヒワ、カシラダカ、モズとの判別に注意。

ニュウナイスズメ（スズメ目　スズメ科　スズメ属）

全長：13㎝
生息地：林地・農耕地
渡り区分：冬鳥

狩猟鳥獣の中で最小種。スズメに比べて山地や林地を好む。頬にホクロが無いスズメという語源（他説あり）のとおり、頬の黒点がないことがスズメとの大きな違い。生息域はスズメより局所的。

狩猟鳥獣の変遷

令和４年に長年狩猟鳥獣として親しまれてきた『バン』と『ゴイサギ』が外されたように、狩猟鳥獣は時代によって大きく変遷します。下表は1949年から令和３年までの狩猟鳥獣の変遷です（出展：環境省）。今後も変更が予想されるので、参考にしてください。

<table>
<tr><th></th><th>S.25
(1950)</th><th>S.25
(1950)</th><th>S.38
(1963)</th><th>S.46
(1971)</th><th>S.50
(1975)</th><th>S.53
(1978)</th><th>H.6
(1994)</th><th>H.15
(2003)</th><th>H.19
(2007)</th><th>H.25
(2013)</th><th>H.29
(2017)</th><th>R.3
(2021)</th></tr>
<tr><td rowspan="40">鳥類</td><td colspan="3">ヒシクイ</td><td colspan="9"></td></tr>
<tr><td colspan="3">マガン</td><td colspan="9"></td></tr>
<tr><td rowspan="3">アイサ類</td><td colspan="3">ミコアイサ</td><td colspan="8"></td></tr>
<tr><td colspan="4">カワアイサ</td><td colspan="7"></td></tr>
<tr><td colspan="5">ウミアイサ</td><td colspan="6"></td></tr>
<tr><td colspan="8"></td><td colspan="4">カワウ</td></tr>
<tr><td colspan="12">ゴイサギ</td></tr>
<tr><td colspan="12">キジ</td></tr>
<tr><td></td><td colspan="11">コウライキジ</td></tr>
<tr><td colspan="3">ヤマドリ</td><td colspan="9">ヤマドリ（コシジロヤマドリを除く）</td></tr>
<tr><td colspan="9">ウズラ</td><td colspan="3"></td></tr>
<tr><td colspan="12">エゾライチョウ</td></tr>
<tr><td colspan="12">コジュケイ</td></tr>
<tr><td colspan="3" rowspan="13">カモ類（オシドリを除く）</td><td colspan="9">オナガガモ</td></tr>
<tr><td colspan="9">コガモ</td></tr>
<tr><td colspan="9">ヨシガモ</td></tr>
<tr><td colspan="9">マガモ</td></tr>
<tr><td colspan="9">カルガモ</td></tr>
<tr><td colspan="9">ヒドリガモ</td></tr>
<tr><td colspan="9">ホシハジロ</td></tr>
<tr><td colspan="9">キンクロハジロ</td></tr>
<tr><td colspan="9">スズガモ</td></tr>
<tr><td colspan="9">クロガモ</td></tr>
<tr><td colspan="3">ビロウドキンクロ</td><td colspan="6"></td></tr>
<tr><td colspan="3">コオリガモ</td><td colspan="6"></td></tr>
<tr><td colspan="9"></td></tr>
<tr><td colspan="12">バン</td></tr>
<tr><td colspan="4">オオバン</td><td colspan="8"></td></tr>
<tr><td colspan="4">ヤマシギ</td><td colspan="8">ヤマシギ（アマミヤマシギ除く）</td></tr>
<tr><td colspan="12">タシギ</td></tr>
<tr><td colspan="3">ジシギ</td><td colspan="9"></td></tr>
<tr><td colspan="12">キジバト</td></tr>
<tr><td rowspan="4">カラス（ホシガラスを除く）</td><td colspan="11">ハシブトガラス</td></tr>
<tr><td colspan="11">ハシボソガラス</td></tr>
<tr><td colspan="11">ミヤマガラス</td></tr>
<tr><td colspan="2">ワタリガラス</td><td colspan="9"></td></tr>
<tr><td colspan="12">スズメ</td></tr>
<tr><td colspan="12">ニュウナイスズメ</td></tr>
<tr><td colspan="6" rowspan="2"></td><td colspan="6">ヒヨドリ</td></tr>
<tr><td colspan="6">ムクドリ</td></tr>
<tr><td>計</td><td>46種</td><td>47種</td><td>47種</td><td>34種</td><td>31種</td><td>30種</td><td>29種</td><td>28種</td><td>29種</td><td>28種</td><td>28種</td><td>28種</td></tr>
<tr><td rowspan="22">獣類</td><td colspan="6">ムササビ</td><td colspan="6"></td></tr>
<tr><td rowspan="3">リス類</td><td colspan="5">リス</td><td colspan="6"></td></tr>
<tr><td colspan="11">シマリス</td></tr>
<tr><td colspan="11">タイワンリス</td></tr>
<tr><td colspan="3">テン</td><td colspan="9">テン（ツシマテンを除く）</td></tr>
<tr><td colspan="7">クマ</td><td colspan="5">ツキノワグマ</td></tr>
<tr><td colspan="12">ヒグマ</td></tr>
<tr><td colspan="7">イノシシ</td><td colspan="5">イノブタを含むイノシシ</td></tr>
<tr><td colspan="12">キツネ</td></tr>
<tr><td colspan="12">タヌキ</td></tr>
<tr><td colspan="12">アナグマ</td></tr>
<tr><td colspan="7" rowspan="2">イタチ（♂）</td><td colspan="5">イタチ（オスに限る）</td></tr>
<tr><td colspan="3">チョウセンイタチ（オスに限る）</td><td>チョウセンイタチ（メスを追加）</td><td>シベリアイタチ（長崎県対馬市の個体群以外）</td></tr>
<tr><td colspan="12">ノウサギ</td></tr>
<tr><td colspan="12">ユキウサギ</td></tr>
<tr><td colspan="12">ノネコ</td></tr>
<tr><td colspan="12">ノイヌ</td></tr>
<tr><td colspan="2"></td><td colspan="10">ヌートリア</td></tr>
<tr><td colspan="6">シカ（♂）</td><td>シカ</td><td colspan="5">ニホンジカ</td></tr>
<tr><td colspan="6" rowspan="3"></td><td colspan="6">ハクビシン</td></tr>
<tr><td colspan="6">アライグマ</td></tr>
<tr><td colspan="6">ミンク</td></tr>
<tr><td>計</td><td>17種</td><td>17種</td><td>18種</td><td>17種</td><td>17種</td><td>17種</td><td>18種</td><td>20種</td><td>20種</td><td>20種</td><td>20種</td><td>20種</td></tr>
<tr><td>合計</td><td>63種</td><td>64種</td><td>65種</td><td>51種</td><td>48種</td><td>47種</td><td>47種</td><td>48種</td><td>49種</td><td>48種</td><td>48種</td><td>48種</td></tr>
</table>

第４章.
鳥獣の保護及び管理に関する知識

4－1　鳥獣の保護管理（個体数管理、被害防除対策、生息環境管理）の概要

① 鳥獣の『管理』の定義

【例題１】

「鳥獣の管理」の考え方について、次の記述のうち正しいものはどれか。
ア. 『第二種特定鳥獣管理計画』を策定した都道府県は、その計画に沿って猟期の延長などの施策を設けることができる。
イ. 農林水産業等に被害を及ぼす鳥獣を駆除・駆逐し、農林水産被害を低減することを「管理」と定義している。
ウ. 国内に生息する野生鳥獣の生態や行動を調査研究し、国内に飛来する渡り鳥の種類や数などを正確に把握することを目的としている。

【要点１：鳥獣保護管理法の『管理』の意味を理解する】

日本では戦後から高度経済成長期にかけて日本各地で乱開発が進み、またレジャーとしての狩猟がブームになったことから、一時期は「日本国内から野生動物がいなくなる！」と騒がれ、狩猟鳥獣に対しても数多くの捕獲禁止規制が設けられていました。

しかし近年、環境保全の意識が高まったことや、地方の高齢化・離農などの影響で野生鳥獣の数が増加し、増加しすぎた鳥獣は日本各地で農林業被害や人的被害を出すなどのトラブルを頻発するようになりました。

このような現状を踏まえて環境省は、「これまでの『保護する・しない』といった極端な考え方ではなく、モニタリングなどの科学的知見からしっかりと〝計画〟を立て、野生鳥獣の数や生息域を〝コントロール〟しなければならない」という方向に政策の舵を切ることになりました。このような理念は保護管理（ワイルドライフマネージメント）と呼ばれており、2014年に改正された鳥獣保護管理法に盛り込まれました。

【要点２：第二種特定鳥獣管理計画の意図を理解する】

鳥獣保護管理法の〝管理〟の要点は、『①生息数や生息域が減少しており、絶滅などの恐れがある地域個体群（**第一種特定鳥獣**）』と、『②生息数や生息域が激増しており、生態

系の破壊や農林水産業等への悪影響が懸念される地域個体群（**第二種特定鳥獣**）』を分けて、それぞれに対して保護管理計画を立てることにあります。そこで各都道府県では、①に該当する地域個体群に対しては『**第一種特定鳥獣保護管理計画**』、②に該当する地域個体群に対しては『**第二種特定鳥獣管理計画**』を作り、**生息環境管理**・**被害防除対策**・**個体群管理**を３つの柱として、捕獲目標などを設定します。

第１章の『狩猟期間』で、「狩猟鳥獣によっては都道府県ごとに猟期が異なる」と解説したのは、この第二種特定鳥獣管理計画が根拠になります。例えば、福岡県では令和４年度に『福岡県第二種特定鳥獣（イノシシ）管理計画（第７期）』が策定されており、この計画の目標（福岡県では県農林水産被害の低減）をクリアするために『イノシシの猟期を10月15日から4月15日まで延長』などの施策が設けられています。

【要点３：産業と環境の視点の違いを理解する】

〝管理〟の要点としてもう一つ、『有害鳥獣捕獲と個体群管理の考え方の違い』を押さえておきましょう。有害鳥獣捕獲は第１章の『捕獲許可』で解説した通り、農林水産省が主体となっています。一方で管理捕獲は環境省が主体となっており、両者には主に次のような考え方の違いがあります。

呼び方	有害鳥獣捕獲	個体群管理
関連省庁	農林水産省	環境省
主な視点	農林水産業に被害を出す鳥獣を捕獲、または被害防除を行い、農林水産被害を低減させる。	生息密度が増加した個体群の個体数を捕獲等により適正範囲内に保ち、生態系への悪影響の予防、農林水産被害など人間と野生動物との間に生まれる軋轢を未然に防ぐ。

このような考え方の違いは、農林水産省は「自然環境を利用して人間に有益な産業を行うこと」を目的としているのに対して、環境省は「自然を保護して生物の多様性を維持すること」を主な目的としている点にあります。よって、同じ『野生鳥獣を捕獲する』といった意味でも、環境省側の視点では「有害鳥獣」という言葉は使われません。

余談になりますが、公安委員会（警察庁）の視点からは、上記「有害鳥獣捕獲」・「個体群管理」のどちらも『有害鳥獣駆除』という言い方がされます。よって『有害鳥獣駆除』の用途で所持許可を受けた銃器は、有害鳥獣捕獲・個体群管理の両方で使用できます。

【例題１解答：ア】

Ｖ鳥獣の管理１特定鳥獣に関する管理計画
（３）特定鳥獣に関する管理計画（第二種特定鳥獣管理計画）制度について

---

② 指定管理鳥獣の捕獲等事業

【例題２】

> 次の記述のうち正しいものはどれか。
> ア．指定管理鳥獣捕獲等事業では、事業者が自由に夜間銃猟を行うことができる。
> イ．都道府県知事が「指定管理鳥獣捕獲等実施計画」を作成することで、調査や被害防除対策、捕獲などを事業として実施することができる。
> ウ．指定管理鳥獣捕獲等事業は、都道府県が指定した第二種特定鳥獣を捕獲する活動である。

【要点１：鳥獣保護管理法への経緯を押さえておく】

先の解説で上げた「特定鳥獣保護管理計画制度」は、実をいうと 1999 年にはすでに制定されていました。しかし、この時点では環境省と農林水産省の視点に食い違いが大きかったため、両省庁は改めて見解の統一を図り、2013 年に『**抜本的な鳥獣捕獲強化対策**』が策定されました。つまり、1999 年にあった「特定鳥獣保護管理計画制度」に 2013 年の『抜本的な鳥獣捕獲強化対策』を加えたのが、2014 年の『鳥獣保護管理法』への改正、という流れになります。

【要点２：鳥獣捕獲の公共事業】

『抜本的な鳥獣捕獲強化対策』の要点となるのが**指定管理鳥獣捕獲等事業**と**認定鳥獣捕獲等事業者制度**になります。

指定管理鳥獣捕獲等事業とは、まず環境大臣が「捕獲を強化しなければならない！」とする鳥獣を指定管理鳥獣（令和４年の時点ではイノシシ・シカの２種）に指定し、各都道府県は第二種特定鳥獣管理計画の範囲内で、**指定管理鳥獣捕獲等事業実施計画**を策定します。この実施計画を立てた都道府県は、この計画を実行するために『指定管理鳥獣捕獲等事業』を行うことができるようになります。この捕獲等事業を簡単に説明すると「指定管理鳥獣の調査や分析、捕獲、防除などの活動に公金を払って行うこと」であり、一言でいうと〝公共事業〟として扱うことができるようになったというわけです。

【要点３：〝認定〟の意味を理解する】

上記のような流れで、都道府県は指定管理鳥獣の捕獲等を公共事業として扱えるようになりましたが、ここで問題となるのが「それって誰がやるの？」です。**指定管理鳥獣**（イノシシ・シカ）の捕獲等は、当然ながら銃器やわななどの特殊な道具を扱えないと実行することはできません。さらに、指定管理鳥獣の調査や調査結果の分析といった業務も、一般的な調査会社ができるような仕事ではありません。

このような問題を解決するために作られたのが認定鳥獣捕獲等事業者制度です。

認定鳥獣捕獲等事業者制度を簡単に説明すると、都道府県が「この事業者は指定鳥獣の捕獲等を行う技能や知識、安全管理体制が整っているよ！」と〝おすみつき〟を与える仕組みです。事業を出す

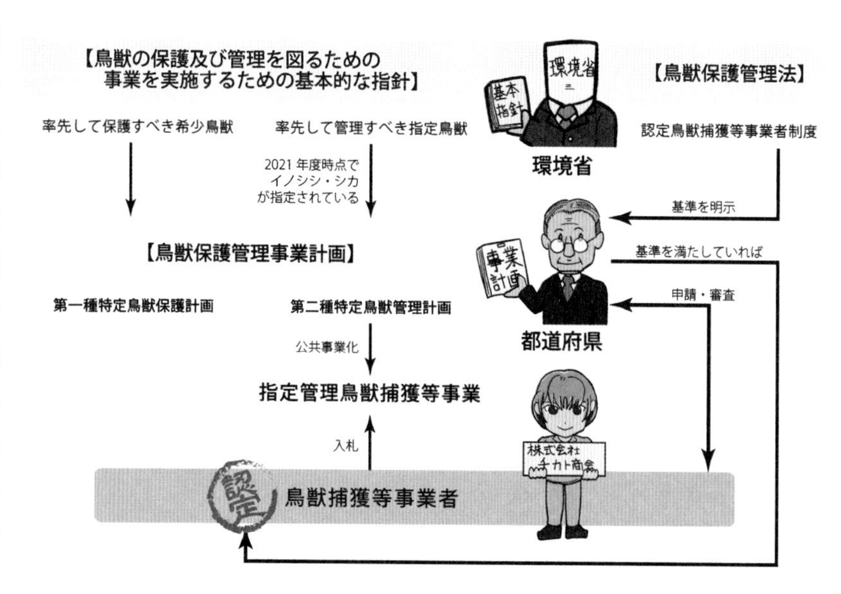

都道府県側は入札の要件に「認定鳥獣捕獲等事業者であること」としておけば、怪しい事業者が入り込んでくることを防ぐことができます。また、事業者側は１つの都道府県から認定をもらえば、全国で認定事業者として入札に参加することができます。

認定を受けるためには各都道府県によって要件が異なりますが、令和５年６月の時点では富山県、沖縄県を除く都道府県で計 166 事業者が認定鳥獣捕獲等事業者になっています。

なお、指定管理鳥獣捕獲等事業に個人（個人事業）で参入することはできません。同様に〝認定〟を受けるためには法人（株式会社や特定非営利法人、一般社団法人など）でなければなりません。

【要点４：夜間銃猟は、一部の認定鳥獣捕獲等事業者で可能】

指定管理鳥獣捕獲等事業では『**夜間銃猟**』が実施できる場合があります。ただし夜間銃猟は、都道府県知事が必要性を認めたうえで、認定鳥獣捕獲等事業者が安全管理規定を整備し、事業管理責任者・従事者が夜間銃猟安全講習を受けているなどの厳しい条件下でのみ行えます。決して「指定管理鳥獣捕獲等事業なら無条件に夜間銃猟ができる」というわけではありません。

【例題２解答：イ】

Ｖ鳥獣の管理

２指定管理鳥獣捕獲等事業と認定鳥獣捕獲等事業者

（１）指定管理鳥獣捕獲等事業

４－２　錯誤捕獲の防止

【例題５】

「錯誤捕獲」について、次の記述のうち正しいものはどれか。

ア．非狩猟鳥獣をわなで捕獲した場合、その事実が発覚した時点で違反となる。

イ．わな猟においては放鳥獣が可能だが、銃猟では不可能なので、錯誤捕獲が起きても罪に問われない。

ウ．錯誤捕獲をした場合は、速やかに放鳥獣をしなければならない。もし怪我をしている場合は、関係行政機関に連絡し、傷病鳥獣として保護する。

【要点：錯誤捕獲は銃猟において、特に注意が必要】

『錯誤捕獲』とは、狩猟鳥獣ではない鳥獣を捕獲等する行為を指します。わな猟や網猟で錯誤捕獲が起きた場合は、すぐに放鳥獣をしてください。万が一怪我をさせた場合は、関係行政機関に連絡をして捕獲許可を受け、傷病鳥獣として保護します。

なお、銃猟においては一度引鉄を引いてしまうと、高確率で鳥獣を死傷させてしまいます。これはどのような理由であれ違反なので、鳥獣判別を十分に行う知識と経験を身に付けてください。

【例題５解答：ウ】

Ⅵ狩猟の実施方法　（13）錯誤捕獲の防止

４－３　鉛弾による汚染の防止（非鉛弾の取扱い上の留意点）

①　野鳥の鉛中毒問題

【例題６】

野生鳥獣の「鉛中毒」について、次の記述のうち正しいものはどれか。

ア．水鳥が小石ごと水中の鉛散弾を飲み込んだり、猛禽類が鉛弾ごと残滓を口にするといった事象が確認されており、近年鉛弾規制の動きが進んでいる。

イ．発射された鉛弾が地中や水に溶け込み、人間が鉛中毒を起こす被害が多発しているため、鉛弾使用の規制が進められている。

ウ．鉛中毒と鉛弾の関係性は不明であり、現時点では使用・所持の規制などは行われていない。

【要点：砂のうで消化する鳥類にとって鉛弾は強い毒性を持つ】

鉛中毒とは、高濃度の鉛を摂取すると消化器官から血液中に鉛が溶け込み、脳や中枢神経に蓄積していきます。このような状態が長く続くと、頭痛や嘔吐、便秘、脱力、貧血などの症状が発生し、重度の場合は四肢のマヒや意識障害、最悪の場合は呼吸困難などの症状で死亡します。

人間を含めた獣類の場合は、たとえ鉛散弾を数粒口にしたとしても、ほとんど消化されずに排出されます。しかし鳥類の場合は、鉛弾を口にすると『砂のう』（砂ぎも）に長期間ため込むため、少量であっても重篤な鉛中毒を起こす危険性があるとされています。

また、鉛弾を受けて半矢にした獲物（シカなど）の死肉を鉛弾丸と一緒に飲み込み、それが原因となり鉛中毒を起こすケースが問題になっています。

このような野鳥の鉛中毒を防ぐために、各地で鉛散弾や鉛弾丸の使用を禁止・制限する場所が設けられています。北海道では平成2004年の段階で一部の鉛散弾が使用禁止とされ、2014年からは鉛弾の〝所持〟自体も禁止になりました。さらに2021年9月には、環境省から「全国を対象として2025年までに、鉛弾の使用を段階的に規制する」といった方針が出されています。

【例題6解答：ア】

Ⅵ狩猟の実施方法　14鉛弾の規制

② 無毒性弾

【例題7】

『無毒性散弾』について、次の記述のうち正しいものはどれか。
ア. 無毒性散弾は、鉛が人体に取り込まれると危険なので、近年鉛弾からの置き換えが進んでいる。
イ. 鉄は鉛に比べて比重が重たいので、同じ号数の実包に込められる弾数が3割ほど少なくなる。
ウ. 鉛製の散弾に比べて比重が小さいため、飛距離や殺傷力が多少落ちる。

【要点1：無毒性弾は鉛より比重が小さい】

先の鉛弾の規制を受けて、散弾・弾丸を鉛以外の物質に置き換える動きが進められています。このような弾は『無毒性弾』と呼ばれ、鉄（スチール）や軟鉄（ソフトスチール）、ビスマス、スズなど、主に下表の素材が使用されています。

	素材	硬さ（鉛との比較）	比重（鉛との比較）
鉄系	鉄（スチール）	約5～8倍	約0.7倍
	軟鉄（ソフトスチール）	約3～5倍	約0.7倍
非鉄系	ビスマス	約1～2倍	約0.9倍
	タングステン	約2倍	約0.9倍
	スズ	約0.5倍	約0.7倍
	銅	約3～5倍	約0.8倍

【要点2：硬い金属は跳弾などのリスクが高くなる】

鉛は金属の中でも『柔らかい』といった特徴があります。そのため上表のように他の金属で弾を作った場合、跳弾やチョークの破壊といったリスクが大きくなる点に注意が必要です。また、老朽化した銃身では破裂を起こすリスクもあるため、無毒性弾に切り替える場合は銃砲店に相談し、標的射撃などで試射をして安全性を確かめるようにしましょう。

【例題7解答：ウ】

Ⅳ猟具に関する知識
3－2実包（3）実包の威力　③鉛中毒と無毒性散弾

4－4　人畜共通感染症の予防

【例題８】

狩猟鳥獣の病気や寄生虫について、次の記述のうち適切なものはどれか。

ア．人と動物の共通感染症には、狂犬病やオウム病、ブルセラ病などが知られているが、未だに発見されていない病気や、新種の病気が発生する可能性がある。

イ．人と動物の共通感染症の感染経路は『病原体に侵された肉類を生で喫食すること』なので、肉によく火を通せば完全に防ぐことができる。

ウ．豚熱（CSF）が発生している地域では、野生イノシシによる家畜への感染拡大を防ぐために、狩猟が禁止されている。

【要点１：感染症の種類と感染経路を理解する】

野生動物から人間に感染する病気は人獣共通感染症（ズーノーシス）と呼ばれています。狩猟においてリスクのある感染症としては、狂犬病、高病原性鳥インフルエンザ、E型肝炎、ブルセラ病、野兎病、腸管出血性大腸菌感染症などがあり、マダニによって媒介される重症熱性血小板減少症候群（SFTS）は死亡者が出るほど劇症化する感染症です。このような感染症を防ぐためには、

①鳥獣を直に触らないこと（特に血液や内臓）。

②加熱不十分な肉や内臓を食べないこと。

③マダニ対策をすること。

などがあげられます。よって狩猟者は獲物を仕留めるだけでなく、採った獲物を〝安全に〟解体して料理する技術と知識も重要になります。

【要点２：畜産業に影響を与える感染症もある】

感染症の中には「人間には感染しないが、家畜には伝染する病気」というタイプもあります。その代表例と言える豚熱（CSF）は、野生のイノシシから家畜のブタに伝染する事例が報告されており、畜産業に大きな被害を与えています。

この問題に狩猟者側としては、イノシシの捕獲を強化して被害の拡大を抑えるというのも重要となります。そこで狩猟者は、捕獲した個体の病変を確認し、状況によっては関係機関に報告できるよう努めましょう。また、病変が見つかった場合の防疫措置は都道府県の指示した方法に従い、残滓は適切に処理してください。

【例題８解答：ア】

Ⅵ狩猟の実施方法　19 人と動物の共通感染症

４－５　外来生物対策

① 外来種の定義

【例題９】

『外来種』について、次の記述のうち正しいものはどれか。

ア．国外から人為的に持ち込まれた外来種は、日本国内に生息している在来種を駆逐するなど、生物多様性に大きな問題を与える可能性がある。

イ．外来種が日本国内に増えることは生物多様性の面からよいことであり、積極的に放獣、放鳥が進められている。

ウ．外来種を増やすことで狩猟鳥獣の種類が増えるため、狩猟者は積極的に捕獲した外来種を他所に持ち込んで放鳥獣するべきである。

【要点：外来種は人の手で持ち込まれた生物】

外来種は、人間の手によって本来は生息していなかった場所に移動された種を指します。このような外来種は環境になじめずに一代で死滅する（未定着）場合もありますが、環境になじんで繁殖し定着するケースもあります。

このように定着した外来種の中には、その地域に生息していた生物（在来種）を駆逐したり、天敵がおらずに大増殖をすることがあります。こういった、生物の多様性に対して深刻な影響を与え、さらに人の生命・身体、農林水産業への悪影響が懸念される外来種は特定外来生物に指定されています。

【例題９解答：ア】

Ⅲ鳥獣に関する知識

１鳥獣に関する一般知識　（２）本邦産鳥獣種数　⑤外来種

---

② 外来種の問題

【例題 10】

> 「外来種問題」について、次の記述のうち正しいものはどれか。
> ア．狩猟鳥獣のうち、ヌートリア、タイワンリス、アライグマ、ミンクは特定外来生物に指定されている。
> イ．特定外来生物であっても狩猟鳥獣でない種を錯誤捕獲した場合は、速やかにその場で放鳥獣することが望ましい。
> ウ．特定外来生物であっても、その種は絶滅しないように個体数管理が必要である。

【要点：外来種を増やさないことが重要】

在来種の絶滅といった生態系への問題から、特定外来生物は原則的に〝根絶〟が目標にされています。よって狩猟鳥獣でもある特定外来種（ヌートリア、タイワンリス、アライグマ、ミンク）は、錯誤捕獲であっても放鳥獣はせずに捕殺、または関係機関への引き渡しが望ましいとされています。

外来種の問題で一番大切なのは、これ以上不幸な生き物を増やさないことです。特に『餌付け』や『飼えなくなったペットの放鳥獣』といった行動は、一見『動物愛護』的な行動に見えますが、実際は多くの野生鳥獣を不幸に追いやってしまう『動物愛誤』といえる行動です。このような問題を理解し広く一般に伝えるのは、狩猟者の義務だといえます。

【例題 10 解答：ア】

Ⅲ鳥獣に関する知識
1鳥獣に関する一般知識　（2）本邦産鳥獣種数　⑤外来種

アンケートに寄せられた狩猟者の声

【鳥取県】

最近、猟銃による誤射などの事故が多く発生しています。脱包や銃口先の確認などは楽しいハンターライフを過ごすうえで必要なことなので、しっかり身に付けてください。

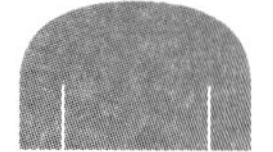

【三重県】

狩猟は命と食のありがたみが身に染みて分かります。また、銃を撃つ楽しさや、捌けるようになる嬉しさ、どうやって美味しく頂くか考える楽しさなど、いくつもの魅力にあふれています。

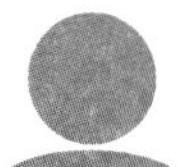

【富山県】

狩猟は銃だけでなく、ナイフなど様々なアイテムをそろえて扱うというのも面白さの一つです。意外とお金がかかりますので、狩猟免許を取る前にしっかりと貯金をしておきましょう！

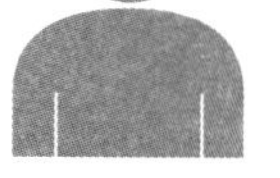

【京都府】

これから狩猟を始める方には、獣害対策や傷病鳥獣救護、環境保全への関心も高めて頂きたいです。薬莢などのゴミは必ず持ち帰り、不法投棄は行わぬよう心がけてください。

【長野県】

狩猟免許は持っているだけでは意味がありません。実際にフィールドに出て動物を追わないとわからないことが多いので、常に学ぶ気持ちを忘れないようにしてください。

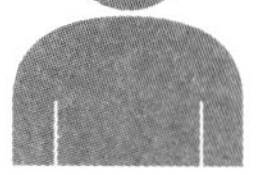

【東京都】

免許を取るまでは自治体や猟友会がサポートしてくれますが、実猟に関しては自分の足で情報を探す必要があります。狩猟の雑誌やブログなども重要な情報リソースになりますよ。

第3編.

実技試験対策

実技試験は予備講習会で出題される猟具の種類を知っておけば、難易度はグッと下がります。もし予備講習に参加できなかった場合は、あらかじめどのような猟具が出題されたか、情報収集しておきましょう。

第1章.

実技試験の実施基準

猟友会基準の課題項目

① 課題内容と減点事項

第1編で解説した通り、アンケート調査によると狩猟免許試験の実技試験は猟友会が提示する実施基準（猟友会基準）が全国的に採用されており、網猟・わな猟は次のように定められています。

<table>
<tr><td>試験内容</td><td>（網猟免許）
1．猟具の判別
（法定猟具3種類、禁止猟具3種類について判別させる）
2．猟具の架設
（使用しようとする猟具1種類につき架設を行わせる）
3．鳥獣の判別
（狩猟鳥獣・非狩猟鳥獣16種類について判別させる）
（わな猟免許）
1．猟具の判別
（法定猟具3種類、禁止猟具3種類について判別させる）
2．猟具の架設
（使用しようとする猟具1種類につき架設を行わせる）
3．鳥獣の判別
（狩猟鳥獣・非狩猟鳥獣16種類について判別させる）</td></tr>
<tr><td>合格基準</td><td>100点を持ち点とした減点方式。各項目に減点事項と減点数が設定されており、試験終了までに70点以上が残っていれば合格。</td></tr>
</table>

猟友会基準では上記試験内容に加え、課題の『減点事項』と『減点数』が次のように設定されています。

<table>
<tr><th></th><th>課題</th><th colspan="2">減点事項と減点数</th></tr>
<tr><td rowspan="5">網猟</td><td>1．猟具の判別</td><td>判別を誤った場合（1種類につき）</td><td>5</td></tr>
<tr><td rowspan="3">2．猟具の架設</td><td>架設ができない場合</td><td>31</td></tr>
<tr><td>架設が不完全な場合</td><td>20</td></tr>
<tr><td>架設が円滑でない場合</td><td>10</td></tr>
<tr><td>3．鳥獣の判別</td><td>判別を誤った場合（1種類につき）</td><td>2</td></tr>
</table>

わな猟	1．猟具の判別	判別を誤った場合（1種類につき）	5
	2．猟具の架設	架設ができない場合	31
		架設が不完全な場合	20
		架設が円滑でない場合	10
	3．鳥獣の判別	判別を誤った場合（1種類につき）	2

試験全般を通しての注意点

① 試験の「はじまり」と「おわり」は口に出して言う

猟具の架設試験では『はじまり』と『おわり』をしっかりと試験官に伝えましょう。試験開始の合図があったあとにマゴマゴしていたり、架設が完了したのにボーっとしたりすると、「架設が円滑ではない」として減点を受ける可能性があります。試験開始の合図があったら何はともあれ、「架設を始めます」と宣言して猟具を手に取りましょう。架設が完了したと思ったら「架設が終わりました」と宣言して、試験官からの合図を待ちましょう。

② どうしてもわからなければ〝聞いてみる〟のも一案

どうしても架設の仕方がわからなくなった場合は、どこでつまずいているのか試験官に伝えましょう。狩猟免許試験は都道府県猟友会が委託を受けて行っていることがほとんどなので、試験の運営はある程度の裁量が与えられています。よって試験中に〝ヒント〟を出してくれることもよくあります。

もちろんこの質問をすることで減点されることは確実ですが、地蔵のように固まっていても「架設ができない（31点減点）」で「即不合格」です。ダメでもともとではありますが、最終手段として覚えておいてください。

③ 予備講習を受けていない場合は〝情報収集〟が必要

予備講習を受けておけば、試験当日に使用される猟具の種類や課題の流れなどを把握することができます。よって、予備講習を受けておくことが何よりも望ましいのですが、近年では予備講習会が〝抽選制〟になっていたり、どうしても時間があわずに参加できない場合もあります。

そのような場合は地元で狩猟を始めた人を探し、「試験にはどのような猟具がでてきたか？」や「どのような流れで試験が行われたか」などの情報を収集しておきましょう。SNSを活用すれば、同じ都道府県内で活動するハンターを探し出すことは難しくないはずです。

試験の実施方法

① 猟具の判別試験実施方法

猟具の判別試験では、一列に並べられた猟具を前に立ち、1つずつ「法定猟具(OK)」か「禁止猟具(NG)」か回答していきます。このとき猟具は手に取って確認することができるので、細部まで確認してから回答するようにしましょう。

アンケート調査によると、猟具の名称(例えば「くくりわな」、「とらばさみ」、「はこわな」など)まで答えさせせることはないようです。しかし試験の難易度は年度によって上下することがあるので、『法定猟具・禁止猟具』の判別だけでなく『猟具の名称』までセットで覚えておくようにしましょう。

出題数は猟友会基準によると「法定猟具3つ、禁止猟具3つの合計〝6つ〟」とされていますが、アンケート調査によると出題数が「8つ」(山口、大分)、「7つ」(奈良、長野、愛知)、逆に少なく「5つ」(北海道など)といった回答もあり、必ず6つ出題されるというわけではないようです。

回答方法は口頭によるところが大半ですが、コロナ渦で行われた試験では『5分間猟具を見て、紙にOKかNGかを記載して提出する』という方法で実施されたところもあるようです。

② 出題される猟具の傾向

右表はアンケート調査から得た結果をもとに、網猟(有効回答者数19人)・わな猟(有効回答者数168人)の試験で出題された猟具の種類と出題頻度、また架設試験で受験者が選択した猟具の採用率をまとめたものです。

サンプル数が少ないため確実なことは言えませんが、傾向として網猟試験では『片むそう』が確実に出題されており、架設試験も片むそうを選択する人がほとんどのようです。ただし、石川・岐阜・熊本の3県では架設試験に「つき網・なげ網を使用した」と回答がありました。これは中部地方や九州中部以南では伝統的な網猟(坂網猟・突き網猟)が行われているため、狩猟免許試験にも伝統的な網猟具が使われているのだと思われます。よって、伝統的な網猟法に興味がある人は、事前に地元の網猟保存会に出向いてレクチャーを受けておくことを強くオススメします。

わな猟試験では『小型はこわな(踏板・吊り餌)』がほぼ確実に出題されており、架設試験でも大半は小型はこわなを選択しているようです。

●網猟免許試験の出題猟具と頻度（有効回答数 19 人）

猟具の分類	猟具の名称	出題率（件数）	架設試験採用率（採択人数）
むそう網	片むそう	100%（19）	84.2%（16）
はり網	うさぎ網	57.9%（11）	0%（0）
	谷切網	52.6%（10）	
つき網・なげ網（※１）		68.4%（13）	15.8%（3）
はり網	違反品のはり網（固定式はり網・かすみ網）	78.9%（15）	
とりもち	とりもちを使った禁止猟具・とりもち缶	52.6%（10）	
その他（分類不明・猟具名称不明を含む）		0%（0）	0%（0）

（※１：地方により「つき網（ウズラ網やさで網など）」と「なげ網（坂取網など）」の区別が曖昧なので、柄のついた大型の網を「つき網・なげ網」に分類）

●わな猟免許試験の出題猟具と頻度（有効回答数 168 人）

猟具の分類	猟具の名称	出題率（件数）	架設試験採用率（採択人数）
はこわな	小型はこわな（踏板式）	78.6%（132）	85.7%（144）
	小型はこわな（吊り餌式）	16.7%（28）	
	大型はこわな	1.8%（2）	1.2%（2）
くくりわな	足くくりわな（合法品）	61.3%（103）	12.5%（21）
	足くくりわな（違反品）	20.8%（35）	
	筒式イタチ捕獲器（合法品）	50.6%（85）	0.6%（1）
	筒式イタチ捕獲器（違反品）	35.1%（59）	
はこおとし	はこおとし（合法品）	29.2%（49）	0%（0）
	はこおとし（違反品）	35.7%（60）	
とらばさみ		45.8%（77）	
とりもち（グルートラップ）		0.6%（1）	
その他（分類不明・猟具名称不明を含む）		0%（0）	0%（0）

第2章.

猟具の判別

猟具（網）の判別

実技試験では実際の猟具が使用されることになっていますが、網は非常に大きいため、大抵の試験会場では〝ミニチュア版〟で代用されることが多いようです。そのため猟具の判別は大きさや形といった見た目ではなく、法定猟具・禁止猟具と判断する〝ポイント〟をおさえるようにしましょう。

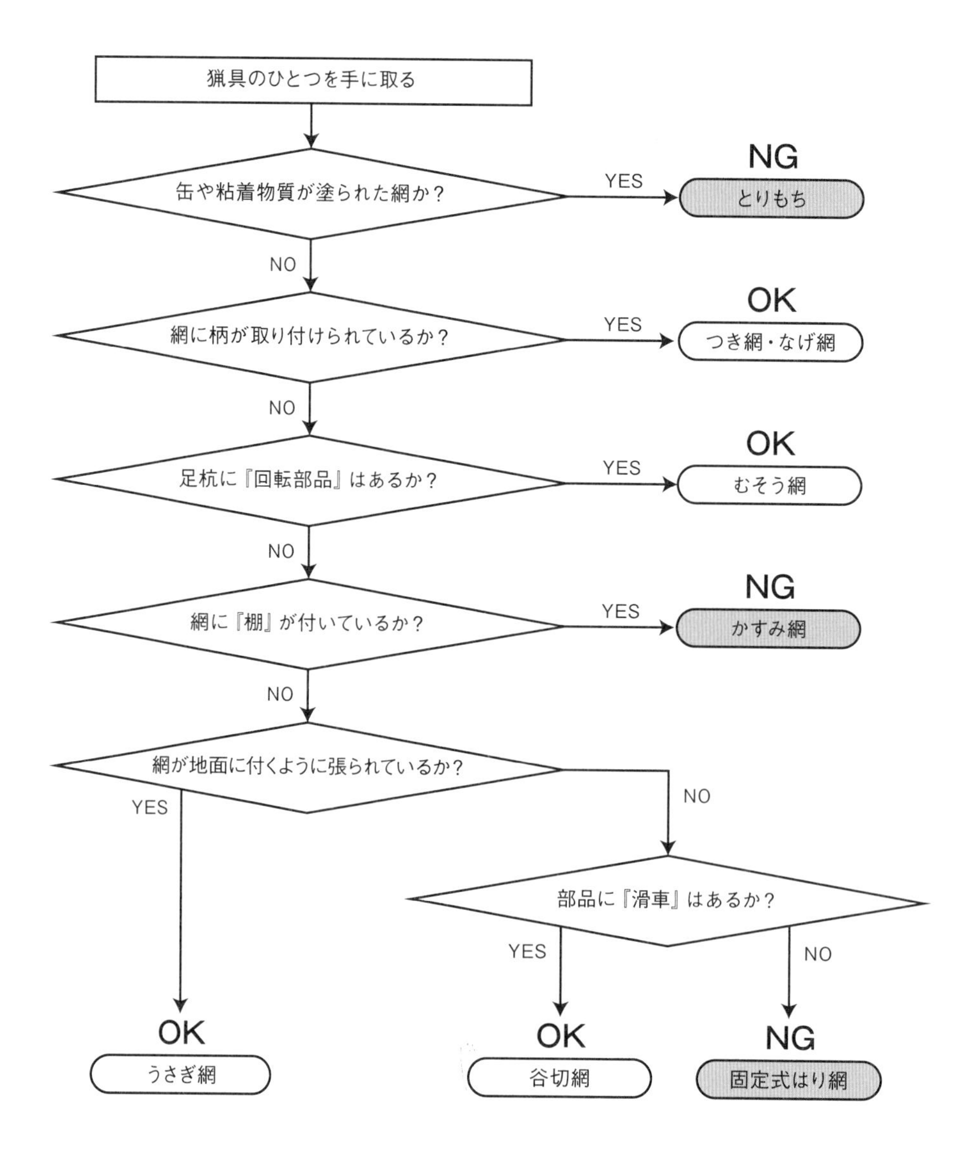

① 〝缶〟が出題されたら『とりもち』一択

網の判別でもっともわかりやすいのが『とりもち』です。とりもちは市販されている缶の状態で出題される可能性が高いため、簡単に「禁止猟具」と判断できます。もちろん、もちあみを網に塗った『もちなわ』や、棒にもちを塗った『はご』、シートにもちを塗った『グルートラップ』といった形で出題される可能性はあります。法定猟具にもちを塗るという〝ひっかけ問題〟が出題される可能性もゼロではないですが、試験用に使いまわす道具にもちを塗ることはないはずです。

② 柄のついた網はOKと判断

長い柄のついた網は、法定猟具の『つき網・なげ網』と判断してよいでしょう。〝漁具〟として用いられる『たも網』や、昆虫などを捕獲する『捕虫網』といった柄のついた網は、法定猟具でも禁止猟具でもありませんが、試験に出題されることはまずないと考えられます。

③ 支柱がある網は足杭を確認する

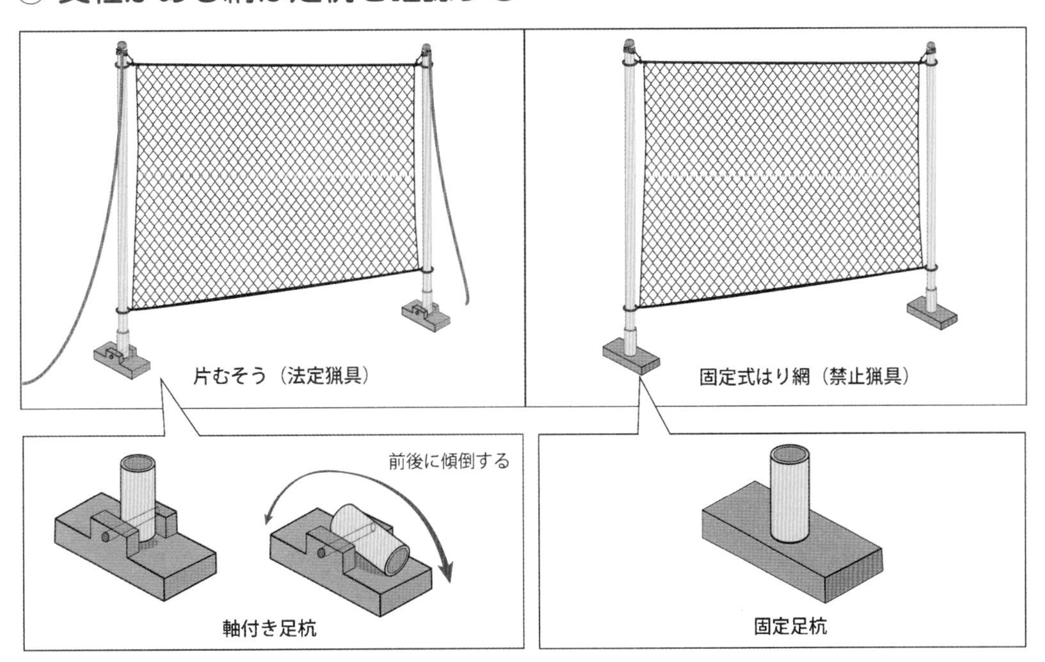

並べられた猟具の中に支柱（手竹）があるものは、その支柱を支える部品（足杭）が可動式か否かを確認しましょう。足杭に軸と軸受け、ヒンジ・蝶番のような回転する部品が付いている場合は、その猟具は「むそう網（法定猟具）」と判断することができます。逆に支柱を差すだけのような猟具の場合は「固定式はり網（禁止猟具）」の可能性が高いと判断できます。

④ 固定網は『うさぎ網』と『谷切網』をチェックする

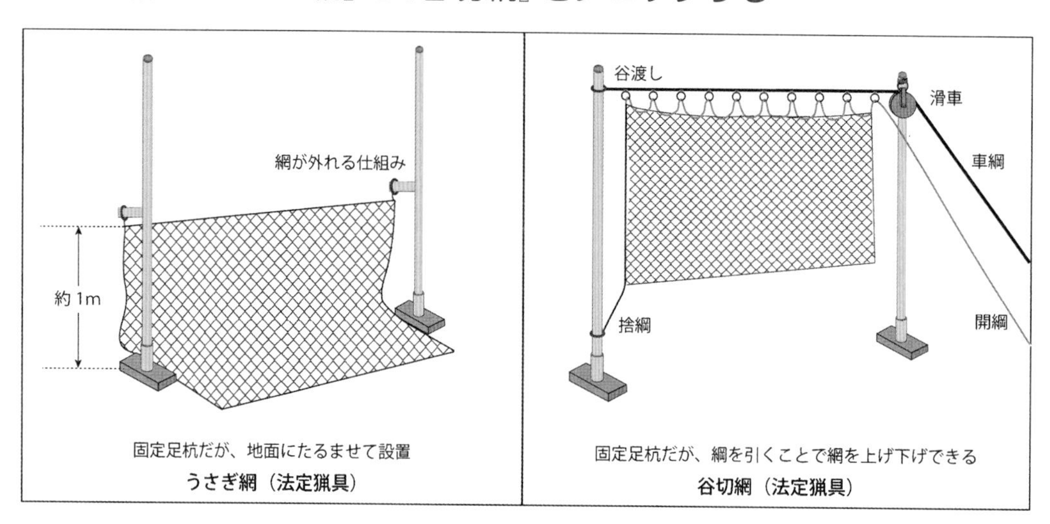

固定足杭だが、地面にたるませて設置
うさぎ網（法定猟具）

固定足杭だが、綱を引くことで網を上げ下げできる
谷切網（法定猟具）

地面に固定された状態の網は『固定式はり網（禁止猟具）』と判断してほぼ間違いありません。しかし念のため、『うさぎ網』と『谷切網』の可能性もあることは覚えておきましょう。

うさぎ網は地面から約１ｍの高さに網が張られており、網を地面にたるませて設置されている点が特徴です。また谷切網は、網の上部に「谷渡し」と呼ばれる太い綱が滑車に繋がれており、綱を引っ張ったり緩めたりすることで網を上下に操作できる仕組みになっています。

⑤ 棚が付いている網は「かすみ網」と判断

網の形状を見て『棚糸』が付いている場合は、禁止猟具の『かすみ網』と判別できます。試験会場によっては、網は畳まれた状態で出題されることも多いため、その際は網を広げてみて「かすみ網か、それとも、むそう網などに使う網か」を判別しましょう。

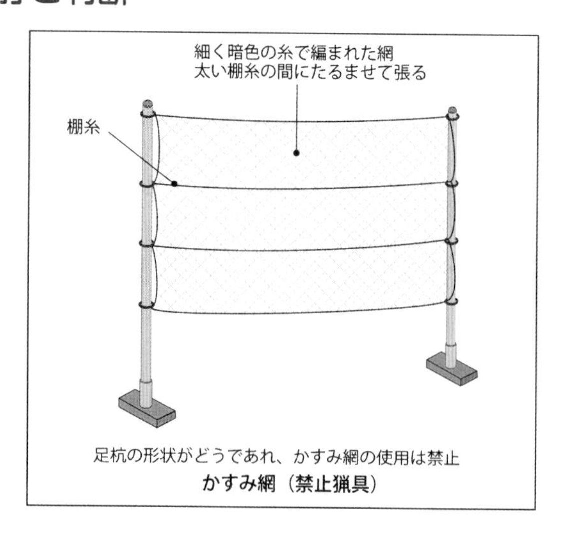

足杭の形状がどうであれ、かすみ網の使用は禁止
かすみ網（禁止猟具）

かすみ網は〝ミシン糸〟のような細い糸で編まれており、横向きに棚糸と呼ばれる太い紐が通っています。棚糸の数はかすみ網で捕獲する鳥の種類によって変わりますが、棚糸の数がどうであれ、禁止猟具であることに変わりはありません。

猟具（わな）の判別

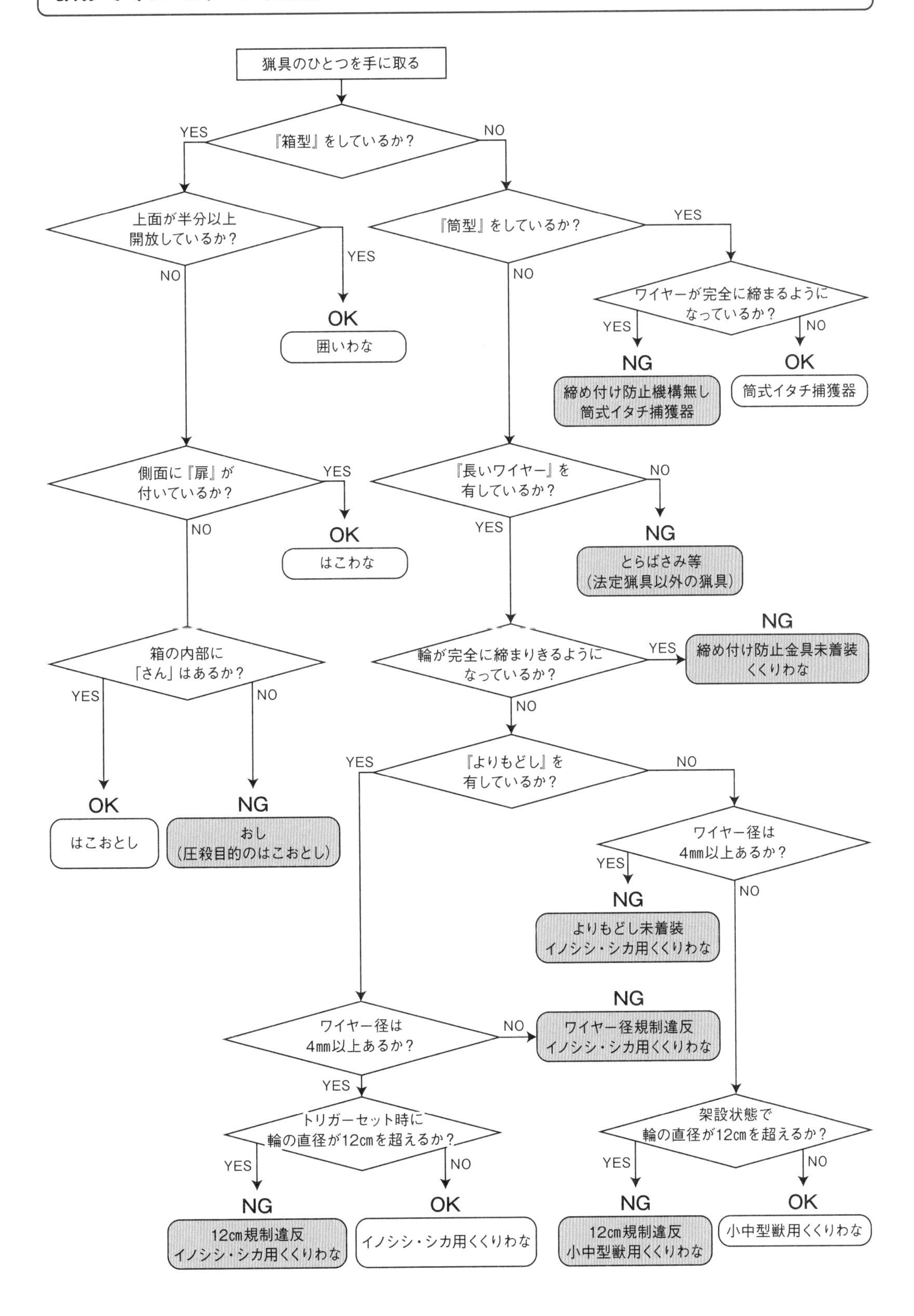

猟具のひとつを手に取る
『箱型』をしているか？
YES
NO
上面が半分以上
開放しているか？
YES
NO
OK
囲いわな
『筒型』をしているか？
YES
NO
ワイヤーが完全に締まるように
なっているか？
YES
NO
NG
締め付け防止機構無し
筒式イタチ捕獲器
OK
筒式イタチ捕獲器
側面に『扉』が
付いているか？
YES
NO
OK
はこわな
『長いワイヤー』を
有しているか？
NO
YES
NG
とらばさみ等
（法定猟具以外の猟具）
箱の内部に
「さん」はあるか？
YES
NO
OK
はこおとし
NG
おし
（圧殺目的のはこおとし）
輪が完全に締まりきるように
なっているか？
YES
NO
NG
締め付け防止金具未着装
くくりわな
『よりもどし』を
有しているか？
YES
NO
ワイヤー径は
4㎜以上あるか？
YES
NO
NG
よりもどし未着装
イノシシ・シカ用くくりわな
ワイヤー径は
4㎜以上あるか？
NO
YES
NG
ワイヤー径規制違反
イノシシ・シカ用くくりわな
トリガーセット時に
輪の直径が12㎝を超えるか？
YES
NO
NG
12㎝規制違反
イノシシ・シカ用くくりわな
OK
イノシシ・シカ用くくりわな
架設状態で
輪の直径が12㎝を超えるか？
YES
NO
NG
12㎝規制違反
小中型獣用くくりわな
OK
小中型獣用くくりわな

① 箱型は〝おし〟以外は法定猟具

わなの判別課題では、まずそのわなが〝箱型〟をしているか確認しましょう。箱型をしているわなで禁止猟具にあたるのは、はこおとしの内部に天井を支えるストッパー（さん）がない「おし」の一択です。

なお、「はこわな」と「囲いわな」の違いは〝天井が半分以上あるか・ないか〟です。よって、どんなに小さい箱でも天井が半分以上なければ「囲いわな」であり、どんなにサイズが大きくても天井があれば「はこわな」になります。

② 筒型のわなはワイヤーのストッパーを確認

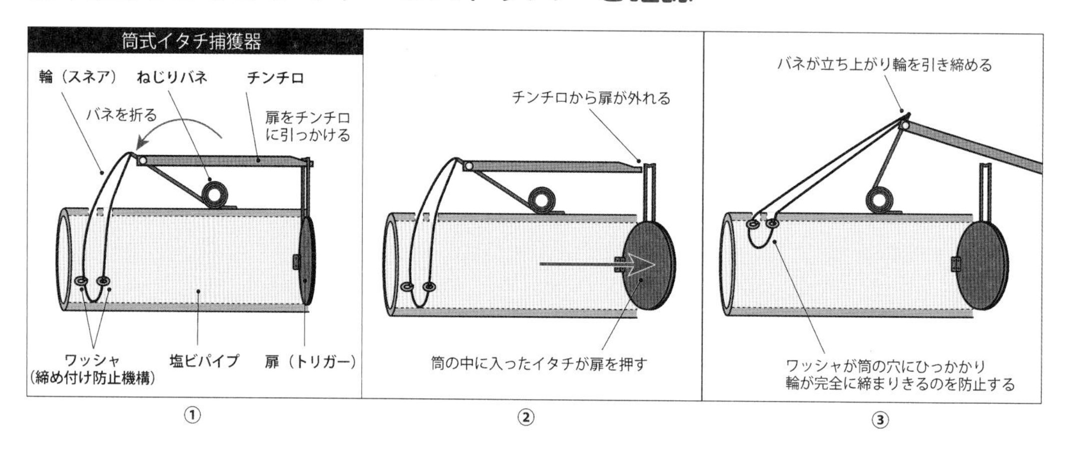

塩ビ管や鉄パイプで作られた円筒形のわなは、くくりわなの一種である「筒式イタチ捕獲器」と考えられます。このようなわなは円筒内を確認して、輪の締め付けを防止する〝ストッパー〟が付いていることを確認しましょう。ストッパーが付いていないタイプは「締め付け防止機構の無い筒式イタチ捕獲器」として禁止猟具です。

③ 箱型・筒形・くくりわなではないわなは禁止猟具と判別

箱型ではなく筒型でもなく、輪がついたわな（くくりわな）でもなければ、どのような形状であれ禁止猟具といえます。例えば「とらばさみ」や「おし（戸板おとし、格子おとしなど）」、「とりもち（グルートラップ）」、「据弓」などが該当します。

なお、「とらばさみ」は平成 19 年まで法定猟具とされていた『鋸歯のない最大長 12 ㎝未満のとらばさみ』と、それ以前から禁止されていた『鋸歯があり最大長 12 ㎝以上のとらばさみ』の２種類あります。「同じものが２つ出たらどちらかは正解」と思われがちですが、現在のとらばさみはどちらも禁止猟具なのでだまされないようにしてください。

④ くくりわなは、まず『締め付け防止金具』を確認

くくりわなと判別したわなは、まず輪に『締め付け防止金具』があることを確認してください。締め付け防止金具は、イノシシ・ニホンジカ用のくくりわなであれば『ネジ止め

式のワイヤストッパー』や『圧着スリーブ』が用いられます。法定猟具のくくりわなは架設試験にも用いられるので、大抵の場合は手で締めたり緩めたりできる『蝶ネジ式のワイヤストッパー』が付いています。小中型獣用のくくりわなであれば筒式イタチ捕獲器と同じように、金属ワッシャが針金に巻きついている場合が多いです。

⑤ ワイヤーのどこかに「よりもどし」があることを確認

形状的にイノシシ・ニホンジカ用のくくりわなであれば、ワイヤーのどこかに「よりもどし」が付いていることを確認します。よりもどしがあるくくりわなは、前後のワイヤーが独立して回転するようになっています。

なお、よりもどしは『小中型獣用くくりわな』には取り付ける義務はありません。よってよりもどしが無いくくりわなの場合は、全体的な設計から大型獣用か、小中型獣用かを判別してください。

⑥ ワイヤーの太さを確認する

イノシシ・ニホンジカ用に用いられるくくりわなのワイヤーは、１本の細い針金を何十本もより合わせて作られたワイヤロープという形状をしています。大物用ではこのワイヤロープの直径が４㎜以上必要であり、それよりも小さいワイヤロープは禁止猟具になります。重箱の隅をつつくような話ですが、アンケート調査で「３㎜ワイヤーと４㎜ワイヤーの２つのくくりわなが出題された」（東京）と、ワイヤーの太さを問う問題は実際に出題されているようです。

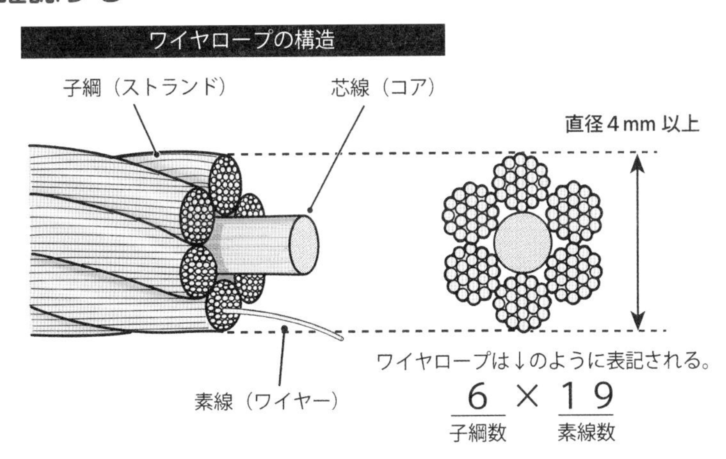

⑦ 架設状態で輪の直径が12㎝を超えると違反

くくりわなのトリガーが踏板式の場合、直径が〝12 ㎝を超えている物〟は禁止猟具と判断してください。また、ひきずり式や鳥居式のくくりわなが架設状態で出題された場合、輪の直径が 12 ㎝を超えている物も、同様に禁止猟具です。

試験でこの「12 ㎝規制」を問われる際には、『大きい踏板のくくりわな』と『小さい踏板のくくりわな』の２種類が出題されるはずです。その場合は「大きいほうは禁止猟具」と判別するとよいでしょう。

第3章.

猟具の架設

網の架設

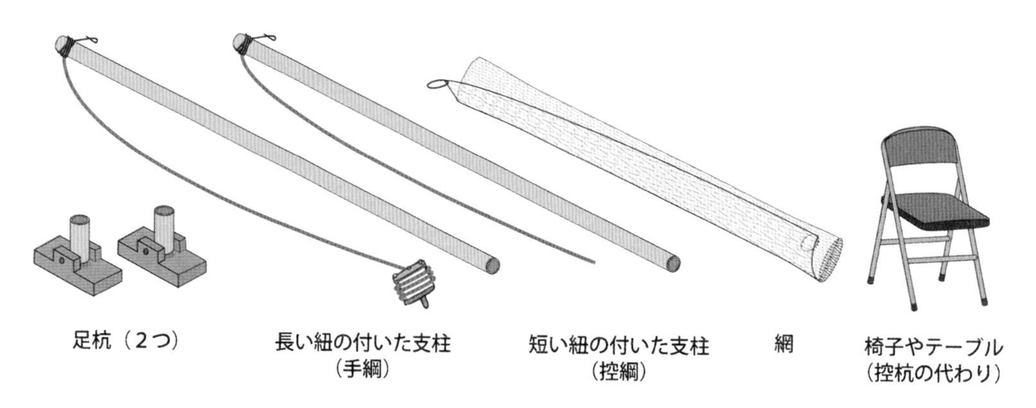

網の架設試験では、全国的に『片むそう』が用いられています。そこで本書でも網の架設試験の対策として、片むそうの設置方法を解説します。多くの試験会場で片むそうは、上図のような部品構成のものが採用されているようです。控綱を設置する控杭は、野外であれば地面に固定されている可能性がありますが、室内の場合はテーブルや椅子などに簡易的に固定することが多いようです。

① 片むそう網の架設

始	試験官から、「網の架設を始めてください」とアナウンスが入る。
1	「網の架設をはじめます」と呼称。
2	網を開いて、椅子（固定する場所）を基準に、足杭→短い紐のポール→網→足杭→長い紐のポールの順に並べなおす。網は紐が付いている方を上にする。

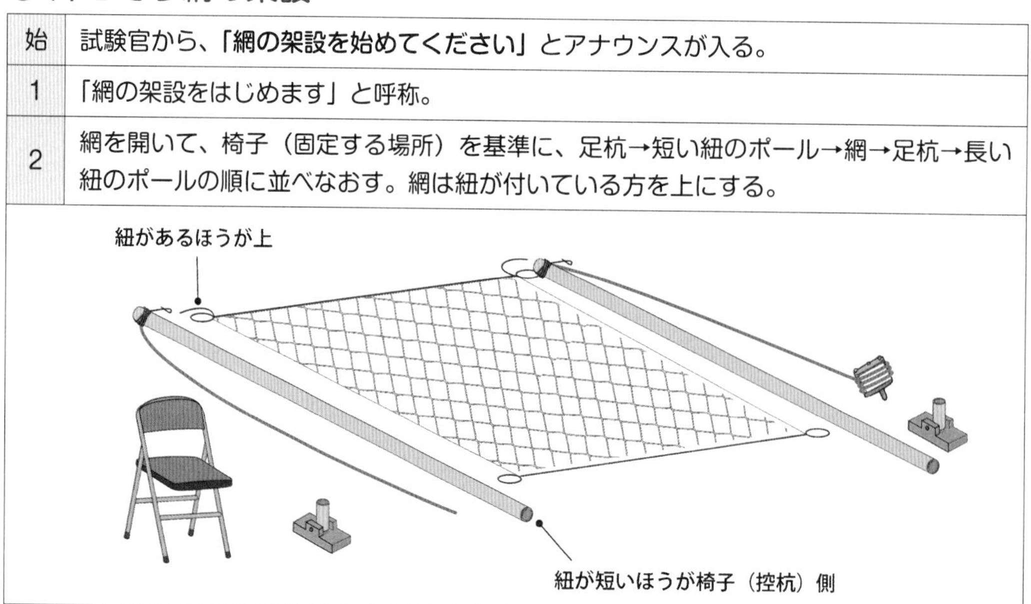

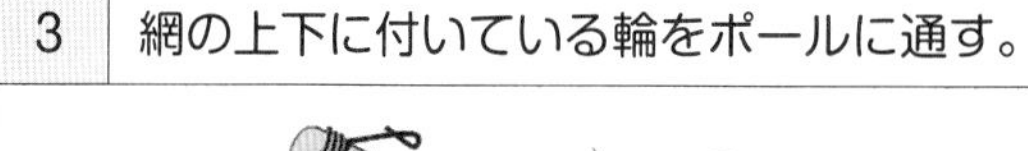

3　網の上下に付いている輪をポールに通す。

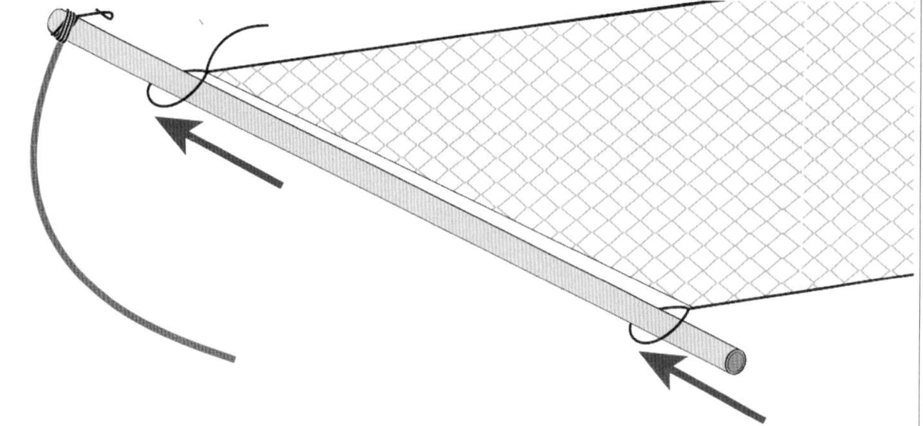

4　支柱上端の輪に、網の端を〝もやい結び〟で連結する。
(もやい結びができない場合は、とりあえず固結びにしておく。ただし、操作時に紐が外れると減点となる可能性が高い)

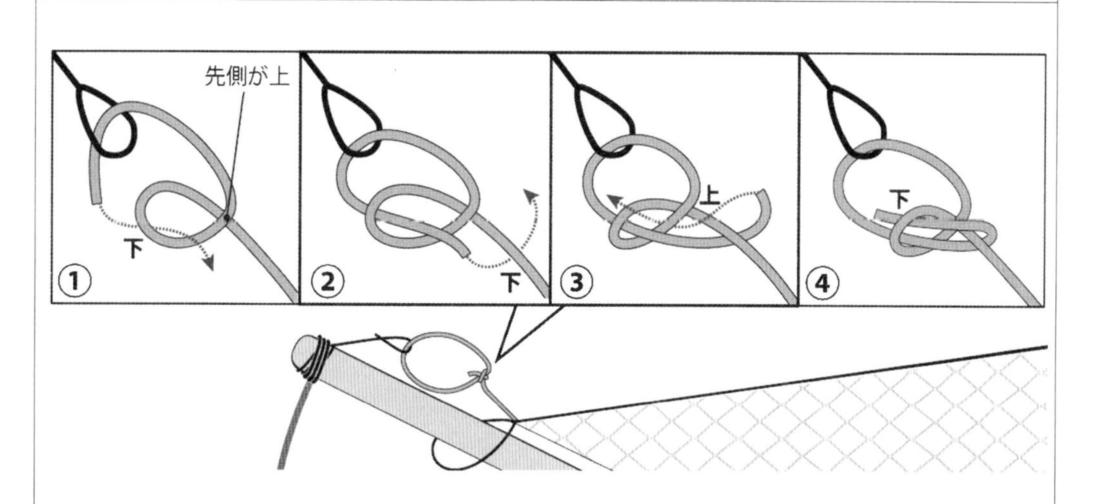

5　支柱に足杭をねじ込む。

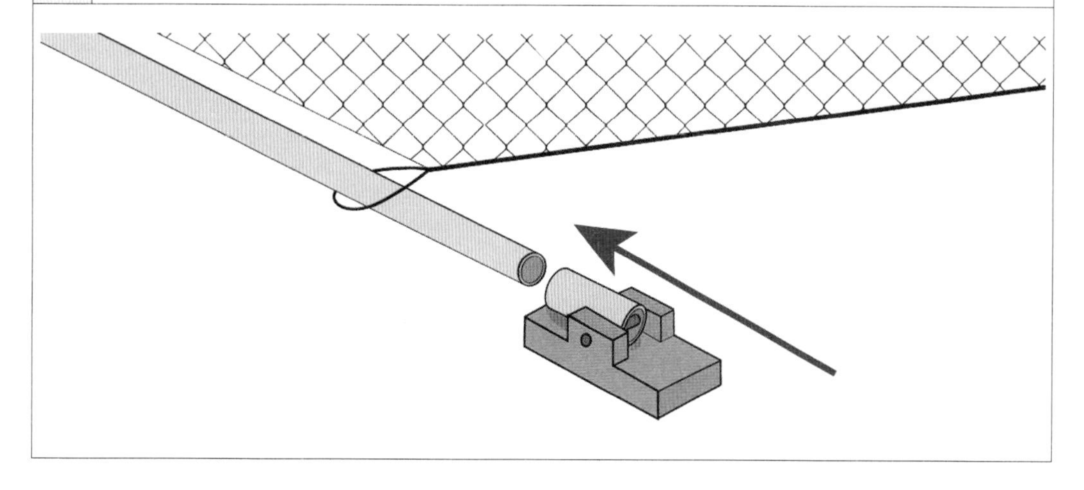

6	逆の支柱も3～5と同様に、網の輪を支柱に通し、網の上端をもやい結びで支柱に連結、支柱に足杭を接続する。
7	椅子など（控杭）に短い紐（控綱）を結び付ける。

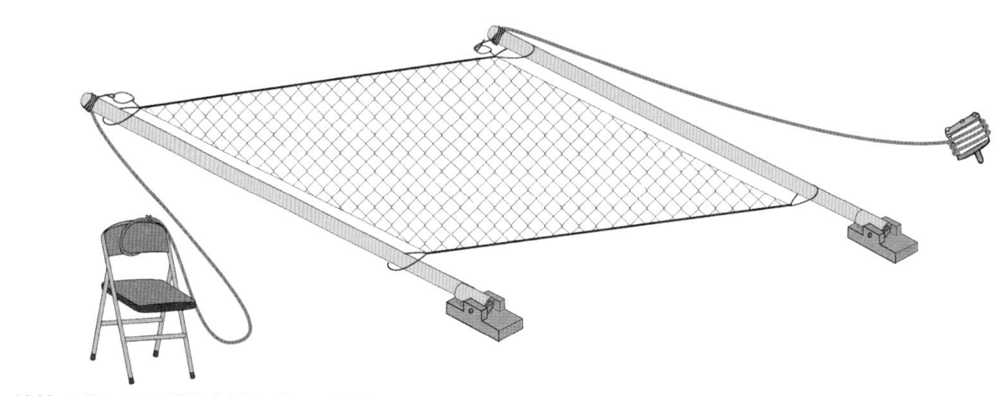

8	椅子と自身の立ち位置を決めて、長い紐（手綱）を持ち「架設完了」と呼称。 （立ち位置は試験会場の広さによって異なるので、図の位置を参考）

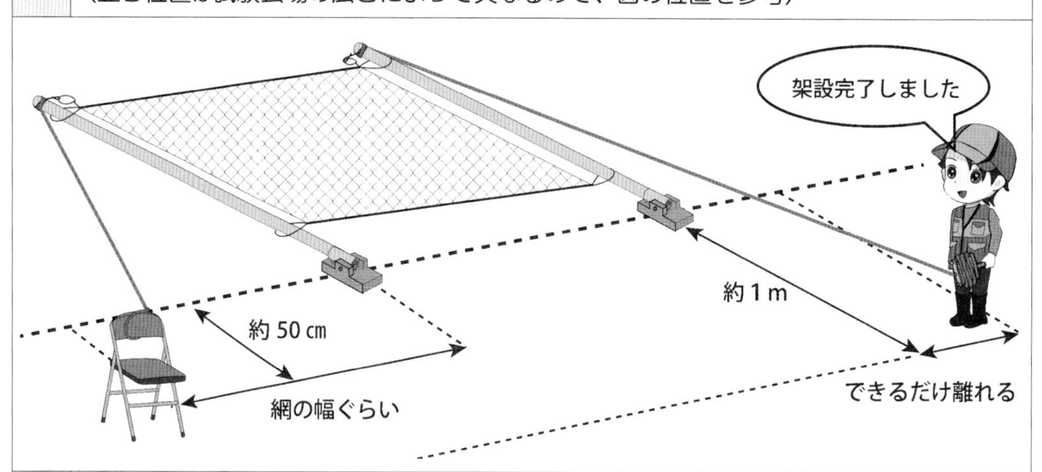

9	試験官から「網を動かしてください」と言われたら、網を引いて倒す。

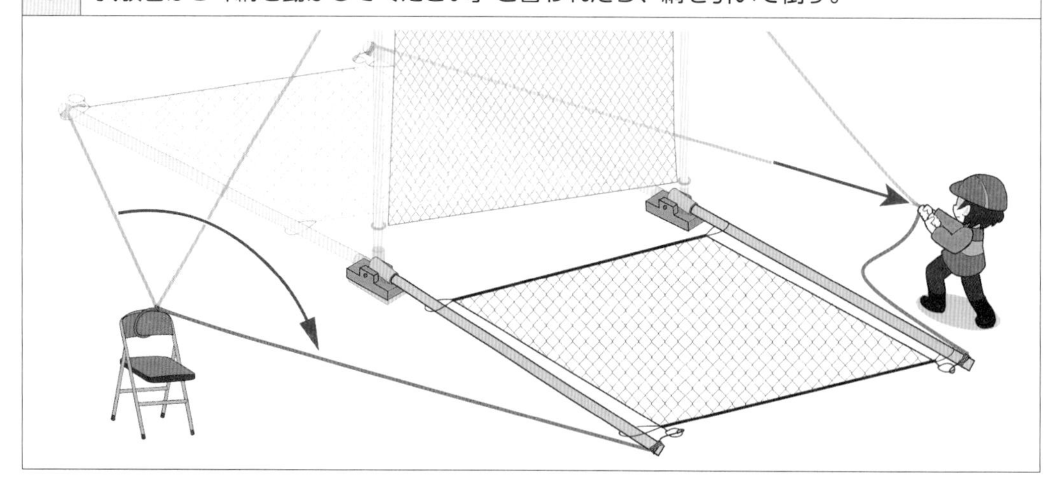

10	「網を動かしました」と呼称する。
11	試験官から「網を撤収してください」等の指示があったら、 １．椅子から紐を外す ２．ポールから足場台を外す ３．網とポールの結束を解く ４．ポールから網を外す ５．網をたたむ の順で撤収する
12	「撤収を完了しました」と呼称し、試験官からの指示を待つ。

② 網は壁に立ててから倒す場合もある

片むそうは伏せた状態から網を引いて、反対側に倒すように動かします。しかし狩猟免許試験会場はたいていの場合は室内なので、足杭を地面に固定できません。よって手綱を強く引くと足杭ごと網が動いて上手く動かすことができません。そこで網を動かす前に、一度網を壁に立て掛けて、手綱を引いて倒す場合もあります。このあたりの要領は試験会場によって異なるので予備講習を受けておくことが望ましいですが、もし予備講習を受けられなかった場合は、経験者から「網を倒すときはどのように操作したのか？」などの情報を得ておくようにしましょう。

わなの架設

本書では、わなの架設試験対策として、『片開き・踏板式はこわな』、『両開き・踏板式はこわな』、『吊り餌式はこわな』、『くくりわな（ねじりバネ式・押しバネ式）』の５種類を解説します。

① はこわな（踏板式・片扉）の架設

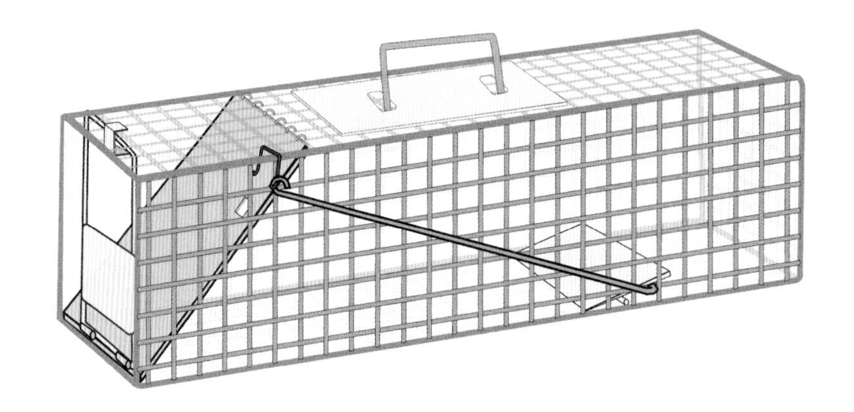

はこわなの構造はメーカーによって様々ですが、アンケート調査によると、多くの試験会場ではアメリカのHavahart（ハバハート）社が販売している『Door Trap Model #1078』、またはその類似品が使用されているようです。

このはこわなの特徴は、扉が〝ななめ〟に付いており、箱内の踏板が動くことで扉とのつっかえが外れて落ちる仕組みになっています。仕組み自体は単純ですが、扉をロックする機構が独特なので、初見では操作が難しいかもしれません。

なお、Door Trap Model #1078はハバハート社公式がYouTubeに架設方法の動画を公開しています。本書の解説でいまいち理解ができなかった場合は、YouTubeで「Door Trap Model #1078」と入れて動画で確認をしてください。

始	試験官から、「わなの架設を始めてください」とアナウンスが入る。
1	はこわなの構造を確認する 扉が〝片開き式〟で〝ななめ扉〟であること 扉と扉ロック・ロック金具の位置 扉と踏板がアームとリンクで接続されていること 踏板が上下に動くこと

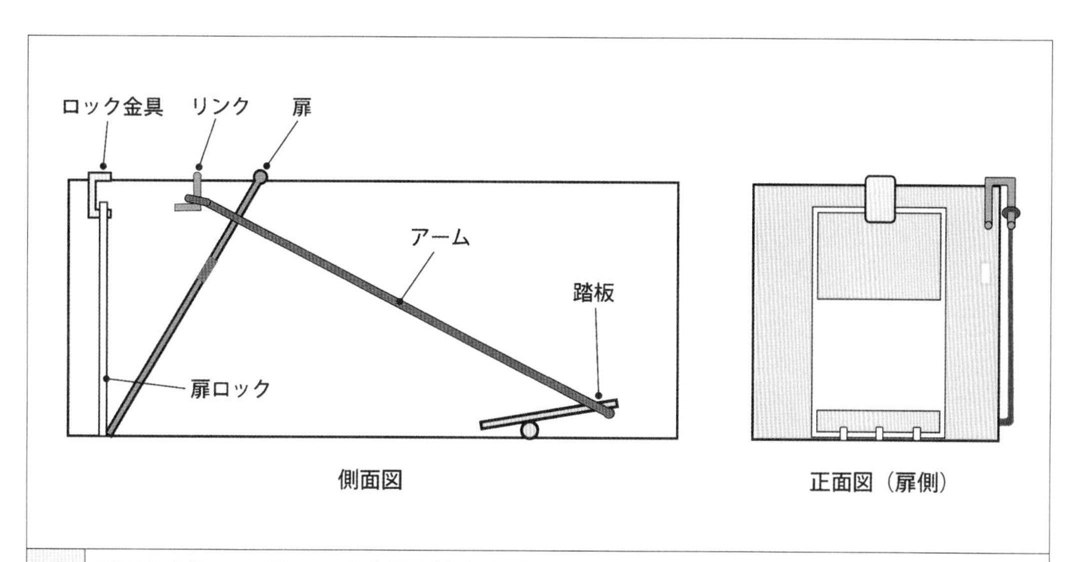

2	天井に付いているロック金具を持ち上げて扉ロックから外す。

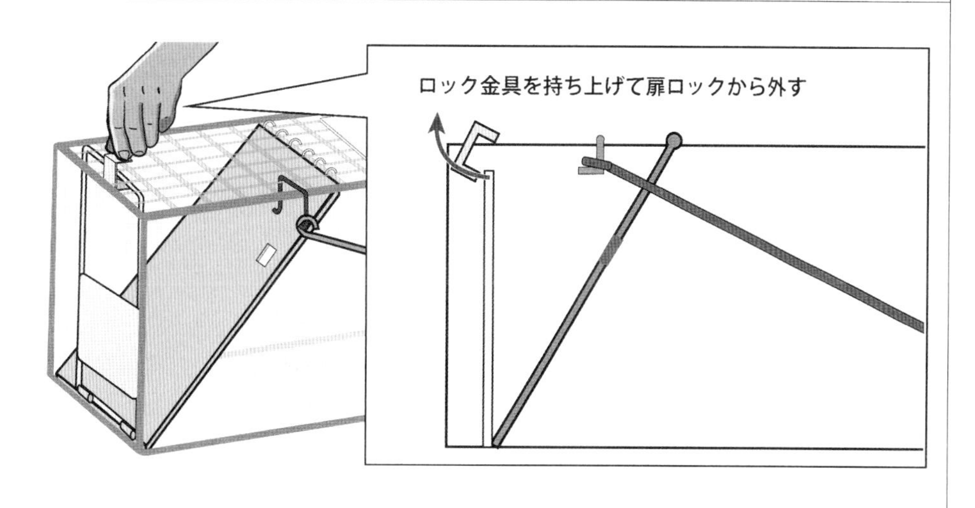

3	ロック金具を持ち上げた状態で、扉のロック板を奥に押しながら引き上げる。

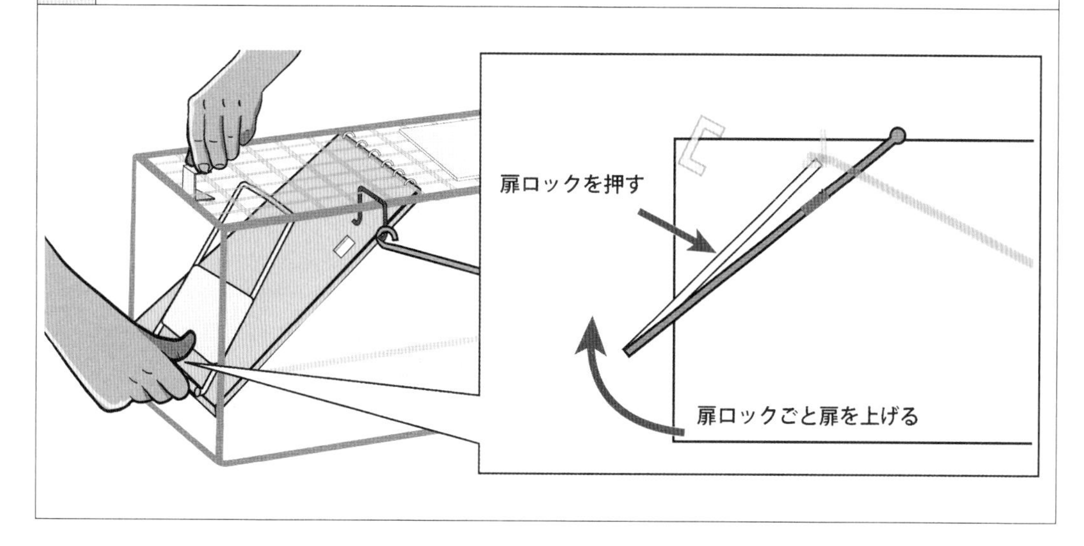

4	アームを前方に動かし、リンクを扉にあいた穴に通す。

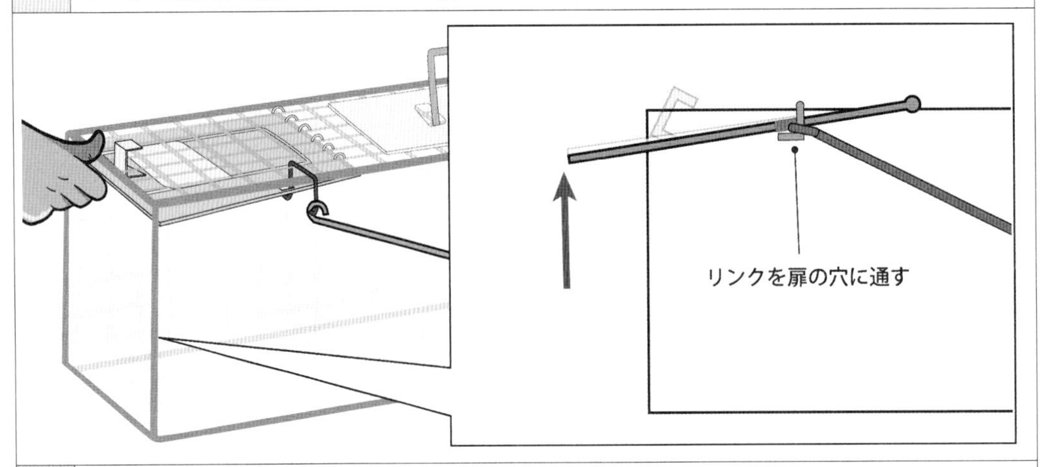

5	リンクを扉にひっかけて固定する。 「架設を完了しました」と呼称。

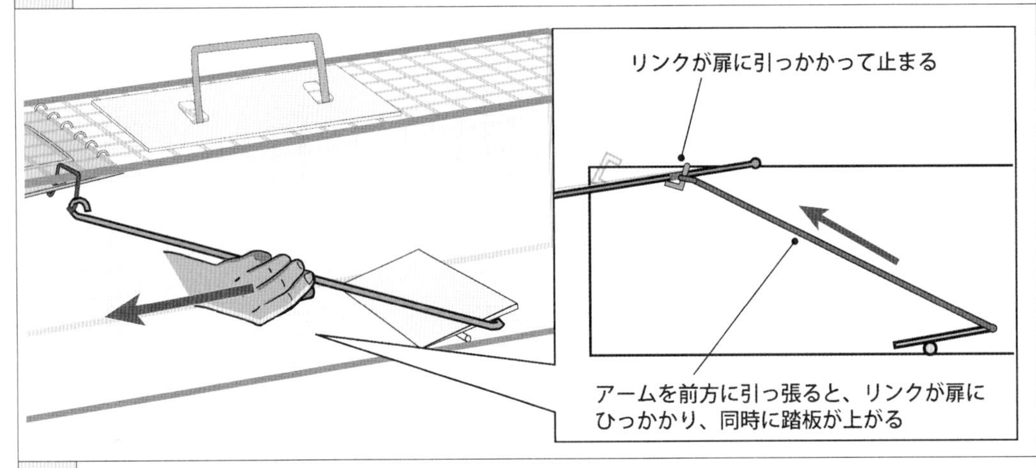

6	試験官から「わなを起動させてください」とアナウンスが入る。
7	「わなを起動させます」と呼称して、棒で踏板を押す。

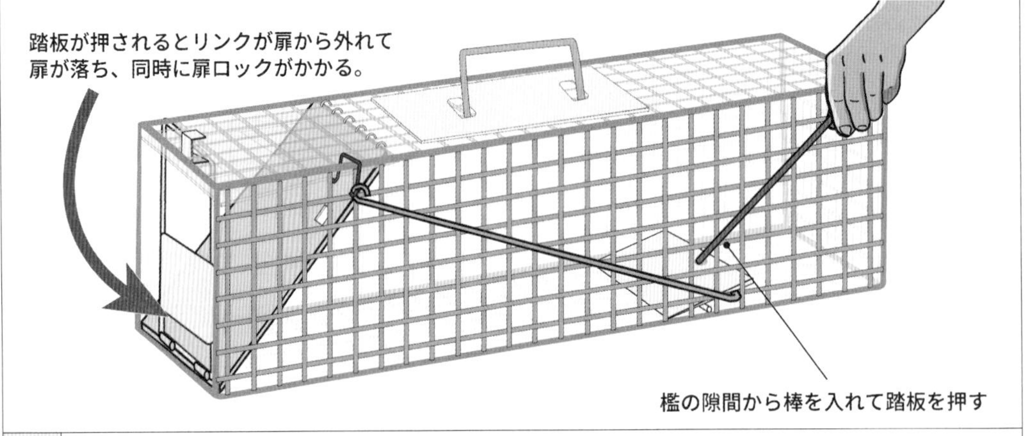

8	「わなを起動させました」と呼称して、試験官からのアナウンスを待つ。

② はこわな（踏板式・両扉）の架設

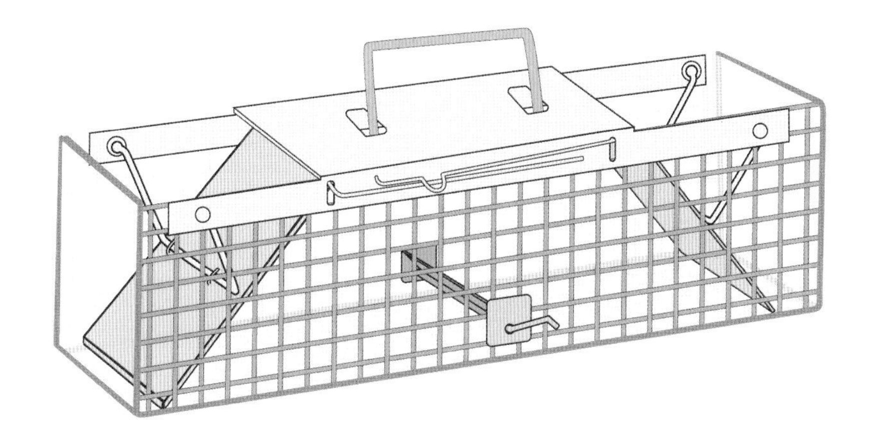

ハバハート社のDoor Trap Model #1078と同様に、『2-Door Trap Model #1030』というタイプも試験によく出題されています。このはこわなは、斜めの扉が両側に付いており、内部中央にシーソー型の踏板があることが特徴です。動画で動きを確認したい場合は、ハバハート社公式がYouTubeに動画を公開しているので、「2-Door Trap Model #1030」で検索をしてください。

始	試験官から、**「わなの架設を始めてください」**とアナウンスが入る。
1	はこわなの構造を確認する 扉が〝両開き式〟で〝ななめ扉〟であること 扉を押さえている左右扉ロックの位置 両扉から伸びている左右アームの位置 踏板にアームの端をひっかけるリンクの位置

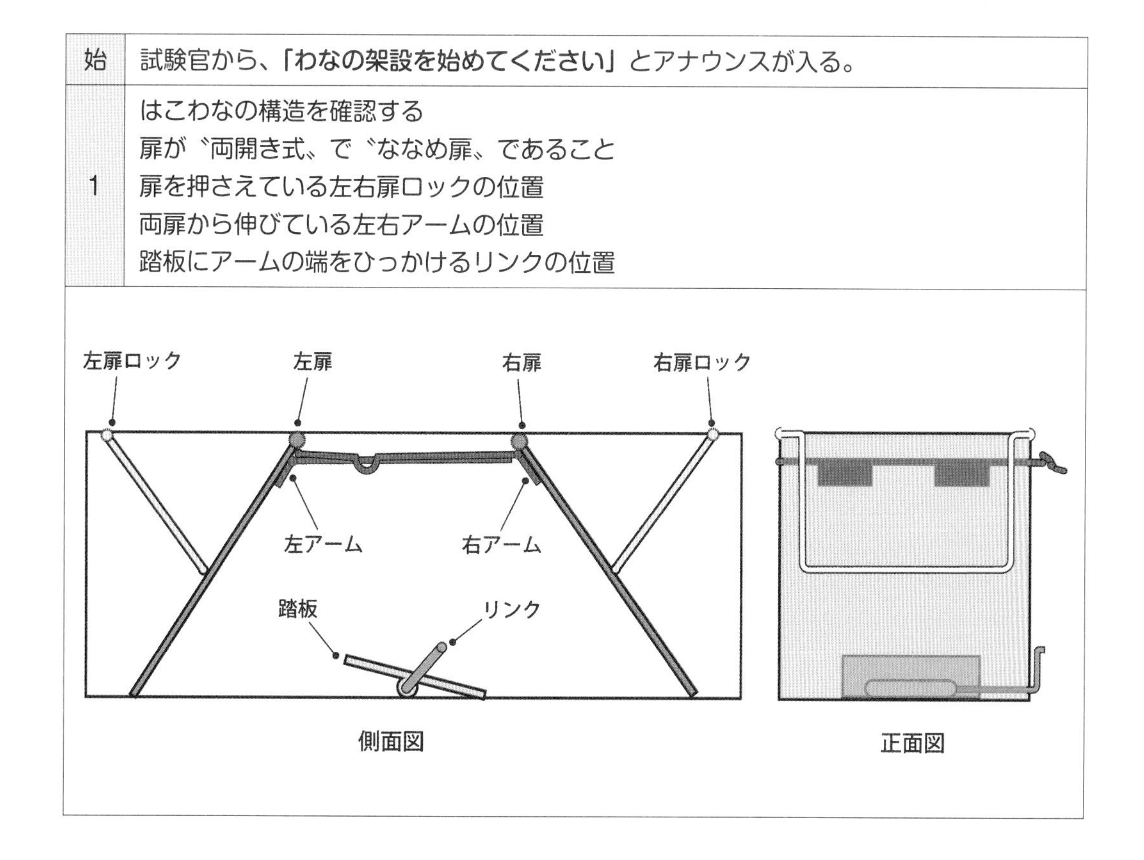

2	左右の扉ロックを外して上げておく。

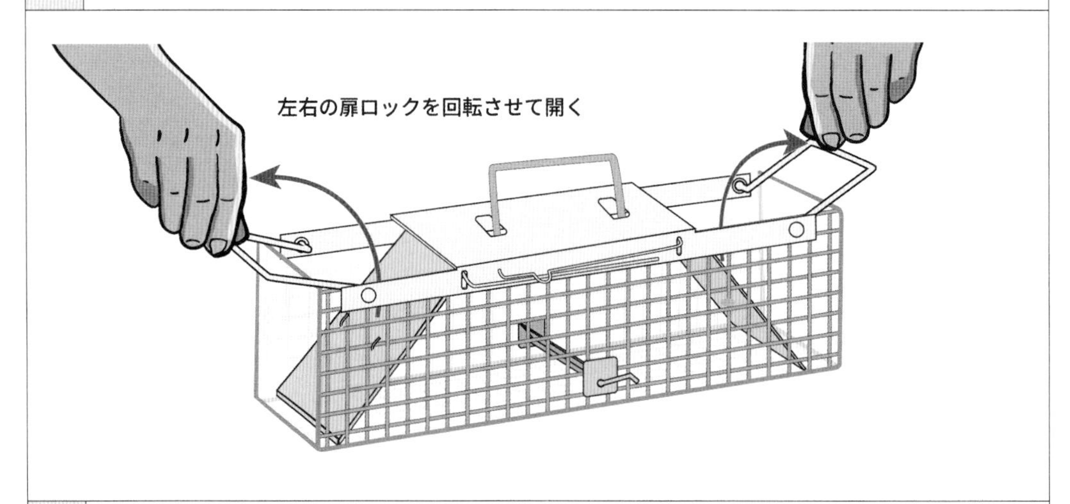

3	右アームの凸部を押し下げて左右の扉を開ける。

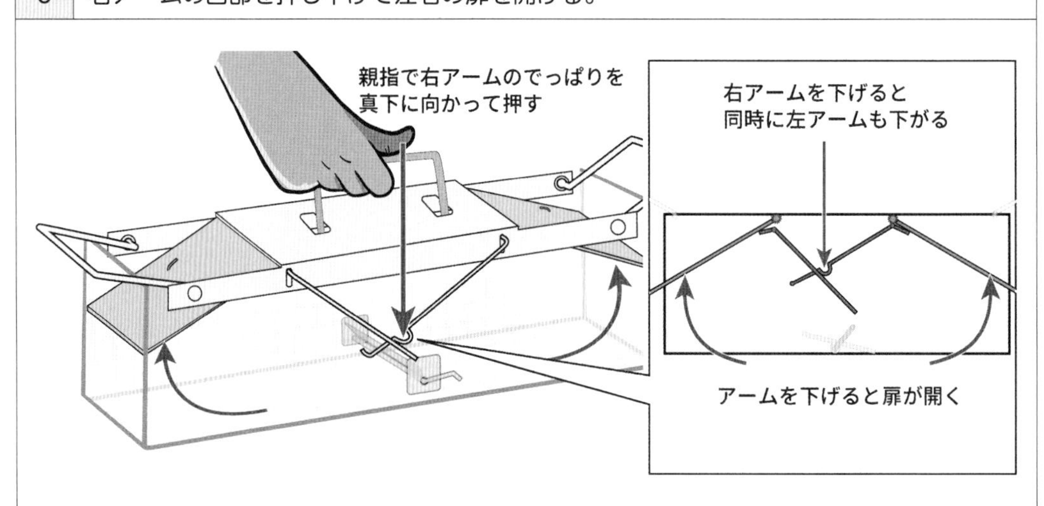

4	右アームの端をリンクにひっかけてバランスを取る。

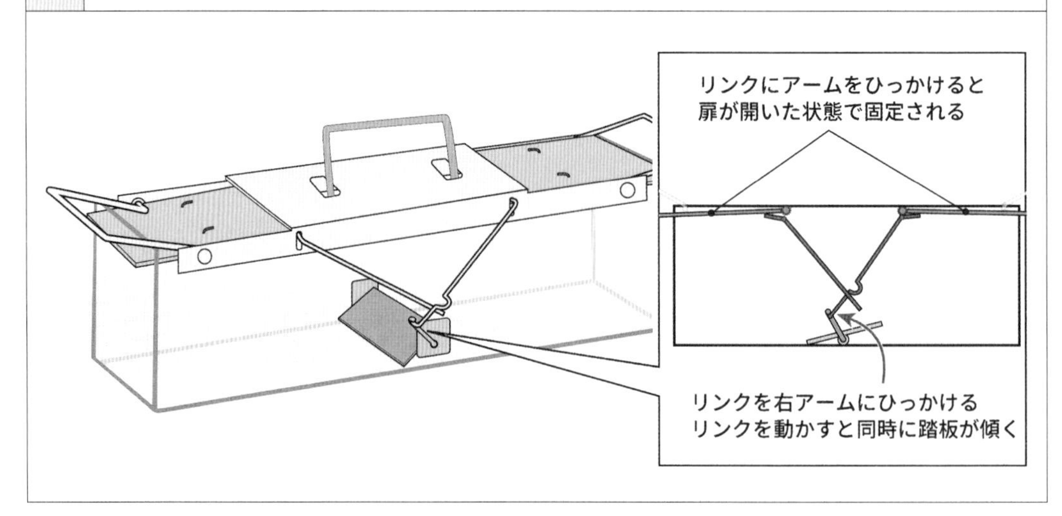

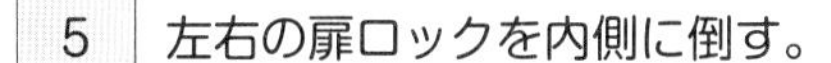

5	左右の扉ロックを内側に倒す。

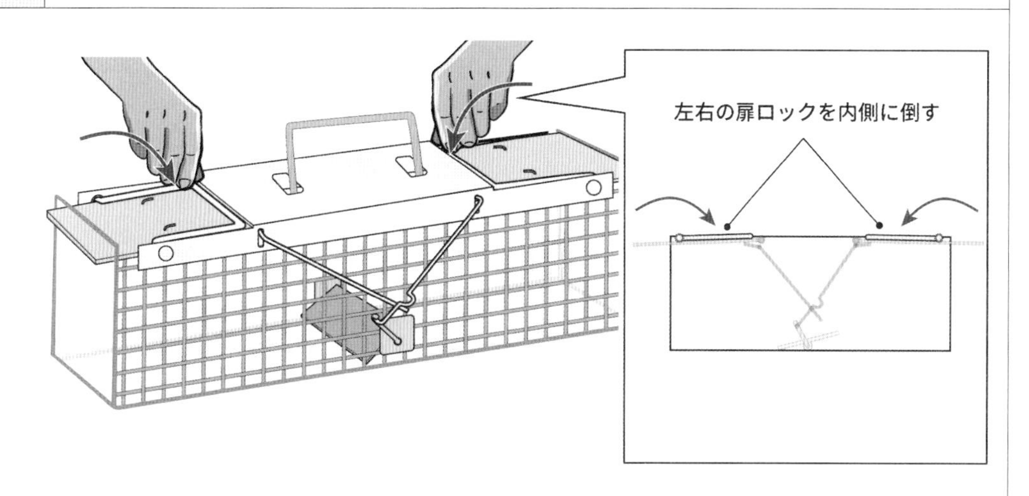

6	「架設を完了しました」と呼称。
7	試験官から「わなを起動させてください」とアナウンスが入る。
8	「わなを起動させます」と呼称して、棒で踏板を押す。

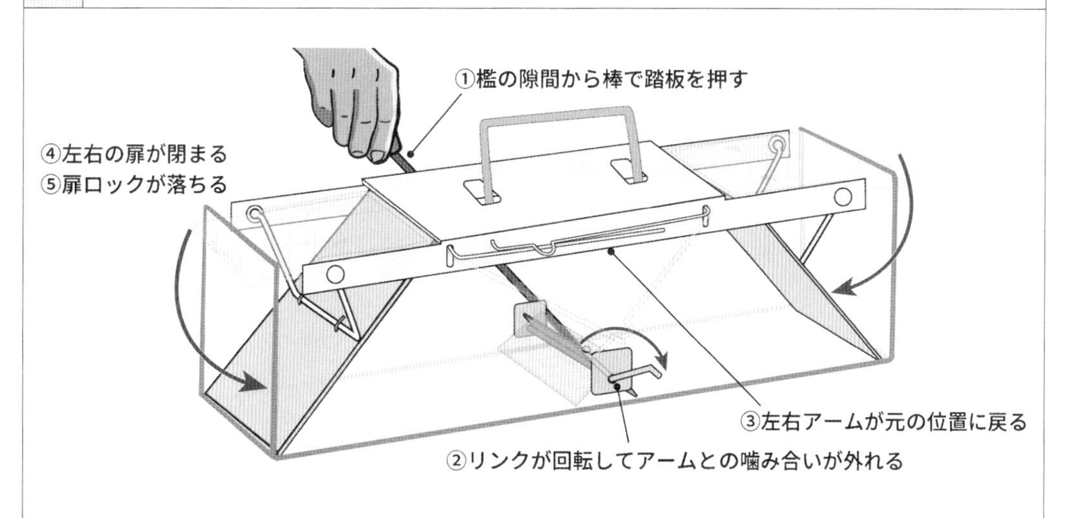

9	「わなを起動させました」と呼称して、試験官からのアナウンスを待つ。

③ はこわな（吊り餌式）の架設

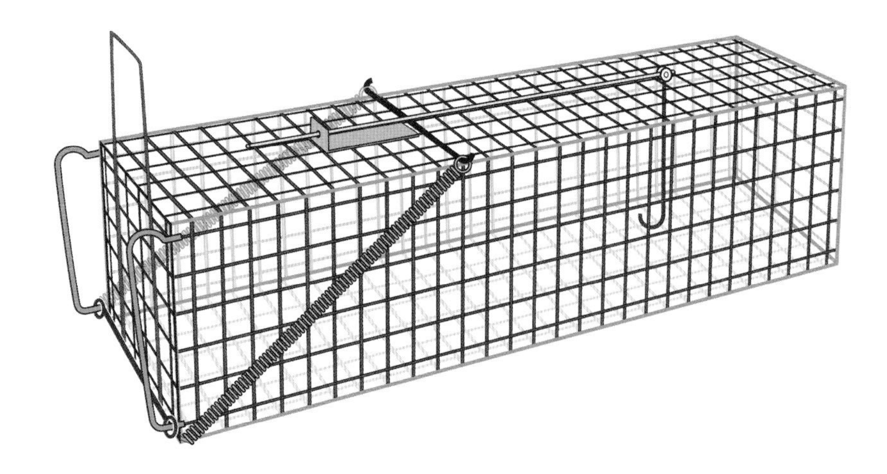

吊り餌式のはこわなは、天井に餌を吊るす用のフックが付いており、中に入った獣が餌を引っ張ることで扉が閉まる仕組みになっています。吊り餌式はこわなのメーカーは色々ありますが、コンパル社の『ウルトラ捕獲器』などが利用されています。

始	試験官から、**「わなの架設を始めてください」**とアナウンスが入る。
1	はこわなの構造を確認する 扉が〝片開き式〟で〝横開き扉〟であること 扉を支えるリンクと、吊り餌フックが連結されたアームの位置 扉をおさえるロックバーの位置 〝餌〟があるか（なければ必要なし）

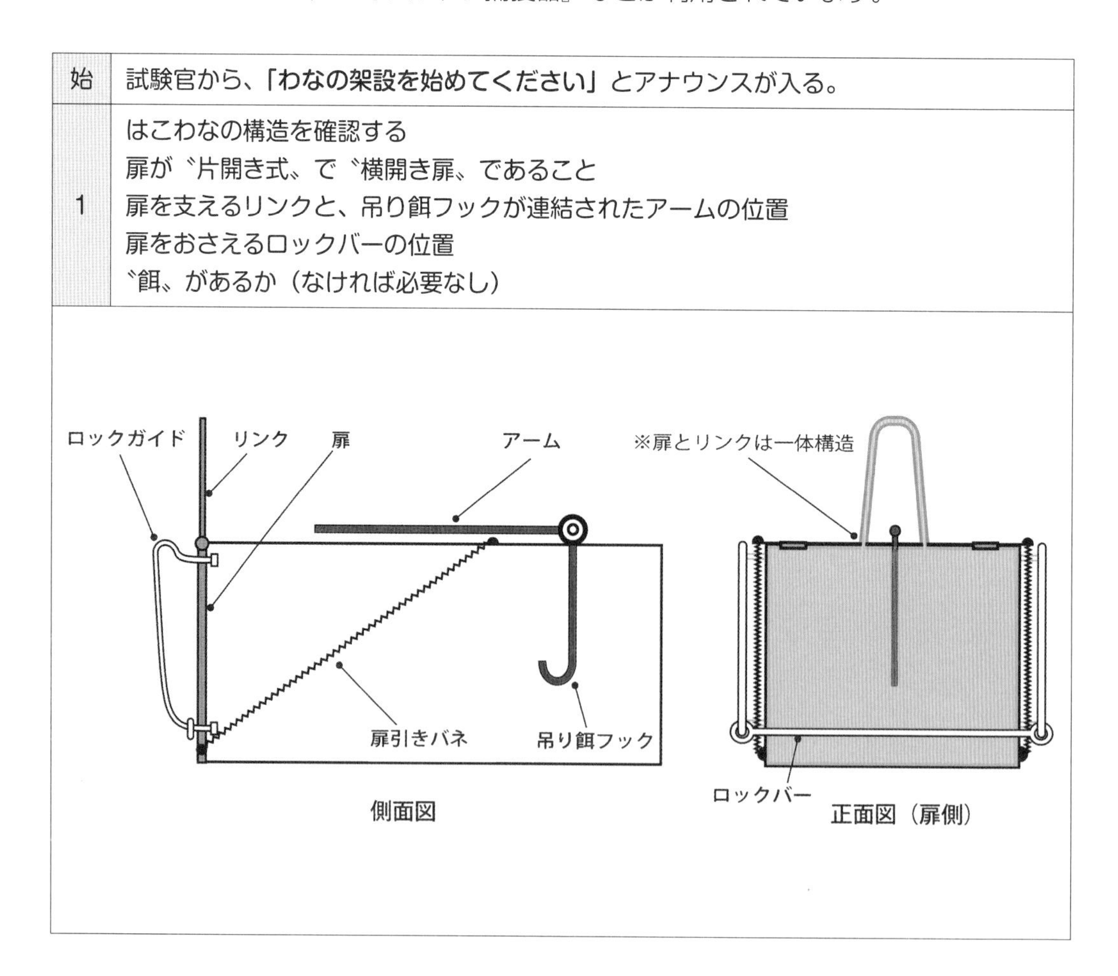

側面図

正面図（扉側）

2	扉を押さえているロックバーを上に引き上げる。

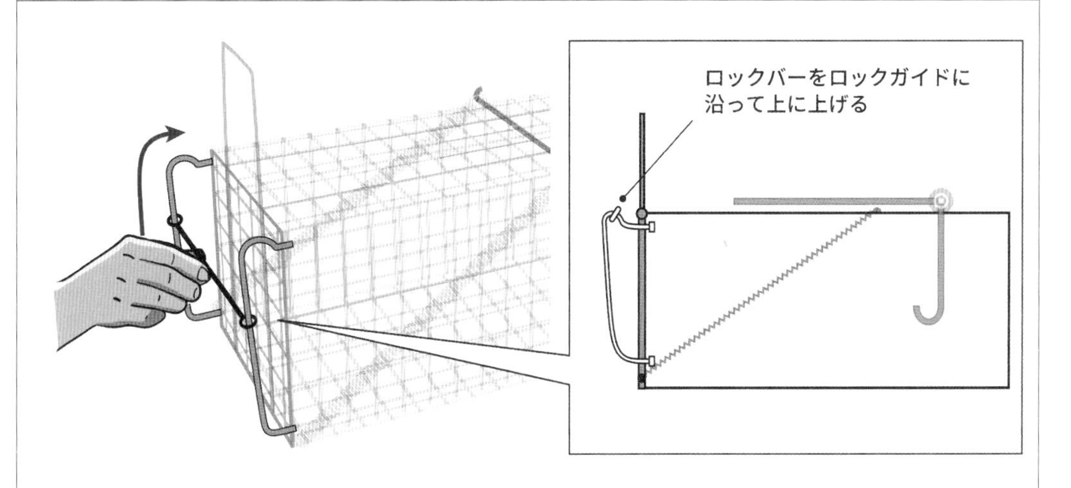

3	扉上部にあるリンクを握り、扉を開くように倒す。

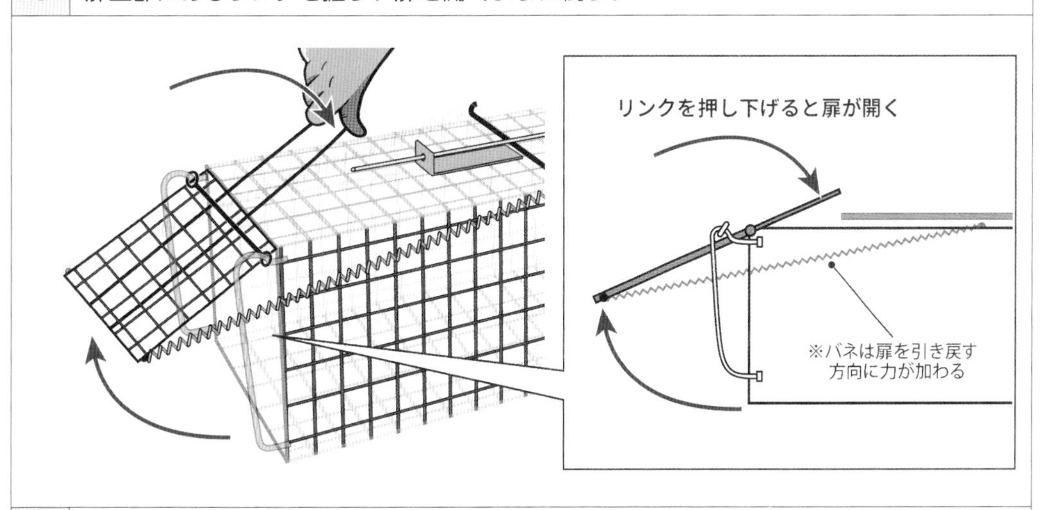

4	アームを動かしてリンクに噛み合わせる。

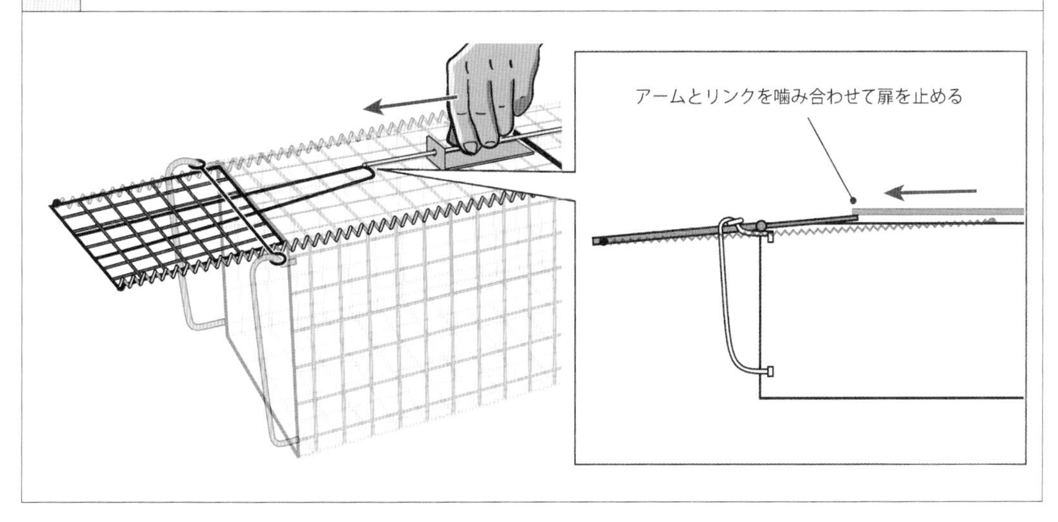

5	餌袋などがあれば、吊り餌フックにひっかける。

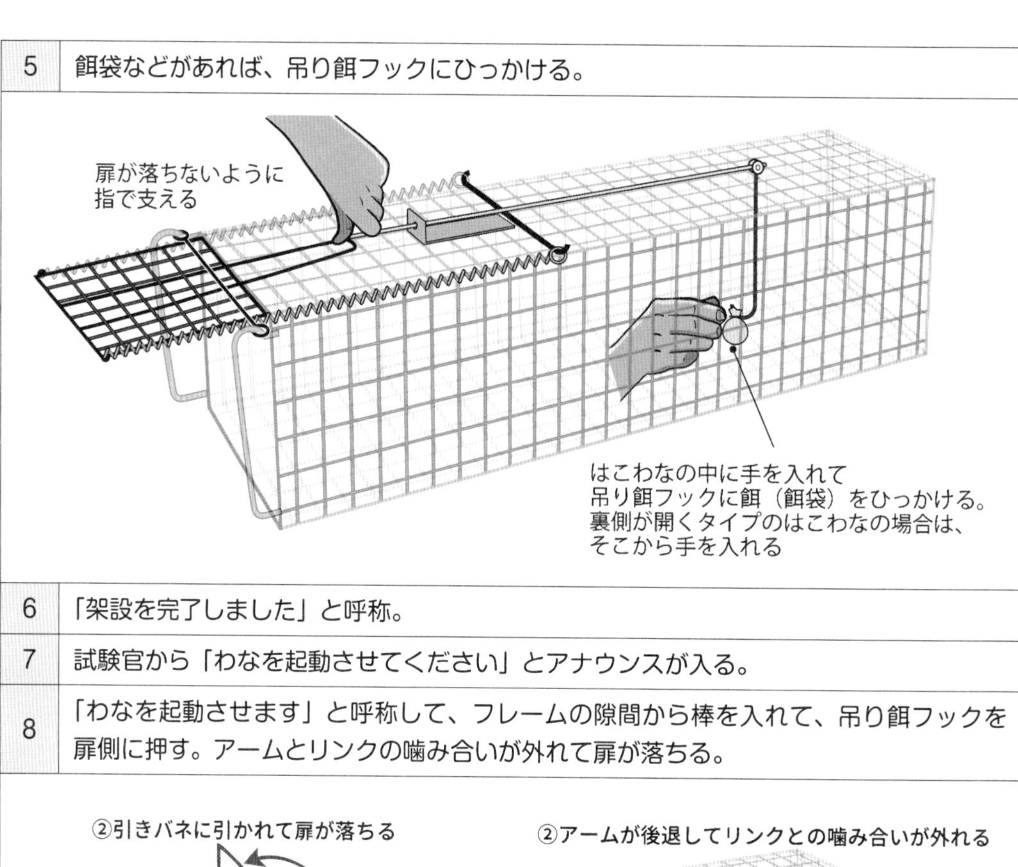

6	「架設を完了しました」と呼称。
7	試験官から「わなを起動させてください」とアナウンスが入る。
8	「わなを起動させます」と呼称して、フレームの隙間から棒を入れて、吊り餌フックを扉側に押す。アームとリンクの噛み合いが外れて扉が落ちる。

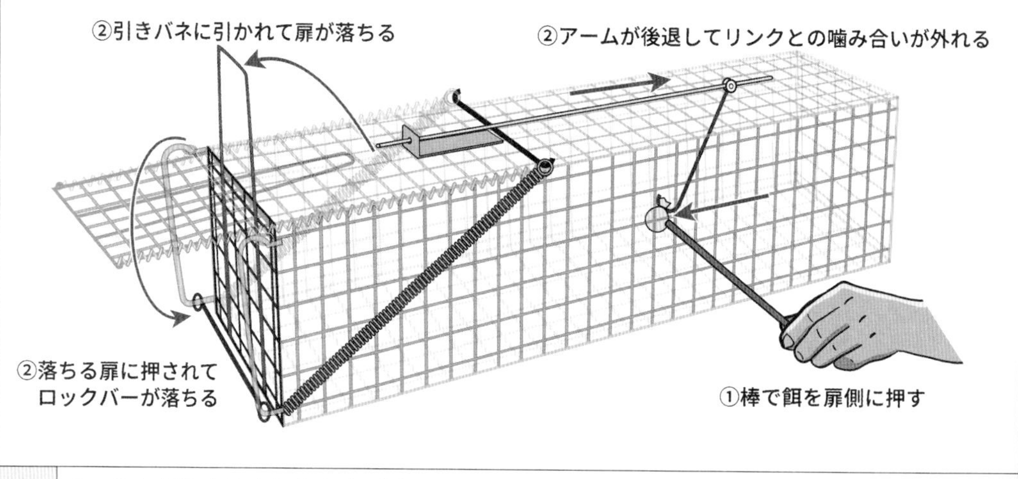

9	「わなを起動させました」と呼称して、試験官からのアナウンスを待つ。

④ くくりわな（押しバネ式足くくりわな）の架設

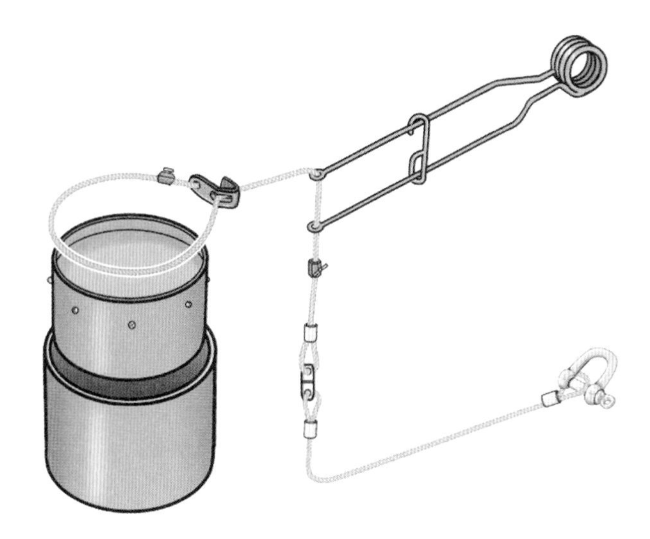

アンケート調査によると、くくりわなで出題率が最も高かったのが、ねじりバネを使った踏板式のくくりわなです。メーカー品としては、栄工業社製の『栄ヒルズＦ type』やオーエスピー商会の『しまるくん』がよく用いられているようです。

ねじりバネのくくりわなを架設する場合は、バネの扱いに十分注意しましょう。ねじりバネは「扇型に開く」という仕様上、取り扱いを間違えるとバネが腕や顔面にあたって大怪我をするリスクがあります。よって試験会場によってはバネを締める工程を受験者にやらせないケースもあるようです。架設作業もはこわなに比べて複雑なので、予備講習で事前に練習をしていないのであれば、はこわなで架設試験を受けたほうが無難だと言えます。

始	試験官から、「わなの架設を始めてください」とアナウンスが入る。
1	ねじりバネの状態を確認する。

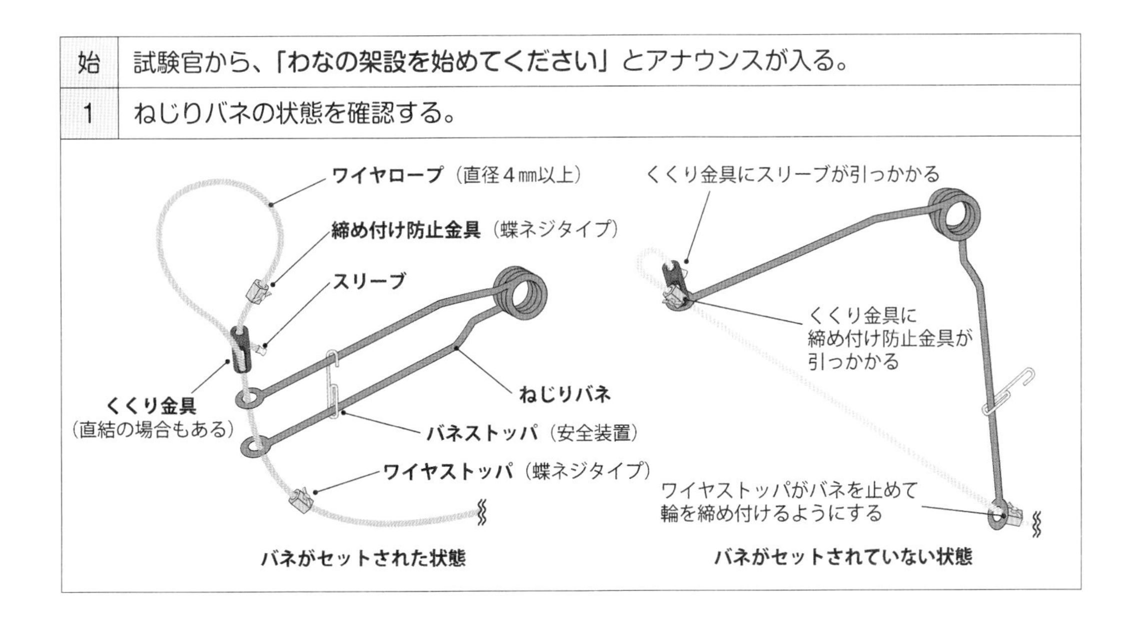

2	セットされていない場合は、バネをセットする。

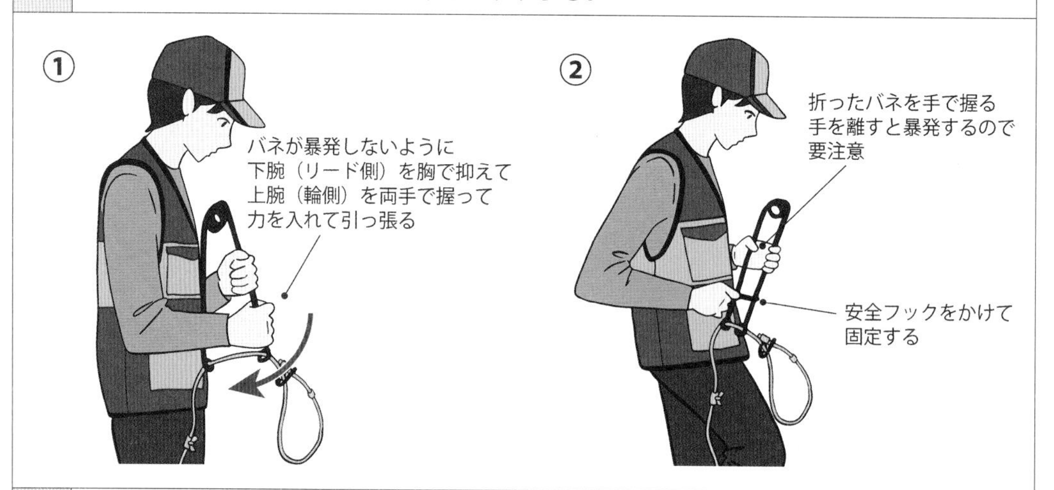

3	輪を〝親指の付け根〟ぐらいのサイズに縮め、締め付け防止金具を固定する。

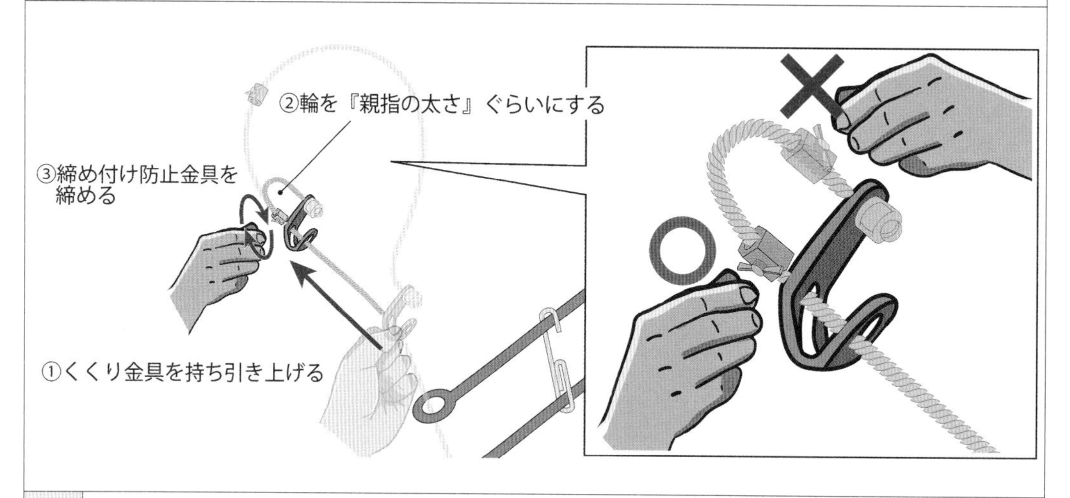

4	輪を内筒にかぶせて、バネを踏板側に押しながら輪を縮める。踏板から輪が外れないようにワイヤストッパを絞めて、バネストッパを外す。

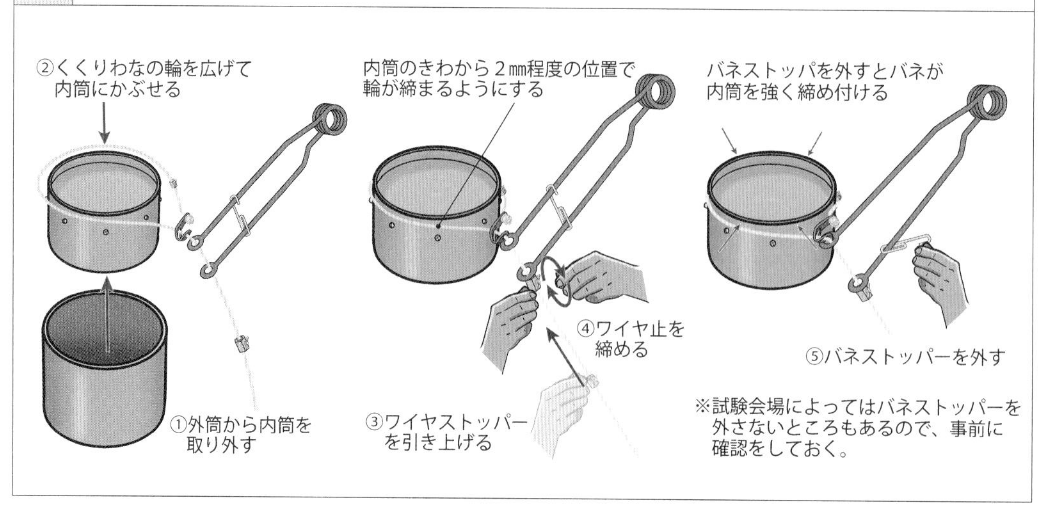

5	内筒を外筒にはめる。ワイヤーの反対側を椅子などの固定できる場所に結び付けてシャックルで止める。
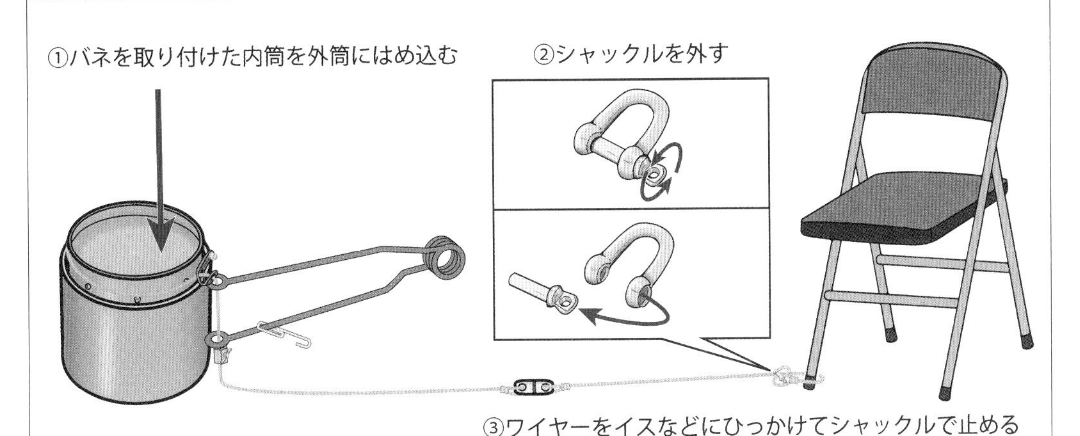 	
6	「架設を完了しました」と呼称。
7	試験官から「わなを起動させてください」とアナウンスが入る。
8	棒を使って内筒を押し込む。（バネ止めを外している場合は）バネが高く立ち上がって輪が棒をくくる。
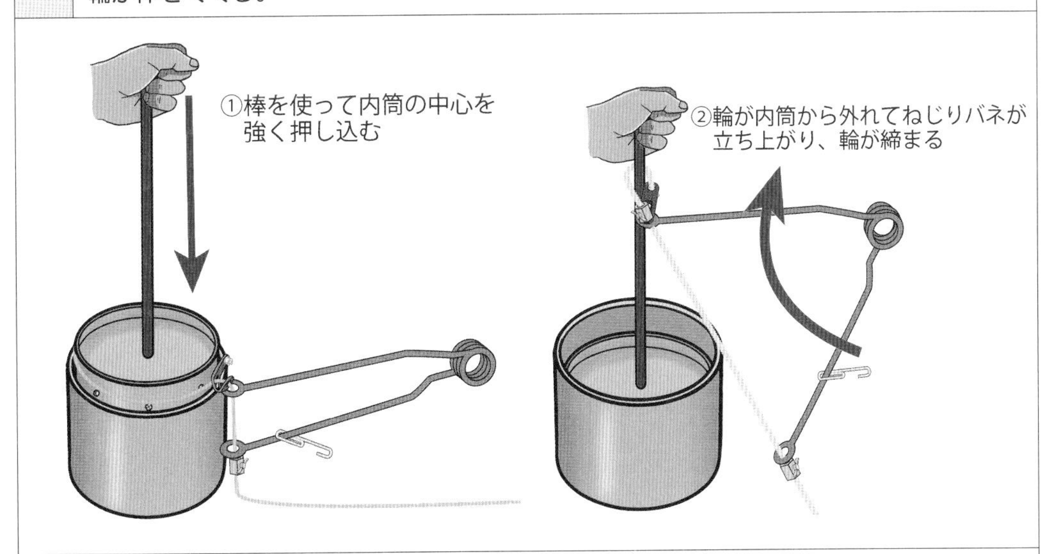 	
9	試験官から「わなを撤収してください」とアナウンスが入る。
10	ワイヤストッパを緩めて輪を開く。 締め付け防止金具を緩める。 シャックルを外す。 踏板とバネを一か所にまとめて「撤収しました」と呼称する。

⑤ くくりわな（押しバネ式足くくりわな）の架設

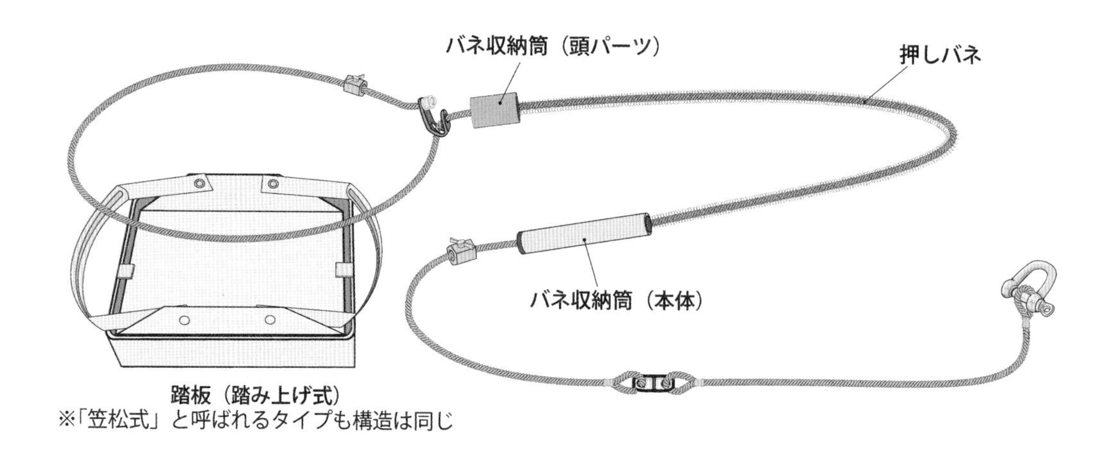

押しバネを使った踏板式くくりわなは、長いバネを塩ビや鉄製のパイプの中に収納してセットします。この押しバネを収納するためには、ワイヤを固定して引っ張る必要があるため、ワイヤをくくり付けておける〝根付〟が必要になります。試験会場内ではテーブルやイスなどを使うことになると思うので、あらかじめ根付に使える場所を探すようにしてください。

押しバネ式のくくりわなはメーカーが多数あり、設計も大きく異なります。本書では一例として、オリモ製作所製の『OM-30 型（通称：弁当箱）』の踏板（踏み上げ式）を例に解説します。この OM-30 型は踏板の左右に可動式のアームが付いており、踏板が落ちるとアームが跳ね上がって輪を高く持ち上げる仕組みになっています。

始	試験官から、**「わなの架設を始めてください」**とアナウンスが入る。
1	輪を踏板のアームにセットする。

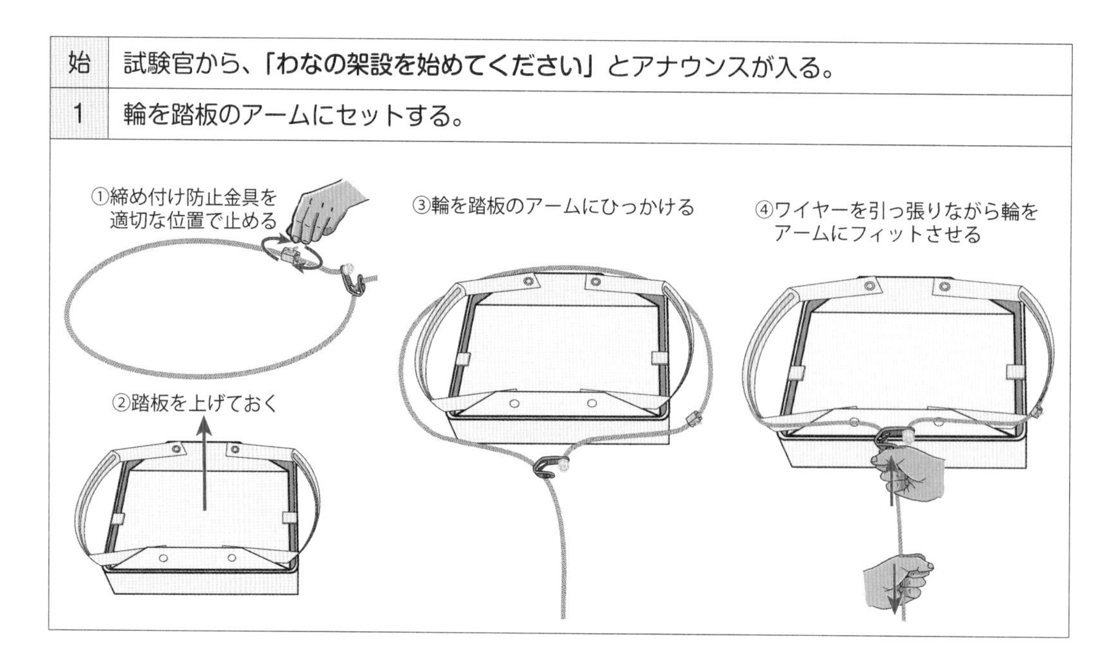

2	根付（シャックル側）を固定できる場所に結び付けてシャックルで止める。バネ収納管を引っ張りバネを入れ込んでいき、完全に収納したらワイヤストッパでロックする。

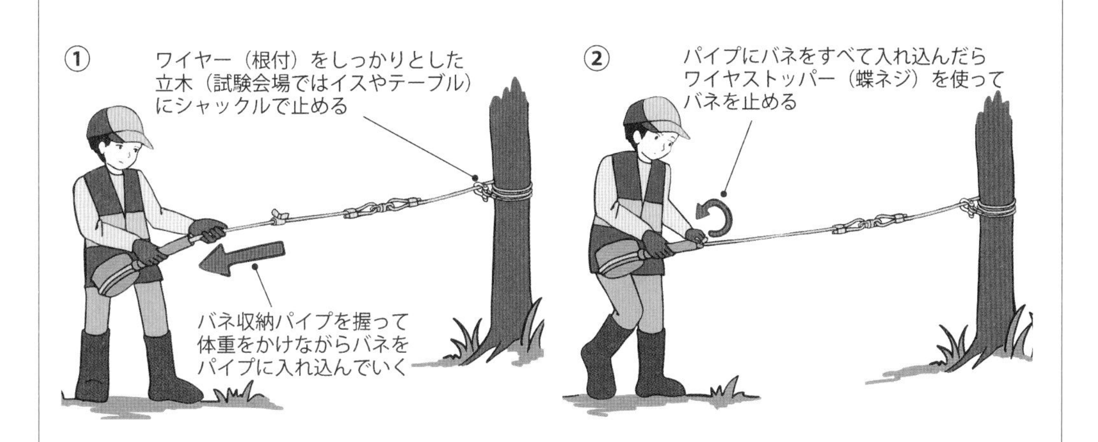

3	「架設を完了しました」と呼称。
4	試験官から「わなを起動させてください」とアナウンスが入る。
5	棒を使って踏板を押し込むと、バネが高く立ち上がって輪が棒をくくる。

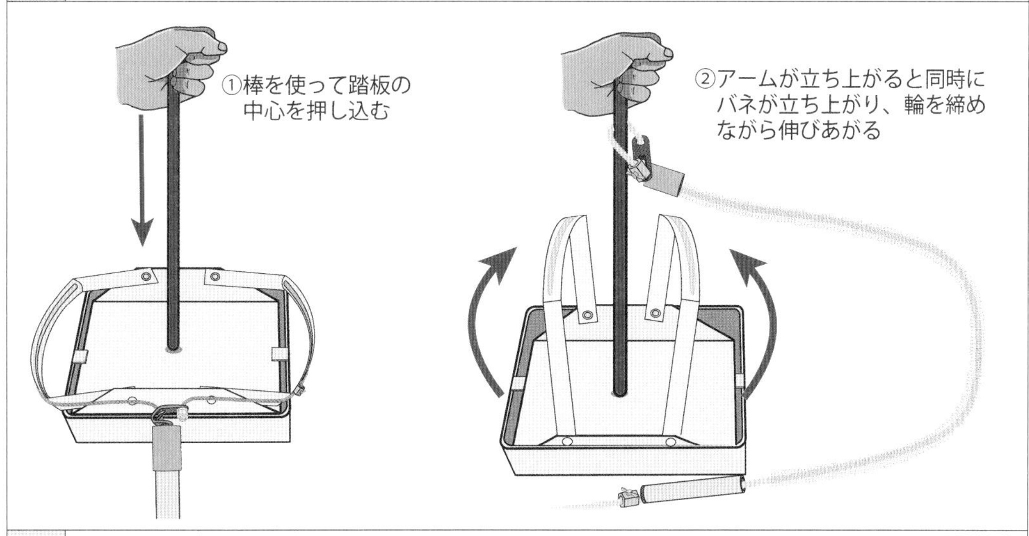

6	試験官から「わなを撤収してください」とアナウンスが入る。
7	ワイヤストッパを緩めて棒から輪を取り外す。 締め付け防止金具を緩める。 シャックルを外す。 踏板とバネを一か所にまとめて「撤収しました」と呼称する。

第4章.

鳥獣の判別

『鳥獣の判別』課題の要点

① 予備講習を受けていても難しい課題

『鳥獣判別』の課題は、図面などを5秒程度見て、その鳥獣が狩猟鳥獣か否かを答えます。もしその図面が狩猟鳥獣だった場合は、その種名まで答える必要があります。

アンケート調査によると、受験者の多くがこの「鳥獣の判別が一番難しかった（勉強に費やした時間が長かった）」と回答しており、予備講習を受けていてもこの課題で不合格になる人も多いようです。鳥獣判別の要点となる『狩猟鳥獣の特徴』や『狩猟鳥獣と誤認しやすい鳥獣の特徴』は巻頭カラーでまとめているので、参考にしてください。

② わな猟は『獣類』、網猟は『鳥類』が出題される

鳥獣法施行規則第五十三条によると、わな猟免許における鳥獣判別試験で出題されるのは〝獣類〟のみとされています。よって『狩猟獣』と『狩猟獣と誤認されやすい獣』を判別できるように対策しておきましょう。

網猟においては法律上〝鳥獣〟とされているため、獣類・鳥類どちらも出題されます。しかし猟友会基準によると〝鳥類のみ〟になっているため、勉強時間が足りずにヤマを張るのであれば鳥類のみを集中的に勉強しておきましょう。

③ 狩猟読本のイラストが出題されやすいが、写真の場合もある

第1編のアンケート調査結果で述べたように、鳥獣判別試験は『狩猟読本の巻頭カラーページのイラスト』で出題されるケースが高いようです。しかし都道府県によっては、『野生鳥獣の写真』や『写真とイラストがごちゃ混ぜ』だったりと違いがあるので、やはり知識として鳥獣を判別する目を養う練習をしておきましょう。

なお、アンケート調査では鳥獣判別の課題について、いろいろな意見が寄せられました。いくつか紹介しますので、試験対策の参考にしてください。

【福島県】

鳥獣判別はイラストで出題されましたが、鳥獣に詳しい人間にとっては、逆に判別しにくいタッチで描かれたイラストでした。

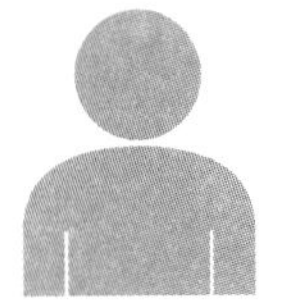

【山形県】

コロナの前までは試験官と「一対一」で行う形式でしたが、私が受験したときは大画面に鳥獣のスライドが７秒間表示され、１５秒以内に紙に書いて回答する方式でした。

【鹿児島県】

予備講習のときに講師の人が、「ここだけの話、裏に赤シールが貼ってあるイラストは非狩猟鳥獣です」と教えてくれました。それ、反則でしょ！っとツッコミを入れたくなりました（笑）

【長野県】

イラスト以外に実物の写真も混じっていたので焦りました。しかし、写真であっても『特徴』を見れば判別は可能なので、落ち着いて答えることができました。

【北海道】

鳥獣判別の対策として、Youtubeの動画やスマートフォンのアプリを活用しました。

【茨城県】

「カモの判別は必ず出る」と思い猛勉強しましたが、実際の試験では全く出題されませんでした。たまたま出ない年だったのか、合格率を上げるためだったのか・・・真相はわかりません。

予想模擬試験・問題解答

1

【問１】

『狩猟関連法令』について、次の記述のうち適切なものはどれか。

ア．狩猟に関する仕組みは、『鳥獣猟規則』に規定されている。

イ．狩猟に関する仕組みは、『自然環境保全法』に規定されている。

ウ．狩猟に関する仕組みは、『鳥獣の保護及び管理並びに狩猟の適正化に関する法律』に規定されている。

【問２】

狩猟鳥獣の『捕獲禁止規制』について、次の記述のうち正しいものはどれか。

ア．生息数が減少しているなどの理由で地域レベルで狩猟鳥獣の保護が必要となった場合、都道府県知事は狩猟鳥獣の指定を解除できる。

イ．狩猟鳥獣であっても、生息数が減少した場合などは、一時的に捕獲禁止などの制限を設けることができる。

ウ．狩猟鳥獣に対しては、たとえ生息数が減少した場合でも、捕獲禁止などの制限措置が設けられることはない。

【問３】

狩猟鳥獣の『種類』について、次の記述のうち正しいものはどれか。

ア．トモエガモ、ヨシガモ、カルガモ、ホシハジロは、すべて狩猟鳥獣に指定されている。

イ．スズメ、コジュケイ、タシギ、カワウ、ハシボソガラスは、すべて狩猟鳥獣に指定されている。

ウ．ツグミ、ヤマシギ、エゾライチョウ、ハシブトガラスは、すべて狩猟鳥獣に指定されている。

【問４】

狩猟鳥獣の『種類』について、次の記述のうち正しいものはどれか。

ア．鳥類 26 種、獣類 20 種の合計 46 種であり、その種類は法律が制定されてから現在まで変わっていない。

イ．個体数などの要素を踏まえて見直しが行われるが、令和５年度の時点では鳥類 26 種、獣類 20 種の合計 46 種である。

ウ．都道府県により異なるが、平均して鳥類 26 種、獣類 20 種の合計 46 種である。

【問５】

『狩猟免許の有効期限』について、次の記述のうち正しいものはどれか？

ア．更新日は誰でも９月15日であり、更新後の有効期間は誰でも３年間である。

イ．更新日はその人の誕生日までであり、有効期間は３回目の誕生日を迎えるまでである。

ウ．更新日は誰でも９月15日だが、更新後の有効期間は試験に合格した日が始期なので人によって異なり、約３年間である。

【問６】

『猟法の使用規制』について、次の記述のうち正しいものはどれか。

ア．構造の一部として３発以上の実包を充填できる弾倉のある散弾銃は、狩猟に使用できない。

イ．かすみ網は鳥類を捕獲する用途では使用が禁止されているが、ユキウサギおよびノウサギを捕獲する用途では使用できる。

ウ．ライフル銃で鳥類を狩猟することは禁止されているが、小中型獣であれば狩猟することができる。

【問７】

『猟法の使用規制』について、次の記述のうち正しいものはどれか。

ア．たとえ小中型獣を捕獲する目的のくくりわなであっても、輪の直径は12㎝を超えてはならない。

イ．構造の一部に『よりもどし』が取り付けられていないくくりわなの使用は、全面的に禁止されている。

ウ．据銃による狩猟は禁止されているが、据弓（アマッポ）であれば狩猟に使用することができる。

【問８】

狩猟鳥獣であるカモ類を網で捕獲する場合、環境大臣が定めた『捕獲数の制限』について、次の記述のうち正しいものはどれか。

ア．１日あたり、合計して５羽までである。

イ．狩猟期間ごとに、合計して300羽までである。

ウ．狩猟期間ごとに、合計して200羽までである。

【問 9】

『鳥獣の捕獲が禁止されている場所』のみを挙げているのはどれか。

ア．国有林、休猟区、社寺鏡内

イ．鳥獣保護区、車道、墓地

ウ．都市公園、特定猟具使用禁止区域、鳥獣保護区

【問 10】

狩猟により捕獲した『鳥獣のはく製販売』について、次の記述のうち適切なものはどれか。

ア．狩猟で捕獲した狩猟鳥獣を販売する場合は、都道府県知事から販売の許可を受けなければならない。

イ．キジの剥製を販売する場合は、都道府県知事の許可を受けなければならない。

ウ．ヤマドリ、オオタカの剥製を販売する場合は、都道府県知事の許可を受けなければならない。

【問 11】

『許可捕獲等』について、次の記述のうち正しいものはどれか。

ア．鳥獣の捕獲が認められるのは狩猟に限らず、有害鳥獣捕獲などの許可を受けて捕獲する場合や、国や都道府県が実施する指定管理鳥獣捕獲等事業がある。

イ．捕獲許可を受けるためには、狩猟者登録を 10 年以上継続して行う必要がある。

ウ．捕獲許可が下りるのは狩猟鳥獣に限られる。ただし、狩猟鳥のひなや卵は捕獲できる。

【問 12】

『狩猟者登録証の記載内容の変更等』について、次の記述のうち正しいものはどれか。

ア．住所や氏名に変更があったときは、遅滞なく登録を受けた都道府県知事に対して届出をしなければならない。

イ．住所や氏名に変更があったときは、狩猟免許の変更手続きは必要だが、狩猟者登録についてはその必要はない。

ウ．住所や氏名に変更があったときは、狩猟期間中に登録を受けた都道府県知事に対して届出をしなければならない。

【問 13】

『違法捕獲物の譲渡又は譲受』について、次の記述のうち正しいものはどれか。

ア. 違法に捕獲した鳥獣であっても、剥製であれば譲渡又は譲受を行うことができる。

イ. 違法に捕獲した鳥獣は、標本や剥製であっても、譲渡又は譲受が禁止されている。

ウ. 違法に捕獲した鳥獣であっても、その旨を都道府県知事に申告すれば、取引は可能となる。

【問 14】

ハト類のオスの『色彩』について、次の記述のうち適切なものはどれか。

ア. キジバトとアオバトの羽色は、ほぼ同じである。

イ. キジバトの羽は明るい緑色をしている。

ウ. キジバトの首には、縞模様がある。

【問 15】

『糞』について、次の記述のうち適切なものはどれか。

ア. タメフンとは、ニホンジカの糞のように、小粒の糞が集まって落ちている状態のことをいう。

イ. キツネやイノシシ、ツキノワグマには、タメフンをする習性がある。

ウ. 糞の形状は動物の種類によって異なるため、糞を調査することは、生息状況を確認するのに有用である。

【問 16】

狩猟ができないものはどれか。

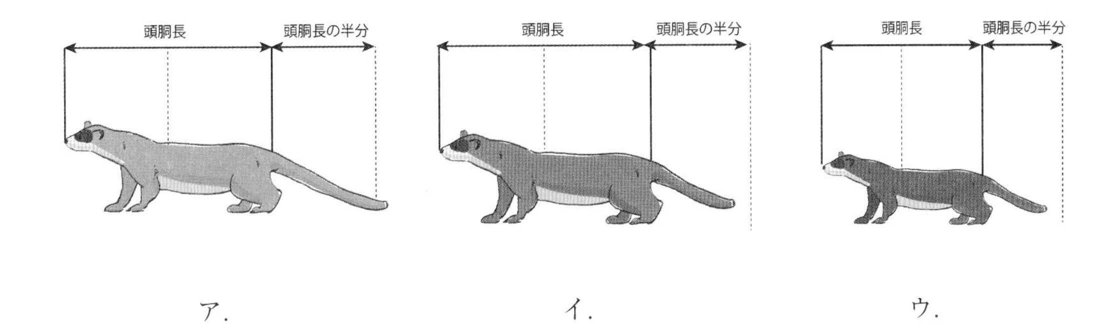

ア.　　イ.　　ウ.

【問 17】

『鳥の飛び方』について、次の記述のうち適切なものはどれか。

ア．コジュケイは、低く直線的に飛ぶ。

イ．多くの鳥は、飛び立った後に、直角に曲がったり急降下するなどの動きをすることができる。

ウ．キジは、鋭い鳴き声をあげて、雷光形に飛んだあと、上空へまい上がることが多い。

【問 18】

次のうち、『陸ガモ』と思われるシルエットはどれか。

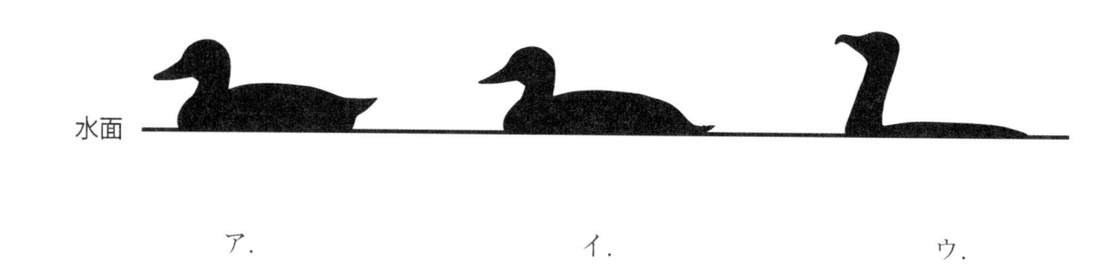

【問 19】

『夏鳥』だけを列記したものはどれか。

ア．バン、オオバン

イ．ヨシゴイ、ヒクイナ

ウ．ササゴイ、ゴイサギ

【問 20】

『ヤマシギ』について、次の記述のうち適切なものはどれか。

ア．奄美大島では亜種のアマミヤマシギが生息しており、こちらも狩猟鳥である。

イ．頭部が体に比べて大きくオニギリ型をしており、眼が頭部の上部やや後方に位置している。

ウ．主に、湿田や池沼など草むらに生息している。

【問 21】

『アナグマ』について、次の記述のうち適切なものはどれか。

ア．本州、四国、九州に生息しており、土中に巣穴を掘って集団で生活する。

イ．かつては毛皮獣として養殖されていた北米原産の獣で、近年は北海道・沖縄を除く全国で野生化が確認されている。

ウ．タヌキと同じイヌ科の獣であり、タヌキと習性がよく似ている。

【問 22】

『ニホンジカ』の大きさについて、次の記述のうち適切なものはどれか。

ア．北海道に生息するニホンジカは、本州に生息するニホンジカに比べて小さい。

イ．北海道に生息するニホンジカと本州に生息するニホンジカは、ほぼ同じ大きさである。

ウ．北海道に生息するニホンジカは、本州に生息するニホンジカに比べて大きい。

【問 23】

『夜間銃猟』について、次の記述のうち正しいものはどれか。

ア．原則として禁止だが、都道府県が指定管理鳥獣捕獲等事業実施計画に基づき、厳格な確認等を受けた場合に限り、認定鳥獣捕獲等事業者が実施できる場合がある。

イ．原則として禁止だが、第二種特定鳥獣管理計画を定めている都道府県では、都道府県知事の許可を受けることで、狩猟者でも実施できる場合がある。

ウ．原則として禁止だが、認定鳥獣捕獲事業者であれば、事業者の判断によって自由に実施することができる。

【問 24】

狩猟鳥獣の病気や寄生虫について、次の記述のうち適切なものはどれか。

ア．野生鳥獣から感染症をもらうリスクは「生肉の喫食」しかないので、ジビエにしっかりと熱を加えるだけでほとんどの感染症を回避することができる。

イ．エキノコックスは、キツネなどのイヌ科の獣類が媒介する寄生虫であり、人間に感染することはないが、猟犬への感染が問題になっている。

ウ．人畜共通感染症の中には、触れただけで皮膚から感染するような強力なものもある。

網猟選択問題

【問 25（網）】

次のうち、『法定猟具』のみをあげているものはどれか。

ア．袖むそう、かすみ網、うさぎ網、坂網

イ．つき網、穂うち、なげ網、谷切網

ウ．片むそう、峰越網、袋網、高はご

【問 26（網）】

『はり網』について、次の記述のうち正しいものはどれか。

ア．網を張りっぱなしにすることは認められていないが、毎日見回りを行うのであれば、張りっぱなしでも構わないとされている。

イ．網を張りっぱなしにすることは認められていないが、空中に張った網でからめとる『谷切網』だけは、張りっぱなしでも構わないとされている。

ウ．網を張りっぱなしにする方法は認められていないが、例外としてはり網の一種である『うさぎ網』は張りっぱなしでも構わないとされている。

【問 27（網）】

次図の中で、『つき網』と考えられるものはどれか。

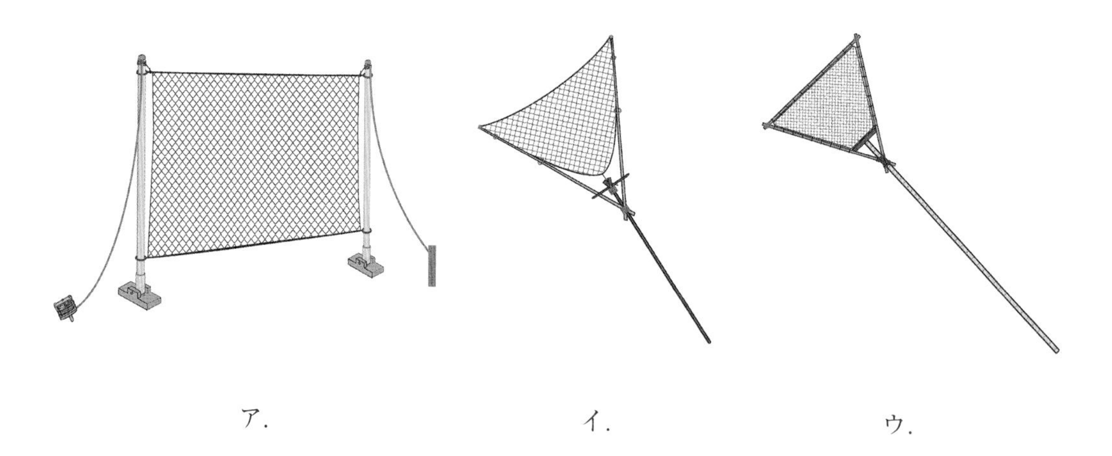

ア．　　イ．　　ウ．

【問 28（網）】

『なげ網』について、次の記述のうち正しいものはどれか。

ア．別称として「坂網」、「坂取網」とも呼ばれている。

イ．草むらなどに潜んでいる鳥に対して、柄のついた網を突き出して捕獲する猟具である。

ウ．網に粘着物質を塗っておき、飛んできたカモに向かって投げつけて絡めとる猟具である。

【問 29（網）】

『片むそう網』の使用方法について、次の説明のうち適切なものはどれか。

ア．習性として、スズメは風下から飛来して、風に向かって降りるので、網は風上から風下に向かって被さるように設置する。

イ．習性として、スズメは風上から飛来し、風にのって降りるので、網は風下から風上に向かって被さるように設置する。

ウ．習性として、スズメは垂直方向に上昇・下降をするため、無風の日がもっとも捕獲効率が高くなる。

【問 30（網）】

『網の取扱い』について、次の記述のうち適切なものはどれか。

ア．網で鳥獣を捕獲するためには、獲物がかかりやすいように猟具を大型化したり、数を多く仕掛けるようにしたほうが良い。

イ．スズメは着陸する寸前に足を延ばす習性がある。足が伸びていると瞬時に飛び立つことができないため、網で捕獲するさいは足が伸びている瞬間を見極めて網を動かすようにする。

ウ．うさぎ網を仕掛けるさいは、網の下端を斜面の上部に向かって伸ばしておくとよい。

わな猟選択問題

【問 25（わな）】

次図のうち『囲いわな』はどれか（ただし、図の縮尺は同じものでないとする）。

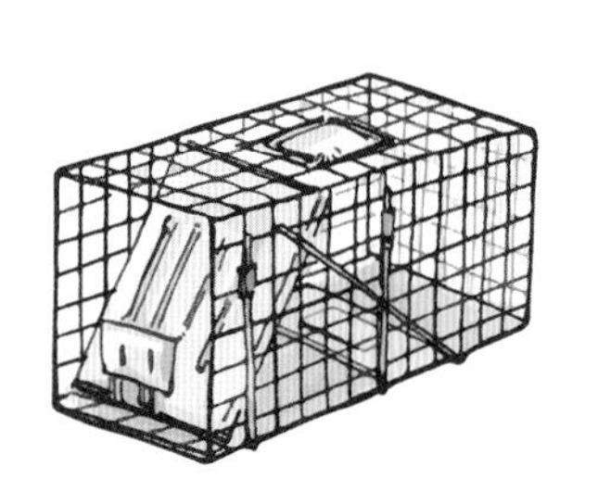

ア．

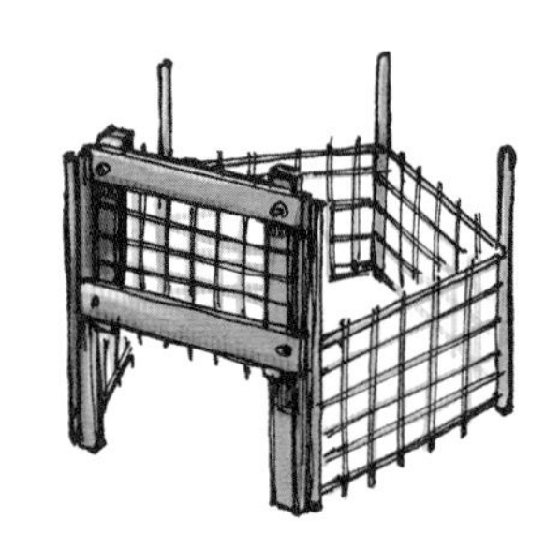

イ．

ウ．

【問 26（わな）】

『くくりわな』について、次の記述のうち正しいものはどれか。

ア．くくりわなで使用するワイヤーは全長が4ｍを超えてはならない。

イ．針金やワイヤーロープなどで作った輪の直径は、12㎝を超えていなければならない。

ウ．イノシシ・ニホンジカを捕獲する目的で使用するくくりわなは、ワイヤーの直径が4㎜以上でなければならない。

【問 27（わな）】

くくりわなに『よりもどし』を取り付ける目的について、次の記述のうち正しいものはどれか。

ア．くくりわなにかかった獲物が暴れると、ワイヤーの輪が強く締まって無用な苦痛を与えてしまうため、獣の保護のために取り付ける必要がある。

イ．くくりわなにかかった獲物が暴れると、くくりわなを固定した木に傷がつくため、木を保護する目的で取り付ける必要がある。

ウ．くくりわなにかかった獣が暴れてワイヤーにねじれが生じると切れやすくなるため、ねじれを防ぐ目的で取り付ける必要がある。

【問28（わな）】

『はこおとし』について、次の記述のうち正しいものはどれか。

ア．内部に落ちてくる天井を受け止めるストッパーのない構造のはこおとしは、「おし」の一種として禁止猟具にあたる。

イ．はこおとしの「さん」は、入り口に取り付ける「かえし」であり、箱の外から入りやすく、中から抜け出しにくくする効果がある。

ウ．餌を使って獣を誘引し、トリガーに触れると扉が落ちてきて獲物を閉じ込める仕組みのわなである。

【問29（わな）】

次の記述のうち、適切なものはどれか。

ア．法律上、わなを設置できる数は30以下だが、自身が見回りにかけられる手間などを考慮して、管理できる数以下に抑えることが望ましい。

イ．獣は人の気配が少ない場所ほど数が多いので、わなは山奥や移動が困難な場所に設置することが望ましい。

ウ．わなの見回りは1日1回は最低でも行うことが望ましいが、山奥にわなを設置した場合は週に1回程度の頻度でも問題はない。

【問30（わな）】

次の記述のうち、適切なものはどれか。

ア．鳥類に対して粘着物質（とりもち）を使った猟法は禁止されているが、獣を捕獲する目的であれば使用できる。

イ．筒式イタチ捕獲器のワイヤーにストッパーを取り付ける主な理由は、イタチのメスを錯誤捕獲したさいに首を絞めて殺してしまわないようにするためである。

ウ．内径最大長が12㎝未満で、のこぎり歯のない「とらばさみ」については、使用が認められている。

予想模試試験１の解答

問1	ウ	問7	ア	問13	イ	問19	イ	問25	イ
問2	イ	問8	ウ	問14	ウ	問20	イ	問26	ウ
問3	イ	問9	イ	問15	ウ	問21	ア	問27	ウ
問4	イ	問10	ウ	問16	ウ	問22	ウ	問28	ア
問5	ア	問11	ア	問17	ア	問23	ア	問29	ア
問6	ア	問12	ア	問18	ア	問24	ウ	問30	イ

【問１】 ウ

（解説 ア）『鳥獣猟規則』は明治６年に制定された狩猟に関する規制で、「鳥獣保護」の視点が無い点など、現在の狩猟制度とは大きく異なります。

（解説 イ）『自然環境保全法』は、原生自然環境の保護などを規定した法律です。

Ⅱ狩猟に関する法令

１法令に関する一般知識 （１）狩猟関連法令

【問２】 イ

（解説 ア）都道府県知事が行えるのは、狩猟鳥獣の『捕獲禁止規制』です。狩猟鳥獣の指定を解除する権限はありません。

（解説 ウ）生息数が減少した狩猟鳥獣は、『捕獲規制』を設けることで、生息数の回復が図られます。

Ⅱ狩猟に関する法令

２鳥獣の保護及び管理並びに狩猟の適正化に関する法律（鳥獣法）

（２）狩猟鳥獣 ③狩猟鳥獣の捕獲規制

【問３】 イ

（解説 ア）トモエガモは狩猟鳥獣ではありません。

（解説 ウ）ツグミは狩猟鳥獣ではありません。

Ⅱ狩猟に関する法令

２鳥獣の保護及び管理並びに狩猟の適正化に関する法律（鳥獣法）

（２）狩猟鳥獣 ①狩猟鳥獣の種類

【問4】 イ

（解説 ア）狩猟鳥獣の指定は、狩猟対象としての資源性や生活環境、農林水産業や生態系に対する害性、個体数の増減などで、見直しが行われます。

（解説 ウ）狩猟鳥獣の指定は、全国共通です。

Ⅱ狩猟に関する法令
2鳥獣の保護及び管理並びに狩猟の適正化に関する法律（鳥獣法）
（2）狩猟鳥獣　①狩猟鳥獣の種類

【問5】 ア

（解説 イ・ウ）狩猟免許を更新すると、誰もが9月15日に更新したことになります。有効期限は翌々々年の9月15日なので、3年間になります。

Ⅱ狩猟に関する法令
2鳥獣の保護及び管理並びに狩猟の適正化に関する法律（鳥獣法）
（4）狩猟免許の効力等　①免許の有効期間等

【問6】 ア

（解説 イ）かすみ網は所持や販売も規制されており、獣類の捕獲用途で使用することもできません。

（解説 ウ）ヒグマ、ツキノワグマ、イノシシ、ニホンジカ以外の鳥獣にライフル銃を使用する猟法は禁止されています。

Ⅱ狩猟に関する法令
2鳥獣の保護及び管理並びに狩猟の適正化に関する法律（鳥獣法）
（3）狩猟免許と猟具　③猟法の使用規制

【問7】 ア

（解説 イ）くくりわなの『よりもどし』は、イノシシ・ニホンジカ捕獲用途では装着が必須ですが、小動物を捕獲する用途では必須ではありません。

（解説 ウ）銃や弓の発射機構に糸を張り、獲物が引っかかると弾や弓を発射するわな（据銃・据弓）は、誤って人を死傷させる危険性が高いため使用できません。

Ⅱ狩猟に関する法令
2鳥獣の保護及び管理並びに狩猟の適正化に関する法律（鳥獣法）
（3）狩猟免許と猟具　③猟法の使用規制

【問8】 ウ

（解説 ア）銃猟では1日の捕獲数として上限が5羽と定められていますが、網猟では1日の捕獲数に定めはありません。

（解説 イ）網猟でカモ類を捕獲する場合、狩猟期間を累計して200羽まで捕獲できます。

Ⅱ狩猟に関する法令

2鳥獣の保護及び管理並びに狩猟の適正化に関する法律（鳥獣法）

（7）捕獲数

【問9】 イ

（解説 ア）国有林での狩猟は問題ありません。ただし国有林に入る際は、入林届を提出するなどのルールがあります。

（解説 ウ）特定猟具使用禁止区域は、例えば「銃器の使用を禁止」とされたエリアであれば、猟銃・空気銃で狩猟はできません。しかし、網や罠であれば狩猟は可能です。

Ⅱ狩猟に関する法令

2鳥獣の保護及び管理並びに狩猟の適正化に関する法律（鳥獣法）

（9）捕獲規制区域等

【問10】 ウ

（解説 ア）ヤマドリを除く狩猟鳥獣であれば、都道府県知事からの許可は不要です。

（解説 イ）キジは販売禁止鳥獣ではないため、販売に都道府県知事からの許可は不要です。

Ⅱ狩猟に関する法令

2鳥獣の保護及び管理並びに狩猟の適正化に関する法律（鳥獣法）

（11）鳥獣の捕獲許可等

【問 11】 ア

（解説 イ）捕獲許可を受ける要件として、狩猟者登録の長さに関する規定はありません。しかし原則として「狩猟免許を受けた者とする」などの基準があります。

（解説 ウ）捕獲許可制度では、捕獲許可が下りれば、狩猟鳥獣に限らずあらゆる鳥獣（ひな・卵を含む）を捕獲することができます。

Ⅱ狩猟に関する法令

2鳥獣の保護及び管理並びに狩猟の適正化に関する法律（鳥獣法）

（11）鳥獣の捕獲許可等　①捕獲手続きの種類

【問 12】 ア

（解説 イ）住所や氏名の変更があった場合は狩猟免許の記載内容変更と合わせて、狩猟者登録の変更も行います。

（解説 ウ）狩猟者登録の記載内容の変更や登録証を亡失した場合は、〝遅延なく〟登録した都道府県知事に対して届出を出さなければなりません。

Ⅱ狩猟に関する法令

2鳥獣の保護及び管理並びに狩猟の適正化に関する法律（鳥獣法）

（5）狩猟者登録制度　③登録証

【問 13】 イ

（解説 ア・ウ）違法に捕獲した鳥獣の取引は、有償・無償に関係なく、譲り受け・譲り渡しが禁止されています。その定めに例外はありません。

Ⅱ狩猟に関する法令

2鳥獣の保護及び管理並びに狩猟の適正化に関する法律（鳥獣法）

（17）その他　③違法捕獲物の譲渡等

【問 14】 ウ

（解説 ア・イ）アオバトは、顔から胸にかけて明るい緑色をしており、キジバトは明るい茶褐色と首の縞模様が特徴です。

Ⅲ鳥獣に関する知識

2鳥獣の判別

（3）色　⑤ハト類の色

【問 15】 ウ

（解説 ア）タメフンは、巣穴の周りなどの一定の場所に糞をする習性のことです。

（解説 イ）タメフンの習性があるのは、タヌキやイタチ、カモシカなどです。

Ⅲ鳥獣に関する知識

２鳥獣の判別

（５）糞

【問 16】 ウ

（解説 ア）イタチの仲間で、尾が頭胴長よりも長いのは『シベリアイタチ』になります。シベリアイタチはオスメスどちらも狩猟鳥獣です。

（解説 イ）イタチの仲間で、尾が頭胴長よりも短いのは『イタチ』です。全長が大きいイタチはオスであり、狩猟鳥獣です。

Ⅲ鳥獣に関する知識

２鳥獣の判別

（１）判別一般　③狩猟鳥獣と間違えやすい鳥獣

【問 17】 ア

（解説 イ）ほとんどの鳥は、上空で急転回や急降下といった動きをすることはできません。

（解説 ウ）雷光形に飛んだあと上空へまい上がるのは、タシギです。

Ⅲ鳥獣に関する知識

３鳥獣の生態等

（１）行動特性　②動作の特徴

【問 18】 ア

（解説 イ）尾羽が水面スレスレに出ているため、このシルエットは『海ガモ』と考えることができます。

（解説 ウ）首が長く、体が深く沈み込むことから、このシルエットは『アイサ類』や『ウ類』と考えることができます。

Ⅲ鳥獣に関する知識

３鳥獣の生態等

（１）行動特性　②動作の特徴

【問 19】 イ

（解説 ア）バンは夏鳥、オオバンは冬鳥です。

（解説 ウ）ササゴイは夏鳥、ゴイサギは留鳥です。

Ⅲ鳥獣に関する知識

３鳥獣の生態等

（１）行動特性　①渡りの習性

【問 20】 イ

（解説 ア）奄美大島のアマミヤマシギはヤマシギとは別種で、狩猟鳥ではありません。なお、錯誤捕獲を防止するために奄美大島ではヤマシギの狩猟も禁止されています。

（解説 ウ）ヤマシギは主に、竹林や雑木林内の湿気のあるところに生息しています。

Ⅲ鳥獣に関する知識

４各鳥獣の特徴等に関する解説

（１）狩猟鳥類　⑰ヤマシギ

【問 21】 ア

（解説 イ）アナグマは在来種で、本州、四国、九州に生息しています。

（解説 ウ）タヌキはイヌ科ですが、アナグマはイタチ科です。生息域は被る部分もありますが、習性は大きく異なります。

Ⅲ鳥獣に関する知識

４各鳥獣の特徴等に関する解説

（２）狩猟獣類　⑨アナグマ

【問 22】 ウ

（解説 ア・イ）北海道に生息するニホンジカ（エゾジカ）は、本州に生息するニホンジカ（ホンシュウジカ・キュウシュウジカ）に比べて大型です。

Ⅲ鳥獣に関する知識

４各鳥獣の特徴等に関する解説

（２）狩猟獣類　⑮ニホンジカ

【問23】 ア

（解説 イ）夜間銃猟は原則として禁止されていますが、都道府県が指定管理鳥獣捕獲等事業実施計画に基づき、その必要性と安全管理を確認した場合に限り、認定鳥獣捕獲等事業者が実施できることがあります。個人の狩猟者で許可が下りることはありません。

（解説 ウ）認定鳥獣捕獲等事業者であっても、都道府県知事の厳格な確認等を受けなければ夜間銃猟を行うことはできません。

Ⅴ鳥獣の管理

２指定管理鳥獣捕獲等事業と認定鳥獣捕獲等事業者

（1）指定管理鳥獣捕獲等事業

【問24】 ウ

（解説 ア）ジビエの生食以外にも、マダニに刺されることで発症する感染症や、触れただけで感染する野兎病など、様々なリスクがあります。

（解説 イ）エキノコックスは人間にも感染するリスクがあります。

Ⅵ狩猟の実施方法

19 人と動物の共通感染症

網猟選択問題解説

【問25（網）】 イ

（解説 ア）かすみ網は法定猟具の『はり網』の一種ですが、禁止猟具に指定されています。

（解説 ウ）『はご』は竹や木の枝にもちを塗って獲物を絡めとる禁止猟具です。

Ⅳ猟具に関する知識

２－１網 （1）種類

【問 26（網）】 ウ

（解説 ア）法定猟具としての網は、必ず網を操作をする人がいなければなりません。例外として「うさぎ網」は、あらかじめ猟場に張っておくことは可能です。

（解説 イ）はり網の一種である『谷切網』は、鳥が飛んできたところを見計らって網を上下させます。張りっぱなしは認められていません。

Ⅳ猟具に関する知識

2－1網 （2）構造や使用方法 ②はり網

【問 27（網）】 ウ

（解説 ア）支柱の間に網を張り、手綱を引いて倒す猟具は、むそう網の一種である『片むそう』と考えられます。

（解説 イ）長い柄を持つ網で、網が外れる仕組み（メタバサミ）が付いている猟具は、なげ網（坂取網）と考えられます。

Ⅳ猟具に関する知識

2－1網 （2）構造や使用方法 ③つき網

【問 28（網）】 ア

（解説 イ）なげ網は上空を通過するカモなどに向かって投げ上げるようにして使います。

（解説 ウ）粘着物質（とりもち）を塗った網は総じて使用することはできません。

Ⅳ猟具に関する知識

2－1網 （2）構造や使用方法 ④なげ網

【問 29（網）】 ア

（解説 イ・ウ）スズメは風下から飛来して着地する習性があります。そのため片むそうの網は風上から風下に倒れ込むようにセットすると、効率的に捕獲できます。

Ⅳ猟具に関する知識

2－1網 （2）構造や使用方法 ①むそう網

【問 30（網）】 イ

（解説 ア）網で効率的に獲物を捕獲するためには、猟具の大型化や設置数を増やすよりも、獲物の習性をよく理解して仕掛ける場所の選択や操作の仕方を工夫しましょう。

（解説 ウ）ウサギは後ろ足が長いため、斜面を下るよりも上る方向にスピードが出しやすい体の構造をしています。そのため追い立てられたさいは斜面を登って逃げることが多いため、うさぎ網の端は斜面の下部に向かって伸ばしておくと効果的です。

Ⅳ猟具に関する知識
　２－１網

わな猟選択問題解説

【問 25（わな）】 イ

（解説 ア）囲いわなは、大きさに関係なく、上面が半分以上開放している点が特徴です。図は踏板式のはこわなです。

（解説 ウ）図は蹴糸式のはこわなです。主に、イノシシやニホンジカを捕獲する大型はこわなに使用されます。

Ⅳ猟具に関する知識
　２－２わな （１）種類

【問 26（わな）】 ウ

（解説 ア）くくりわなのワイヤーに全長に関する規定はありません。

（解説 イ）くくりわなの輪の直径は、12㎝以下でなければなりません。

Ⅳ猟具に関する知識
　２－２わな （２）構造や使用方法 ①くくりわな

【問27（わな）】 ウ

（解説 ア・イ）よりもどしは、獣が暴れてワイヤーにねじれが生じると切れやすくなるため、ねじれを防ぐ目的で取り付ける必要があります。

Ⅳ猟具に関する知識
２－２わな （２）構造や使用方法 ①くくりわな

【問28（わな）】 ア

（解説 イ）箱の中に「かえし」が付いたわなは「もんどり」と呼ばれるわなですが、主に魚用に用いられるわなであり法定猟具ではありません。

（解説 ウ）トリガーに触れて扉を落として閉じ込めるタイプのわなは「はこわな」です。

Ⅳ猟具に関する知識
２－２わな （２）構造や使用方法 ③はこおとし

【問29（わな）】 ア

（解説 イ）わなは、無理なく管理できる範囲に設置してください。

（解説 ウ）最低限１日１回の見回りが難しいような場所には設置しないようにしましょう。

Ⅵ狩猟の実施方法
８網・わなの取扱い上の注意事項
（１）注意事項

【問30（わな）】 イ

（解説 ア）とりもちを使った猟法は、鳥類、獣類に関係なく全面的に禁止されています。

（解説 ウ）内径最大長が12㎝未満で、のこぎり歯のない「とらばさみ」は平成19年度まで使用できましたが、現在は禁止猟具となっています。

Ⅳ猟具に関する知識
２－２わな （２）構造や使用方法

予想模擬試験・問題解答

2

【問1】

「鳥獣の保護及び管理並びに狩猟の適正化に関する法律」の『担当行政機関』について、次の記述のうち適切なものはどれか。

ア．国としては環境省。都道府県単位では自然環境行政や農林水産行政担当部局が担当している。

イ．国としては農林水産省。都道府県単位では農林水産行政担当部局が担当している。

ウ．国としては林野庁。地域単位では所轄の森林管理局が担当している。

【問2】

狩猟鳥獣の『種類』について、次の記述のうち正しいものはどれか。

ア．イノシシ、ヌートリア、ニホンリス、アナグマ、ヒグマは、すべて狩猟鳥獣に指定されている。

イ．ニホンジカ、カモシカ、ノウサギ、シマリスは、すべて狩猟鳥獣に指定されている。

ウ．ハクビシン、アライグマ、ツキノワグマ、タイワンリスは、すべて狩猟鳥獣に指定されている。

【問3】

狩猟鳥獣の『種類』について、次の記述のうち正しいものはどれか。

ア．マガモ、スズガモ、ハシビロガモ、クロガモは、すべて狩猟鳥獣に指定されている。

イ．ヒドリガモ、オナガガモ、キンクロハジロ、ウミアイサは、すべて狩猟鳥獣に指定されている。

ウ．ミヤマガラス、ニュウナイスズメ、キジバト、バンは、すべて狩猟鳥獣に指定されている。

【問4】

狩猟に使用できる『猟具の種類』について、次の記述のうち正しいものはどれか。

ア．第二種銃猟免許を取得している者が使用できる銃器は、ライフル銃である。

イ．第一種銃猟免許を取得している者が使用できる銃器は、散弾銃、ライフル銃、空気拳銃、空気銃である。

ウ．網猟免許を取得している者が使用できる網は、むそう網、はり網、つき網、なげ網である。

【問５】

『狩猟免許の取消し』について、次の記述のうち正しいものはどれか。

ア．「鳥獣の保護及び管理並びに狩猟の適正化に関する法律」などに違反した場合、違反の程度に応じて狩猟免許が取り消されることがある。

イ．病気により視力が低下したなど、狩猟免許を受けた者が狩猟を行うために必要な適性に欠けるようになったときは、狩猟免許は必ず取り消される。

ウ．「鳥獣の保護及び管理並びに狩猟の適正化に関する法律」などに違反した場合、違反の程度にかかわらず、狩猟免許は必ず取り消される。

【問６】

猟具に付ける『標識』について、次の記述のうち正しいものはどれか。

ア．わなを見える範囲で複数個設置する場合、標識は見えやすい場所に１つ取り付けておくだけでよい。

イ．網は操作をする人が近くにいるのであれば、標識の取り付けは任意である。

ウ．網およびわなには、金属製またはプラスチック製の標識を付けることが義務づけられている。

【問７】

『休猟区』について、次の記述のうち正しいものはどれか。

ア．狩猟は全面的に禁止されており、これに例外はない。

イ．生息数が減少している狩猟鳥獣の狩猟は禁止されているが、それ以外の狩猟鳥獣を捕獲することは問題ない。

ウ．狩猟は原則として禁止されているが、イノシシまたはニホンジカに限り、狩猟が認められる場合がある。

【問８】

『鳥獣保護区』について、次の記述のうち正しいものはどれか。

ア．２つ以上の都道府県にまたがった地域を鳥獣保護区にする場合、環境大臣によって指定される。

イ．鳥獣を保護する目的で、全国的な見地からは環境大臣が、地域的な見地からは都道府県知事によって指定される。

ウ．離島を鳥獣保護区にする場合、環境大臣のみ指定する権限を持つ。

【問 9】

『狩猟期間』ついて、次の記述のうち正しいものはどれか。

ア．狩猟期間は、北海道では 10 月 1 日から翌年の 1 月 31 日。北海道以外は 11 月 15 日から翌年の 2 月 15 日であり、延長や短縮されることはない。

イ．狩猟者登録時に「放鳥獣猟区のみ」を選択した場合、北海道以外では 10 月 15 日から 3 月 15 日までの 5 カ月間、猟区以外でも狩猟をすることができる。

ウ．北海道では、10 月 1 日から翌年の 1 月 31 日までの 4 カ月間である。なお、北海道の猟区においては、9 月 15 日から翌年 2 月末日までの 5 カ月半である。

【問 10】

『捕獲の定義』について、次の記述のうち正しいものはどれか。

ア．鳥獣保護区に逃げ込んだ鳥獣に発砲した場合、その弾が命中しなければ捕獲にはあたらない。

イ．鳥獣保護区から獲物を追い出して捕獲することは、違法な行為である。

ウ．鳥獣保護区から獲物を追い出して捕獲することは禁止されているが、狩猟ができる場所から鳥獣保護区に逃げ込んだ獲物は捕獲可能である。

【問 11】

『鳥獣の飼養』について、次の記述のうち正しいものはどれか。

ア．狩猟鳥獣以外の鳥獣を飼養しようとするときは、飼養登録証の交付を受けなければならないが、狩猟鳥獣を飼養する場合は必要ない。

イ．狩猟鳥獣以外の鳥獣は、捕獲をしたり飼養をしたりすることはできない。

ウ．狩猟期間中に捕獲したイノシシを養殖のために飼養することは可能だが、愛がん動物として飼うことは違反となる。

【問 12】

『狩猟者記章』について、次の記述のうち正しいものはどれか。

ア．狩猟中は狩猟者登録証を携帯しておく必要はあるが、狩猟者記章は携帯しておく必要はない。

イ．狩猟者記章は着用しなければならないが、どこに着用するかまでは定めはないので、狩猟者登録証と合わせて携帯しておけばよい。

ウ．狩猟者記章は衣服または帽子の見やすい場所に着用しなければならない

【問 13】

『猟区の種類』についての次の記述のうち、適切なものはとれか。

ア．放鳥獣された狩猟鳥獣のみを捕獲対象とした猟区は「放鳥獣猟区」と呼ばれている。

イ．捕獲調整猟区の中には、キジのメスであっても狩猟ができるところもある。

ウ．猟区（放鳥獣猟区を含む）を設定できるのは、国または都道府県、市町村といった行政機関に限られる。

【問 14】

鳥類の『全長』を大きい順に並べているものはどれか。

ア．キジ ＞ ヤマドリ ＞ コウライキジ

イ．コジュケイ ＞ ヤマドリ ＞ ヤマシギ

ウ．キジ ＞ ヤマシギ ＞ コジュケイ

【問 15】

『キジ類の特徴』について、次の記述のうち適切なものはどれか。

ア．キジ・ヤマドリのオスの目の周りには、赤色の皮膚が裸で出ている。

イ．コジュケイのオスの目の周りには、赤色の皮膚が裸で出ている。

ウ．キジ・ヤマドリのメスの目の周りには、赤色の皮膚が裸で出ている。

【問 16】

次のうち『イノシシ』の足跡はどれか（ただし、縮尺は同じではない）。

ア．

イ．

ウ．

【問 17】

鳥類の『渡りの習性』について、次の記述のうち適切なものはどれか。

ア．タシギは、一般的に留鳥である。

イ．ミヤマガラスは、一般的に冬鳥である。

ウ．カルガモは、一般的に夏鳥である。

【問 18】

獣の行動である『木登り』について、次の記述のうち適切なものはどれか。

ア．イノシシは木に登ることがある。

イ．ツキノワグマは身の危険を感じたときだけ行うが、普段は木登りをする習性はない。

ウ．テン、アライグマ、タヌキは木登りが巧みである。

【問 19】

鳥類の『餌のとり方』についての次の記述のうち、適切なものはどれか。

ア．陸ガモも海ガモも、水面に浮いている餌をとる。

イ．陸ガモは、地面や水面の餌をとることが多い。

ウ．海ガモは、体の半分ぐらいを水に突っ込んで餌をとることが多い。

【問 20】

『鳥獣の分類』について、次の記述のうち正しいものはどれか。

ア．属、目、科、種の順に体系化されている。

イ．目、科、属、種の順に体系化されている。

ウ．科、属、目、種の順に体系化されている。

【問 21】

野生鳥獣への『餌付け』について、次の記述のうち正しいものはどれか。

ア．人慣れや農作物の味を覚えることで、人的被害や農林水産被害を助長するおそれがあるので、好ましくない行為である。

イ．鳥獣を人に慣れさせることで攻撃性を弱めることができるため、積極的に行うべき行為である。

ウ．栄養価の高い人間の食物を食べさせることで、鳥獣の数が増え、環境的にも良い行為である。

【問 22】

鳥類の『全長』の測定位置を正しく示しているものはどれか。

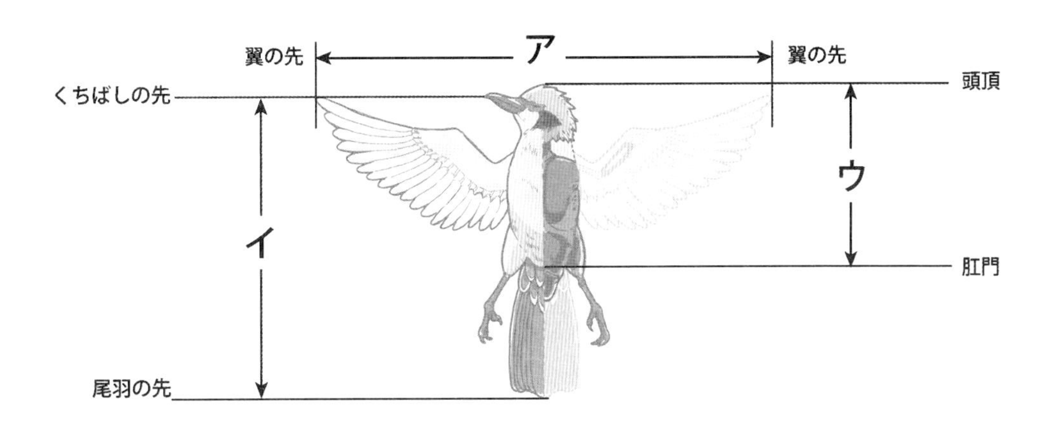

【問 23】

『各種調査への協力』について、次の記述のうち正しいものはどれか。

ア. 狩猟者は猟期終了後にガン・カモ類の生息数調査の一環として、捕獲したカモ類の羽数を報告する義務がある。

イ. 毎年 1 月 15 日前後に全国一斉でガン・カモ類の生息数の調査が行われるため、カモ類の狩猟自粛が求められている。

ウ. 各都道府県ごとにガン・カモ類の生息数調査が行われ、狩猟者は指定された日に調査に参加をする義務がある。

【問 24】

「外来種問題」について、次の記述のうち正しいものはどれか

ア. 狩猟鳥獣のうち、ヌートリア、タイワンリス、アライグマ、ミンクは特定外来生物に指定されている。

イ. 特定外来生物に指定されている鳥獣は、狩猟期間に関係なく自由に捕獲することが可能である。

ウ.「特定外来生物」は、日本にもともと生息していた在来生物以外の生物を指す。

網猟選択問題

【問 25（網）】

次の記述のうち、同じ網の種類をあげているものはどれか。

ア．片むそう、双むそう、坂網、うさぎ網

イ．穂打ち、袋網、谷切網、地獄網

ウ．袖むそう、片むそう、穂打ち、双むそう

【問 26（網）】

次図を正しく説明したものはどれか。

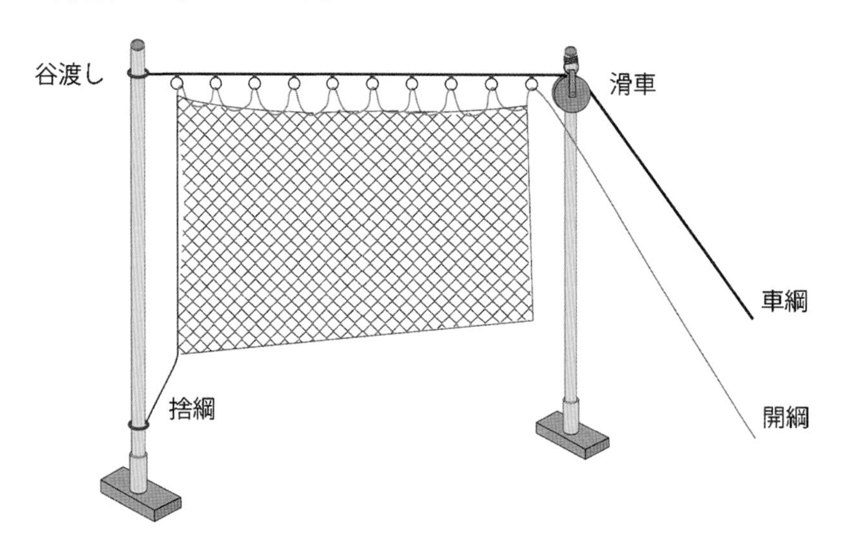

ア．谷切網と呼ばれるはり網の一種であり、別名に「坂網」や「坂取網」がある。

イ．鳥が飛んで来たら開綱を引いて網を展開し、鳥が衝突したところで網を緩めて絡めとる猟具である。

ウ．図は法定猟具のはり網だが、地面に固定されているものは禁止猟具とされている。

【問 27（網）】

『なげ網』について、次の記述のうち正しいものはどれか。

ア．網には「コザル」と呼ばれるリングが付いており、鳥が網にかかるとコザルが羽に絡んで捕獲される。

イ．網に鳥がかかると、メタハサミと呼ばれる部品が外れて、網が袋状になる。

ウ．網に衝突した鳥はその衝撃により失神する。

【問 28（網)】

『かすみ網』について、次の記述のうち適切なものはどれか。

ア．かすみ網には横方向に棚糸と呼ばれる太めの糸が張られており、これを通すことで棚糸の間の網が緩みやすくなり、鳥がかかりやすくなっている。

イ．かすみ網は、現在では使用が禁止されている猟具ではあるが、所持や販売は禁止されていない。

ウ．かすみ網の網は太くて硬いワイヤーでできており、飛び込んできた鳥をワイヤーでひっかけて死傷させる猟具である。

【問 29（網)】

『はり網』について、次の記述のうち正しいものはどれか。

ア．はり網の一種である『谷切網』は、カモが谷あいや山の峰、峠のような場所を飛ぶさいに低空飛行をする習性を利用し、このような場所に張る網である。

イ．はり網の一種である『袋網』は、餌で誘引したスズメなどの小鳥に大きな袋状の網をかぶせて捕獲する猟具である。

ウ．法定猟具として認められているはり網は、網の形などの違いにより、うさぎ網、かすみ網、谷切網、袋網の 4 種類である。

【問 30（網)】

『むそう網』について、次の記述のうち正しいものはどれか。

ア．むそう網の一種である『双むそう』は、片むそうを細長くして両脇に三角の網を継ぎ足した構造をしている。

イ．むそう網の一種である『袖むそう』は、網を地面に伏せておき、鳥獣が上を通ったところで手綱を引いて絡めとる猟具である。

ウ．むそう網の一種である『穂打ち』は、網をたたんだ状態で端を地面に止めておき、鳥獣が網の範囲に入ったところで手綱を引いて網をかぶせる猟具である。

わな猟選択問題

【問 25（わな）】

『わな』について、次の記述のうち正しいものはどれか。

ア．狩猟鳥の捕獲のために「はこわな」以外を使用することは禁止されている。

イ．わなは、重量物で押し殺したり、強力なバネで挟み殺したりして捕獲を行う猟具である。

ウ．ヒグマ・ツキノワグマの捕獲のために「わな」を使用することは禁止されている。

【問 26（わな）】

くくりわなに『締め付け防止金具』を取り付ける目的について、次の記述のうち正しいものはどれか。

ア．わなの設置中に、手などを挟まれてケガをしないようにするため。

イ．捕獲する意図がなかった獣がかかったとき、容易に解放できるようにするため。また、輪が必要以上に締まり、獣へ無用な損傷を与えないようにするため。

ウ．輪が必要以上に締まると、ワイヤーロープに「よれ（キンク）」ができてしまうので、それを防止するため。

【問 27（わな）】

次図の猟具の説明として、適切なものはどれか。

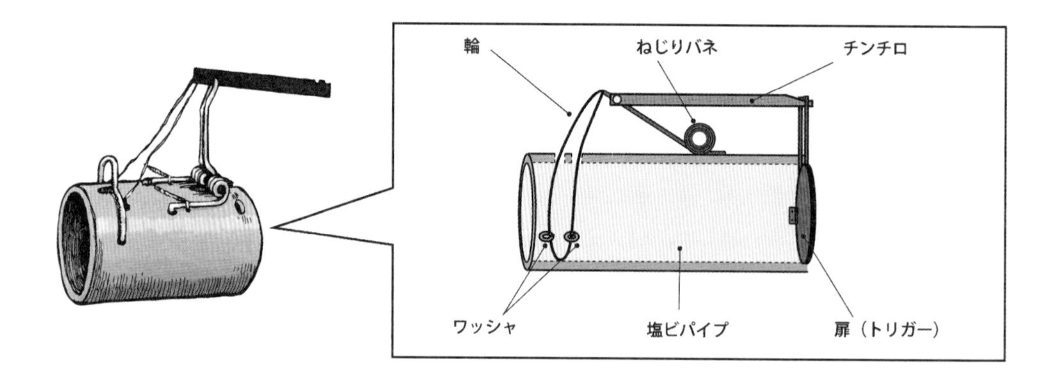

ア．中に入った獣が扉を開けるとワイヤーが締まる仕組みになっており、主にタヌキやキツネなどの中型獣を捕獲する目的で使用されている。

イ．バネが跳ね上がるとワイヤーが締まる仕組みなので、法定猟具の「くくりわな」の一種である。

ウ．ワイヤーに取り付けてあるワッシャには、輪が縮まる速度を上げる効果があり、捕獲率が向上する。

【問 28（わな）】

『囲いわなとはこわなの違い』について、次の記述のうち正しいものはどれか。

ア．天井部分が半分を超えて存在するのが「はこわな」であり、天井部分がない、または半分以下のタイプは「囲いわな」である。

イ．基本的に「はこわな」と仕組みは変わらないが、ネットなど金属以外の素材で六方を囲むタイプが「囲いわな」であり、金属製が「はこわな」である。

ウ．基本的に「はこわな」と仕組みは変わらないが、三辺合計が７m 以内のものが「はこわな」であり、７m を超える場合は「囲いわな」である。

【問 29（わな）】

『くくりわなの適正な使用方法』についての次の説明のうち、適切なものはどれか。

ア．法定猟具のバネ式くくりわなであっても、人の手で動かせないような強力なバネを使うのは禁止されている。

イ．くくりわなで捕らえた獲物を逃がさないようにするために、締め付け防止金具はできるだけ狭く調整し、足を強く締め付けるように工夫したほうがよい。

ウ．くくりわなは頑丈に作られているため、ワイヤーやバネが故障することはまずない。

【問 30（わな）】

次の記述のうち、適切なものはどれか。

ア．わなで捕獲されたイノシシは非常に危険なので、人から銃を借りて止め刺しをすることが望ましい。

イ．法律上、わなを設置できる数は 30 以下なので、できる限り 30 個のわなを設置することが望ましい。

ウ．大型のはこわなや囲いわなの場合は、猟期終了後も確実に使用できないような状態にしておくことで、設置しておくこともできる。

予想模試試験２の解答

問1	ア	問7	ウ	問13	ア	問19	イ	問25	ウ
問2	ウ	問8	イ	問14	ウ	問20	イ	問26	イ
問3	ア	問9	ウ	問15	ア	問21	ア	問27	イ
問4	ウ	問10	イ	問16	イ	問22	イ	問28	ア
問5	ア	問11	ア	問17	イ	問23	イ	問29	ア
問6	ウ	問12	ウ	問18	ウ	問24	ア	問30	ウ

【問1】 ア

（解説 イ・ウ）狩猟に関する規制やルールの整備は、国全体では『環境省』が指針を立て、都道府県単位では『自然環境行政や農林水産行政の担当部局』が中心となって行います。

Ⅱ狩猟に関する法令
２鳥獣の保護及び管理並びに狩猟の適正化に関する法律（鳥獣法）
（１）鳥獣法の概要

【問2】 ウ

（解説 ア）ニホンリスは狩猟鳥獣ではありません。
（解説 イ）カモシカは狩猟鳥獣ではありません。

Ⅱ狩猟に関する法令
２鳥獣の保護及び管理並びに狩猟の適正化に関する法律（鳥獣法）
（２）狩猟鳥獣　①狩猟鳥獣の種類

【問3】 ア

（解説 イ）ウミアイサは狩猟鳥獣ではありません。
（解説 ウ）バンは狩猟鳥獣ではありません。

Ⅱ狩猟に関する法令
２鳥獣の保護及び管理並びに狩猟の適正化に関する法律（鳥獣法）
（２）狩猟鳥獣　①狩猟鳥獣の種類

【問4】 ウ

（解説 ア）第二種銃猟免許では、空気銃のみ使用できます。ライフル銃は第一種銃猟免許です。

（解説 イ）第一種銃猟免許では、散弾銃、ライフル銃、空気銃が使用できます。空気拳銃は使用できません。

Ⅱ狩猟に関する法令

2鳥獣の保護及び管理並びに狩猟の適正化に関する法律（鳥獣法）

（3）狩猟免許と猟具　①狩猟免許の種類

【問5】 ア

（解説 イ）視力低下や手足が不自由になったなどで「狩猟を行うために必要な適性に欠けるようになった」と判断された場合は、その程度に応じて狩猟免許の取り消しや効力の停止が行われます。〝必ず取り消される〟というわけではありません。

（解説 ウ）鳥獣法違反などの場合は、違反の程度によって狩猟免許が取り消されるか・されないかが決まります。

Ⅱ狩猟に関する法令

2鳥獣の保護及び管理並びに狩猟の適正化に関する法律（鳥獣法）

（4）狩猟免許の効力等　③免許の取消し等

【問6】 ウ

（解説 ア）標識は使用している猟具ごとに付けなければなりません。見える範囲に複数個のわなを設置する場合でも、すべてのわなに標識を取り付けます。

（解説 イ）網の近くに操作をする人がいたとしても、網には標識を付けることが義務付けられています。

Ⅱ狩猟に関する法令

2鳥獣の保護及び管理並びに狩猟の適正化に関する法律（鳥獣法）

（5）狩猟者登録制度　④標識

【問7】 ウ

（解説 ア）第二種特定鳥獣（イノシシ・シカ）に限り、狩猟が解禁されている場合があります。

（解説 イ）生息数が減少している狩猟鳥獣以外も、原則として狩猟は禁止されています。

Ⅱ狩猟に関する法令

2鳥獣の保護及び管理並びに狩猟の適正化に関する法律（鳥獣法）

（9）捕獲規制区域等 ⑤休猟区

【問8】 イ

（解説 ア）鳥獣保護区が2つ以上の都道府県にまたがったとしても、それぞれの都道府県知事が指定を行います。

（解説 ウ）離島を鳥獣保護区にする場合は、その離島が属する都道府県知事が指定します。

Ⅱ狩猟に関する法令

2鳥獣の保護及び管理並びに狩猟の適正化に関する法律（鳥獣法）

（9）捕獲規制区域等 ④鳥獣保護区

【問9】 ウ

（解説 ア）狩猟期間は環境大臣または都道府県知事の判断で猟期の延長・短縮が行えます。

（解説 イ）狩猟者登録時に「放鳥獣猟区のみ」を選択したとしても、猟区外での狩猟期間が延長されるわけではありません。

Ⅱ狩猟に関する法令

2鳥獣の保護及び管理並びに狩猟の適正化に関する法律（鳥獣法）

（6）狩猟期間

【問 10】 イ

（解説 ア）弾が命中する・しないにかかわらず、明確な捕獲の意志を持って獲物に向かって発砲した場合は違反となります。

（解説 ウ）鳥獣保護区から追い出した獲物、逃げ込んだ獲物のどちらの場合でも、捕獲行為は違反となります。

Ⅱ狩猟に関する法令

２鳥獣の保護及び管理並びに狩猟の適正化に関する法律（鳥獣法）

（13）捕獲等の定義等　①捕獲等の定義

【問 11】 ア

（解説 イ）狩猟鳥獣以外の鳥獣でも、捕獲許可を受けることで捕獲ができ、飼養登録をすることで飼養が可能です。

（解説 ウ）捕獲した鳥獣は養殖だけでなく、鳥獣の保護や学術研究、動物園での展示、愛がん用などの目的でも捕獲することができます。

Ⅱ狩猟に関する法令

２鳥獣の保護及び管理並びに狩猟の適正化に関する法律（鳥獣法）

（11）鳥獣の捕獲許可等　③飼養

【問 12】 ウ

（解説 ア）狩猟中は、狩猟者登録証の携帯と合わせて、狩猟者記章を装着します。

（解説 イ）狩猟者記章は衣服または帽子の見やすい場所に着用する必要があります。

Ⅱ狩猟に関する法令

２鳥獣の保護及び管理並びに狩猟の適正化に関する法律（鳥獣法）

（５）狩猟者登録制度　③登録証

【問 13】 ア

（解説 イ）キジを放鳥している猟区（放鳥獣猟区）ではキジのメスも狩猟できるところがあります。捕獲調整猟区ではありません。

（解説 ウ）猟区設定者は国や都道府県、市町村だけでなく、猟友会や森林組合などの民間団体でも可能です。

Ⅱ狩猟に関する法令

2鳥獣の保護及び管理並びに狩猟の適正化に関する法律（鳥獣法）

(12) 猟区　②猟区の種類

【問 14】 ウ

（解説 ア）キジ、ヤマドリ、コウライキジの大きさはほぼ同じですが、全長はヤマドリが最も大きくなります。

（解説 イ）ヤマシギはコジュケイよりも若干大きく、キジはコジュケイよりも大きいです。

Ⅲ鳥獣に関する知識

2鳥獣の判別

（2）体の大きさ　①大きさによる判別

【問 15】 ア

（解説 イ）同じキジ類でも、コジュケイの目の周りには、赤色の皮膚は露出していません。

（解説 ウ）キジのメスは、目の周りに赤色の皮膚が露出していません。

Ⅲ鳥獣に関する知識

2鳥獣の判別

（3）色　④キジ類の目のまわりの色

【問 16】 イ

（解説 ア）イノシシは蹄で歩く〝蹄行性〟の動物です。肉球の跡が４つ残るのは指行性の獣です（足跡は『タヌキ』のもの）。

（解説 ウ）肉球の跡が５つ残るのは、蹠行性の獣です（足跡は『アナグマ』のもの）。

Ⅲ鳥獣に関する知識

２鳥獣の判別

（６）足跡　①獣類の足跡

【問 17】 イ

（解説 ア）タシギは本州中部以北では旅鳥として、春・秋に渡来します。本州中部以南では冬鳥です。

（解説 ウ）カルガモは１年を通して日本国内に生息している留鳥です。

Ⅲ鳥獣に関する知識

３鳥獣の生態等

（１）行動特性　①渡りの習性

【問 18】 ウ

（解説 ア）蹄行性（蹄を持つ）動物は、木に登ることはありません。

（解説 イ）ツキノワグマは木登りが非常に巧みな動物であり、熊棚を作って木の上の餌を取る習性があります。

Ⅲ鳥獣に関する知識

３鳥獣の生態等

（１）行動特性　②動作の特徴

【問 19】 イ

（解説 ア）陸ガモは地面や水面、浅い水底の餌を採り、海ガモは潜水して餌を採ることが多いです。

（解説 ウ）海ガモは、潜水して餌を採ることが多いです。

Ⅲ鳥獣に関する知識

３鳥獣の生態等

（１）行動特性　②動作の特徴

【問 20】 イ

（解説 ア・ウ）生物の分類は『リンネ式階層分類体系』と呼ばれる体系が使われており、「目→科→属→種」の順に細分化していきます。

Ⅲ鳥獣に関する知識

1 鳥獣に関する一般知識

（1）鳥獣の知識　①分類

【問 21】 ア

（解説 イ）野生鳥獣に餌付けを行うと『人慣れ』を起こし、逆に人間に対する攻撃性が増すことがあります。

（解説 ウ）自然界にない餌を持ち込むと、本来あるべき野生鳥獣のバランスを崩してしまう危険性があるため、環境的に良いとはいえません。

Ⅲ鳥獣に関する知識

1 鳥獣に関する一般知識

（3）個体数調整

【問 22】 イ

（解説 ア）翼の先から翼の先までの長さは『翼開長』です。

（解説 ウ）全長はクチバシの先から尾羽の先までの長さになります。なお、獣の場合は『吻端』（頭部の最前端）から『肛門』までの長さが全長になります。

Ⅲ鳥獣に関する知識

1 鳥獣に関する一般知識

（4）鳥獣の体　①大きさの測定

【問 23】 イ

（解説 ア）ガン・カモ類の生息数調査において、狩猟者がこれまで捕獲したカモの種類や数を報告するような義務はありません。

（解説 ウ）生息数調査は各都道府県一斉に調査が行われ、ボランティアの協力を得て実施されています。

Ⅵ狩猟の実施方法

16 各種調査への協力

【問 24】 ア

（解説 イ）特定外来生物であっても、自由に捕獲できるというわけではありません。捕獲が必要な場合は捕獲許可を受ける必要があります。

（解説 ウ）「特定外来生物」は外来生物（海外起源の生物）の中で、「人の生命や身体、生態系、農林水産業等へ被害をもたらす」として、指定された種をさします。

Ⅱ狩猟に関する法令
6特定外来生物による生態系等に係る被害の防止に関する法律（外来生物法）

網猟選択問題解説

【問 25（網）】 ウ

（解説 ア）坂網はなげ網の別称。うさぎ網ははり網の一種です。

（解説 イ）袋網ははり網の一種。地獄網は袋網の別称です。

Ⅳ猟具に関する知識
2－1網 （2）構造や使用方法

【問 26（網）】 イ

（解説 ア）図ははり網の一種である谷切網で、別名として「峰越網」と呼ばれます。「坂網」や「坂取網」は、なげ網に分類されます。

（解説 ウ）固定されているはり網は禁止猟具ですが、図は網を操作することで網を上下させることができるため、禁止猟具ではありません。

Ⅳ猟具に関する知識
2－1網 （2）構造や使用方法 ②はり網

【問 27（網）】 イ

（解説 ア）なげ網の「コザル」は、カモが網にぶつかったときに袋状にする円環です。

（解説 ウ）網に鳥が入ると、メタハサミが外れて網が袋状になり捕獲される仕組みになっています。

Ⅳ猟具に関する知識
2－1網 （2）構造や使用方法 ④なげ網

【問 28（網）】 ア

（解説 イ）かすみ網は密猟を防止するために、使用だけでなく所持・販売も禁止されています。

（解説 ウ）かすみ網の網は暗色系統の細い繊維でできており、鳥の目からは見えづらくなっています。

Ⅳ猟具に関する知識

2－1網 （2）構造や使用方法

【問 29（網）】 ア

（解説 イ）『袋網』は、竹藪などに群れをつくっているスズメなどに対して勢子が追い込みをかけて、追い込んだ先に設置しておいた袋状の網で捕獲する網です。

（解説 ウ）『かすみ網』ははり網の一種ですが、乱獲などの問題により禁止猟法となっています。

Ⅳ猟具に関する知識

2－1網 （2）構造や使用方法 ②はり網

【問 30（網）】 ウ

（解説 ア）双むそうは、片むそうを向かい合わせに配置したむそう網です。

（解説 イ）袖むそうは、片むそうの両端に三角の布を継ぎ足した形状のむそう網です。

Ⅳ猟具に関する知識

2－1網 ①むそう網

わな猟選択問題解説

【問 25（わな）】 ウ

（解説 ア）狩猟鳥の捕獲に、いかなる「わな」も使用できません。

（解説 イ）重量物で押し殺したり、強力なバネで挟み殺したりするようなわなは、「人に危害を与える危険なわな」として使用が禁止されています。

Ⅳ猟具に関する知識

2－2わな （1）種類

【問26（わな）】 イ

（解説 ア・ウ）締め付け防止金具は、非狩猟獣がかかった場合に放獣をしやすくするため、また輪が締りすぎて獣に無用な苦痛を与えないようにするために取り付ける必要があります。

Ⅳ猟具に関する知識
　2－2わな　（2）構造や使用方法　①くくりわな

【問27（わな）】 イ

（解説 ア）図は「筒式イタチ捕獲器」であり、主にイタチのオス・シベリアイタチを捕獲する目的で使用されます。

（解説 ウ）ワイヤーのワッシャは締め付け防止金具の役割を持っており、輪が完全に締まりきることを防止します。

Ⅳ猟具に関する知識
　2－2わな　（2）構造や使用方法　①くくりわな

【問28（わな）】 ア

（解説 イ）はこわなと囲いわなの違いに、素材の違いは関係ありません。

（解説 ウ）はこわなと囲いわなの違いは、天井が「半分以上あるか」です。半分を超えるタイプは「はこわな」で、半分以下のタイプは「はこわな」です。

Ⅳ猟具に関する知識
　2－2わな　（2）構造や使用方法　④囲いわな

【問29（わな）】 ア

（解説 イ）締め付け防止金具を狭くすると、ワイヤーが獣の脚や首に深く食い込んでしまい、窒息死や足切れなどのトラブルが起きます。

（解説 ウ）一度獲物がかかったくくりわなは、ワイヤーよれ（キンク）ができたり、破断したりと、大抵の場合は故障します。再利用するさいは故障がないか確認し、故障が見つかった場合は適宜修理を行いましょう。

Ⅳ猟具に関する知識
　2－2わな
　（2）構造や使用方法　①くくりわな

【問30（わな）】 ウ

（解説 ア）止め刺し作業は遠距離から行える銃を使う方法が一番安全ですが、他人から銃を借りて行うことはできません。

（解説 イ）法律上は30個以下であればわなの設置は可能ですが、自身で管理できる数に抑えることが望ましいと言えます。

Ⅵ狩猟の実施方法

8網・わなの取扱い上の注意事項 （1）注意事項

予想模擬試験・問題解答

3

【問１】

『鳥獣法の体系』について、次の記述のうち正しい物はどれか。

ア．狩猟者が守るべき決まりごとは、条例や告示などにより地方公共団体によって異なる場合がある。

イ．「鳥獣の保護及び管理並びに狩猟の適正化に関する法律（鳥獣法）」は、内閣が制定する政令である。

ウ．狩猟者が守るべき決まり事は、鳥獣法にすべて記載されている。

【問２】

『狩猟鳥獣の種類』について、次の記述のうち正しいものはどれか。

ア．イタチ・シベリアイタチのオスは狩猟鳥獣だが、メスは狩猟鳥獣ではない。

イ．オナガ、ゴイサギ、オオバン、ヒクイナ、アオバトは、すべて狩猟鳥ではない。

ウ．ホオジロ、オカヨシガモ、ヨシガモ、ササゴイ、モズは、すべて狩猟鳥ではない。

【問３】

狩猟に使用できる『猟具の種類』について、次の記述のうち正しいものはどれか。

ア．わな猟免許を取得している者が使用できるわなは、くくりわな、とらばさみ、はこおとし、囲いわなである。

イ．わな猟免許を取得している者が使用できるわなは、くくりわな、はこわな、はこおとし、囲いわなである。

ウ．わな猟免許を取得している者が使用できるわなは、くくりわな、はこわな、おとしあな、囲いわなである。

【問４】

『狩猟免許を受けることができない者』について、次の記述のうち正しいものはどれか。

ア．20歳未満の者は狩猟免許を取得できない。

イ．麻薬、大麻、あへん、覚醒剤の中毒者は狩猟免許試験を受験することができないが、条件により許可される。

ウ．精神障害や意識障害をもたらす病気にかかっている者は、狩猟免許試験を受験することができない。

【問５】

猟具に付ける『標識』について、次の記述のうち正しいものはどれか。

ア．網およびわなにつける標識には、住所や氏名といった情報と合わせて、設置した日時を明記しなければならない。

イ．網およびわなには住所や氏名等を記載した標識を付けることが義務づけられているが、人の往来の激しい場所に設置しないのであれば省略しても良い。

ウ．網およびわなには、住所、氏名、都道府県知事名、登録年度、登録番号を書いた標識を付けることが義務づけられている。

【問６】

『狩猟者登録の抹消・取り消し』について、次の記述のうち正しいものはどれか。

ア．狩猟免許の効力が停止された場合、その区分に対応する狩猟者登録は抹消される可能性がある。

イ．狩猟免許が取り消されたときは、すでに受けていた狩猟者登録は抹消される。

ウ．自分の狩猟者登録証を他人に貸すと、借りた者は罰に問われるが。貸した本人が罰を受けることはない。

【問７】

『狩猟期間』ついて、次の記述のうち正しいものはどれか。

ア．北海道以外の猟区の狩猟期間は、北海道の猟区の狩猟期間に比べて、１カ月短い。

イ．北海道の一般猟場の狩猟期間は、北海道以外の一般猟場の狩猟期間に比べて、始期が１カ月半早く、終期が半月遅い。

ウ．北海道以外の一般猟場の狩猟期間は、北海道以外の猟区に比べて、始期が１カ月遅く、終期が１カ月早い。

【問８】

『猟法の使用規制』について、次の記述のうち正しいものはどれか。

ア．空気散弾銃は、威力が弱く狙った獲物を仕留めきれずに半矢にしてしまう可能性が高いので、使用が禁止されている。

イ．構造の一部に３発以上の実包が装填できる散弾銃の使用は禁止されている。ただし、ツキノワグマおよびヒグマを狩猟する場合であれば、最大５発まで装填できる散弾銃が使用できる。

ウ．口径の長さが20番未満の散弾銃は、獲物を仕留めきれずに半矢にしてしまう可能性が高いので、使用が禁止されている。

【問９】

『鳥獣の捕獲が禁止されている場所』について、次の記述のうち正しいものはどれか。

ア．社寺境内では、神聖さや尊厳を保持するために、狩猟は禁止されている。

イ．鳥獣保護区は、鳥獣の保護をはかるために設定される区域で、環境大臣のみが指定を行うことができる。

ウ．休猟区は、狩猟鳥獣の増加をはかるために、環境大臣または都道府県知事によって設定される。

【問10】

『銃猟の時間規制』について、次の記述のうち正しいものはどれか。

ア．日の入りから日の出前までは銃猟が禁止されている。この「日の入り」、「日の出」の時刻は、地域によって異なっている。

イ．銃猟は、午後６時以降から翌日の午前６時までは禁止されている。

ウ．日の入りから日の出前までの時間帯は、銃猟のみならず網猟も禁止されている。

【問11】

『土地占有者の承諾を得なければ鳥獣を捕獲することができない場所』のみを挙げているのはどれか。

ア．作物のある畑・果樹園

イ．社寺境内・墓地

ウ．河川敷・海岸

【問12】

『鳥獣の飼養』について、次の記述のうち正しいものはどれか。

ア．狩猟期間中に狩猟鳥獣（ひなを除く）を飼養しようとするときは、捕獲の許可を受けなければならないが、飼養登録証の交付は受ける必要はない。

イ．飼養が目的であれば、狩猟期間中に限り、捕獲の許可や飼養登録を受けずに非狩猟鳥獣を捕獲できる。

ウ．狩猟鳥獣以外の鳥獣を飼養しようとするときは、捕獲の許可を受け、飼養登録証の交付を受けなければならない。

【問 13】

『特定猟具使用禁止区域』について、次の記述のうち正しいものはどれか。

ア．鳥獣の生息地の保護や整備をはかるために、環境大臣または都道府県知事により指定される。

イ．特定猟具の使用による危険を未然に防止するため、または静穏を保つために、都道府県知事により指定される。

ウ．特定猟具使用禁止区域（銃器の使用禁止）では、市町村長の承認を受けることで銃猟が可能になる。

【問 14】

狩猟鳥獣の『判別（同定）の基本』として、次の記述のうち適切なものはどれか。

ア．鳥獣の羽色や毛色、シルエットを覚えておけば、ほぼすべての鳥獣を判別できる。

イ．大人の握りこぶしよりも小さく見える鳥に、狩猟鳥獣は存在しない。

ウ．アルビノと呼ばれる遺伝子疾患を除き、狩猟鳥の中に全身が真っ白い鳥はいない。

【問 15】

次のうち〝キジ科の鳥ではない〟ものはどれか。

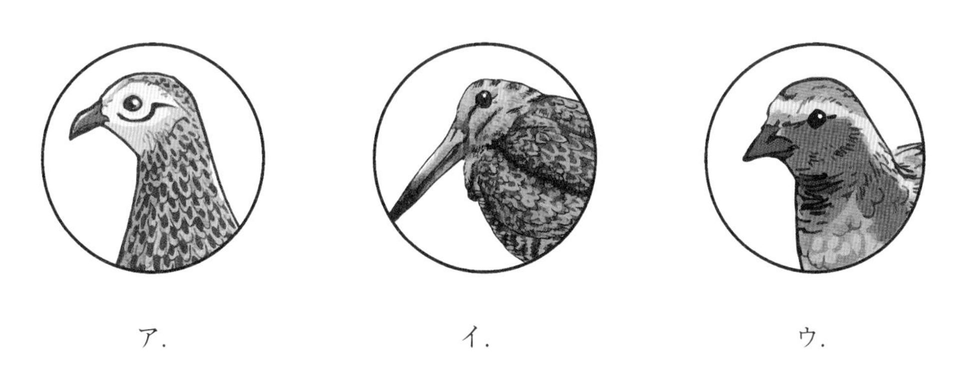

ア．　イ．　ウ．

【問 16】

次のうち、狩猟鳥獣ではないものはどれか（ただし、縮尺はおなじではない）。

ア．　イ．　ウ．

【問 17】

鳥類の『くちばしの形』について、次の記述のうち適切なものはどれか。

ア．カモ類は総じて、先のとがった１センチメートル程度の短いくちばしをしている。

イ．ハシビロガモは、オスのみが巾の広いくちばしをしている。

ウ．カモ類は総じて、数センチメートル程度の長さの平たいくちばしをしている。

【問 18】

鳥類の『渡り』について、次の記述のうち正しいものはどれか。

ア．日本国内で観察されるすべてのカモ類は、冬に渡ってくる冬鳥である。

イ．日本国内で観察される約 20 パーセントの鳥類が、渡り鳥である。

ウ．ある場所では『冬鳥』として見られる鳥でも、他の場所では『旅鳥』や『留鳥』として見られることもある。

【問 19】

鳥獣の『営巣』について、次の記述のうち適切なものはどれか。

ア．ハシブトガラスやハシボソガラスは、樹上に巣を作る。

イ．ノウサギは地中に穴を掘って群れで生活をする。

ウ．木登りが得意であるツキノワグマは、営巣のために樹上にクマダナを作る。

【問 20】

『カモ科』の鳥類だけを列記したものはどれか。

ア．バン、ホシハジロ、スズガモ

イ．キンクロハジロ、カルガモ、スズガモ

ウ．ヒクイナ、オナガガモ、ゴイサギ

【問 21】

『希少種』について、次の記述のうち正しいものはどれか。

ア．もともと個体数が少なく、商品としての価値が高い鳥獣をいう。

イ．過剰捕獲や生息環境の悪化などによって個体数が少なく絶滅のおそれのあるものをいう。

ウ．日本でのみ生息が確認されており、国際法で保護されている鳥獣をいう。

【問22】

『カルガモ』について、次の記述のうち適切なものはどれか。

ア．カルガモはオス・メスによる羽色の差はほとんど見られない。

イ．くちばし全体が鮮やかな黄色で、先端だけが黒いことが特徴である。

ウ．いわゆる海ガモの一種であり、潜って水中の餌を採食することが多い。

【問23】

『鳥獣の保護及び管理』の考え方について、次の記述のうち正しいものはどれか。

ア．第一種特定鳥獣保護計画に定められる鳥獣は、地域的に著しく減少等している種の地域個体群を、環境省（環境大臣）が指定する。

イ．第二種特定鳥獣管理計画に指定される鳥獣は、農林業被害額が大きいと指定される。

ウ．第二種特定鳥獣管理計画に指定された鳥獣は、事業の実施状況やモニタリング調査の結果を踏まえて見直しを行うことが妥当である。

【問24】

『錯誤捕獲』について、次の記述のうち正しいものはどれか。

ア．網猟・わな猟において非狩猟獣を錯誤捕獲してしまった場合でも、すみやかに放鳥獣を行うことで罪には問われない。

イ．わな猟でツキノワグマを錯誤捕獲してしまった場合、速やかに自身の手で放獣をしなければならない。

ウ．「錯誤捕獲」とは、目的としていない狩猟鳥獣を捕獲してしまう行為を指す。

網猟選択問題

【問 25（網）】

次図を説明する内容として、適切なものはどれか。

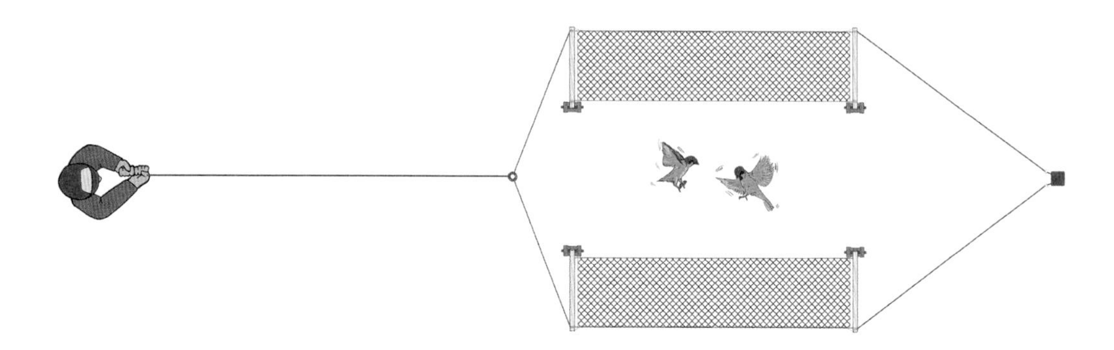

ア．古くは法定猟具として使用されていたが、近年では禁止猟具として使用・所持・販売が禁止されている。

イ．はり網に分類される『袋網』と呼ばれる猟具であり、主にスズメを捕獲する猟具である。

ウ．むそう網の一種である『片むそう』を向かい合わせにした猟具で『双むそう』と呼ばれている。

【問 26（網）】

『つき網』について、次の記述のうち正しいものはどれか。

ア．長い柄のついた網を手に持ち、草むらなどに隠れている鳥に突き出して捕獲する猟具である。

イ．竹藪などに群れているスズメなどを勢子が追い込みをかけて、飛んできたところを設置した網にひっかけて捕獲する猟具である。

ウ．カモなどが飛ぶ方向に網を仕掛けておき、カモがひっかかると網が外れて捕獲する猟具である。

【問 27（網）】

『うさぎ網』の適正な使用方法について、次の記述のうち適切なものはどれか。

ア．網の下部は地上から約 30 センチメートル程度上げておき、ジャンプしたうさぎが網に入りやすいように設置する。

イ．うさぎ網猟は山の頂上からうさぎを追い立てていくため、網は山麓に設置する。

ウ．網の下部は地面につけてたるませ、うさぎがぶつかると網が覆いかぶさるように設置する。

【問 28（網）】

『むそう網』について、次の記述のうち正しいものはどれか。

ア．地面に伏せておいた網を離れたところからロープ等で操作し、撒き餌などで誘引した鳥獣にかぶせて捕獲する。

イ．網を地面に立てておき、獲物が網にぶつかったショックで網が外れて捕獲する。

ウ．餌などで誘引された鳥獣に忍び寄り、目の細かい網を投げて捕獲する。

【問 29（網）】

『はり網の適正な使用方法』についての次の説明のうち、適切なものはどれか。

ア．カモ類を捕獲する目的ではり網を使用する場合、夜間に限り、一晩中張りっぱなしにしておくことができる。

イ．うさぎ網を使ってノウサギ・ユキウサギを捕獲する場合に限り、人が操作する必要はなく、張りっぱなしにしておいてもよい。

ウ．はり網は、必ず人がそばに居て操作しなければならない。

【問 30（網）】

次図に示した部位の名称を正しくならべたものはどれか。

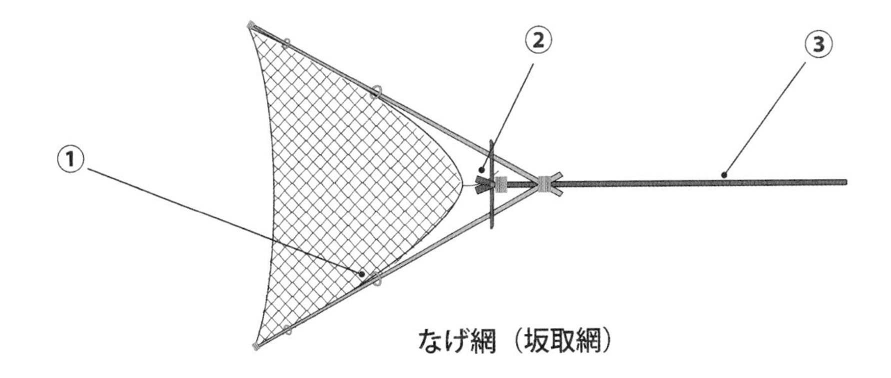

なげ網（坂取網）

ア．①メタハサミ　②かすみ糸　③雲木

イ．①コザル　②メタハサミ　③カセ

ウ．①雲木　②コザル　③ハザオ

わな猟選択問題

【問 25（わな）】

『わな』について、次の記述のうち正しいものはどれか。

ア．法定猟具としての「わな」には、くくりわな、とらばさみ、はこわな、はこおとし、囲いわなの５種類がある。

イ．ヒグマ・ツキノワグマの捕獲で「わな」を使うことは禁止されているが、「はこわな」であれば例外的に認められている。

ウ．わなは、閉じ込めたり、体の一部をくくったりして、鳥獣の捕獲を行う猟具である。

【問 26（わな）】

『くくりわな』について、次の記述のうち正しいものはどれか。

ア．ひきずり型のくくりわなは、バネなどの動力を利用せずに、獣が引っ張る力だけで輪を縮める。

イ．イノシシやシカ以外の獣を捕獲する目的で使用するくくりわなには、締め付け防止金具を取り付ける必要はない。

ウ．くくりわなは形の違いなどによって、ピラミッド型、鳥居型、バネ式、はこおとし、ひきずり型、筒式イタチ捕獲器に分類される。

【問 27（わな）】

『はこわな』について、次の記述のうち正しいものはどれか。

ア．はこわなには、扉が完全に閉まりきらないようにするためのストッパー（さん）を取り付けなければならない。

イ．箱の中に獣が入り込むと、内部に張られた網にからめとられて抜け出せなくなり、獣を捕獲するわなである。

ウ．箱の中に餌を置き、獣が入り込んで餌をくわえる、またはトリガーに触れると扉がしまり、獣を閉じ込めて捕獲するわなである。

【問 28（わな）】

次図に示した猟具の説明として、正しいものはどれか。

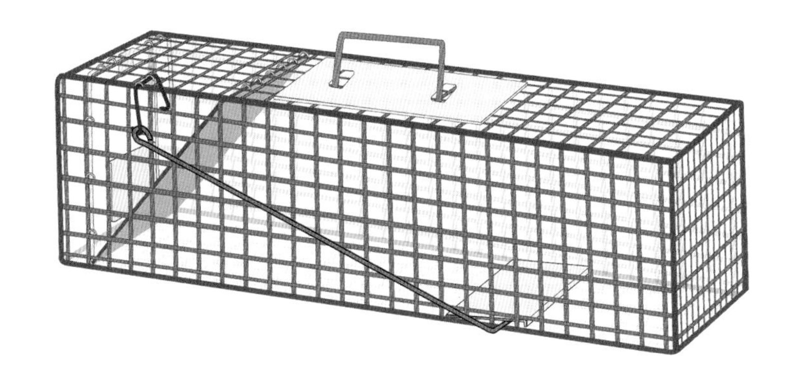

ア. 箱に入った獣が踏板を踏むと、扉が落ちて中に入った獣を閉じ込めることができる。

イ. 扉（落し蓋）が斜めに落ちることから、猟具の『はこおとし』に分類されている。

ウ. 農林業者が自らの事業に対する被害を防止する目的であれば、狩猟免許や狩猟者登録が不要とされる場合がある。

【問 29（わな）】

『くくりわなの適正な使用方法』についての次の説明のうち、適切なものはどれか。

ア. ワイヤーで作る輪の直径をできるだけ大きくすることで、捕獲率を高めることができる。できれば 12 ㎝を超えるサイズにすることが望ましい。

イ. 獣道をよく観察し、獲物が通る可能性が高いところに設置することで、捕獲率を高めることができる。

ウ. 日々の見回りをしやすいように、くくりわなに捕らえられた獣が道路上に出てくるように設置したほうがよい。

【問 30（わな）】

次の記述のうち、適切なものはどれか。

ア. 締め付け防止金具を取り付けていないくくりわなであっても、捕獲された獣が死ななければ違反にはならない。

イ. はこおとしは禁止猟法である「おし」の一種だが、内部にストッパー（さん）を取り付ければ使用できる。

ウ. イノシシやニホンジカを吊り上げるような強力な「はねあげ型」のくくりわなは違法だが、ツキノワグマ・ヒグマの捕獲目的であれば使用できる。

予想模試試験３の解答

問1	ア	問7	ウ	問13	イ	問19	ア	問25	ウ
問2	イ	問8	ア	問14	ウ	問20	イ	問26	ア
問3	イ	問9	ア	問15	イ	問21	イ	問27	ウ
問4	ウ	問10	ア	問16	イ	問22	ア	問28	ア
問5	ウ	問11	ア	問17	ウ	問23	ウ	問29	イ
問6	イ	問12	ウ	問18	ウ	問24	ア	問30	イ

【問１】 ア

（解説 イ）鳥獣法は国会が制定する法律です。なお、鳥獣法の下位には、内閣府が定める政令（鳥獣法施行令)、環境省が定める環境省令（鳥獣法施行規則）があります。

（解説 ウ）狩猟に関する決まり事は鳥獣法だけでなく、環境省が出す告示や通達、地方公共団体から出される条例や告示等も知っておく必要があります。

Ⅱ狩猟に関する法令

２鳥獣の保護及び管理並びに狩猟の適正化に関する法律（鳥獣法)

（１）鳥獣法の概要　④鳥獣法の体系

【問２】 イ

（解説 ア）イタチのメスは狩猟鳥獣ではありませんが、シベリアイタチのメスは狩猟鳥獣です。

（解説 ウ）ヨシガモは狩猟鳥獣です。

Ⅱ狩猟に関する法令

２鳥獣の保護及び管理並びに狩猟の適正化に関する法律（鳥獣法)

（２）狩猟鳥獣　①狩猟鳥獣の種類

【問３】 イ

（解説 ア）とらばさみは禁止猟法です。

（解説 ウ）おとしあな（陥穽）は禁止猟法です。

Ⅱ狩猟に関する法令

２鳥獣の保護及び管理並びに狩猟の適正化に関する法律（鳥獣法)

（３）狩猟免許と猟具　①狩猟免許の種類

【問4】 ウ

（解説 ア）第一種・第二種銃猟免許は 20 歳以上から取得可能ですが、わな猟免許、網猟免許は 18 歳以上から取得可能です。

（解説 イ）麻薬、大麻、あへん、覚醒剤の中毒者は狩猟免許試験を受けることができず、これに例外はありません。

Ⅱ狩猟に関する法令
2鳥獣の保護及び管理並びに狩猟の適正化に関する法律（鳥獣法）
（3）狩猟免許と猟具　②狩猟免許を受けることができない者

【問5】 ウ

（解説 ア）標識には住所、氏名、都道府県知事名、登録年度、登録番号を書かなければなりませんが、その他の情報に関しては決まりはありません。

（解説 イ）網・わなの標識はどのようなときでも、猟具ごとに、見やすい場所に付けておかなければなりません。

Ⅱ狩猟に関する法令
2鳥獣の保護及び管理並びに狩猟の適正化に関する法律（鳥獣法）
（5）狩猟者登録制度　④標識

【問6】 イ

（解説 ア）狩猟免許の効力が停止された場合、その区分の狩猟者登録は必ず抹消されます。

（解説 ウ）狩猟者登録証を他人に貸した場合、借りた者・貸した者双方が鳥獣法違反に問われます。

Ⅱ狩猟に関する法令
2鳥獣の保護及び管理並びに狩猟の適正化に関する法律（鳥獣法）
（5）狩猟者登録制度　③登録証

【問7】 ウ

（解説 ア）北海道以外・猟区の狩猟期間は10月15日から3月15日の5か月間。北海道・猟区は9月15日から翌年2月末日の5カ月半です。つまり〝半月短い〟です。

（解説 イ）北海道・一般の狩猟期間は10月1日から翌年の1月31日。北海道以外・一般は11月15日から翌年の2月15日です。つまり「始期は1カ月半早く、終期は半月〝早い〟です」

Ⅱ狩猟に関する法令

2鳥獣の保護及び管理並びに狩猟の適正化に関する法律（鳥獣法）

（6）狩猟期間

【問8】 ア

（解説 イ）たとえツキノワグマ・ヒグマを捕獲する目的だったとしても、構造の一部に3発以上実包が装填できる散弾銃は使用できません。

（解説 ウ）口径の長さが「10番以上」の散弾銃は、乱獲防止等の理由で狩猟に使用できません。なお、口径が小さい分については規制はありません。

Ⅱ狩猟に関する法令

2鳥獣の保護及び管理並びに狩猟の適正化に関する法律（鳥獣法）

（3）狩猟免許と猟具　③猟法の使用規制

【問9】 ア

（解説 イ）国際的・全国的な見地で鳥獣保護区を設定する場合は、環境大臣が国指定鳥獣保護区を指定します。地域的見地の場合は、都道府県知事が都道府県指定鳥獣保護区を指定します。

（解説 ウ）休猟区を設定できるのは都道府県知事です。

Ⅱ狩猟に関する法令

2鳥獣の保護及び管理並びに狩猟の適正化に関する法律（鳥獣法）

（9）捕獲規制区域等　①狩猟禁止の場所

【問 10】 ア

（解説 イ）銃猟ができるのは「日の出」から「日の入り」までの時間です。この時間は地域・日付によって変わります。

（解説 ウ）網猟・わな猟は夜間であっても問題ありません。

Ⅱ狩猟に関する法令

2鳥獣の保護及び管理並びに狩猟の適正化に関する法律（鳥獣法）

（9）捕獲規制区域等 ⑥銃猟の時間規制

【問 11】 ア

（解説 イ）社寺境内・墓地では狩猟は禁止されています。

（解説 ウ）河川敷・海岸で狩猟を行う場合、承諾を受けなければならないという決まりはありません。

Ⅱ狩猟に関する法令

2鳥獣の保護及び管理並びに狩猟の適正化に関する法律（鳥獣法）

（10）土地占有者の承諾等

【問 12】 ウ

（解説 ア）狩猟期間中に狩猟鳥獣（ひなを除く）を捕獲するのであれば、捕獲の許可を受ける必要はありません。ただし、法定猟法で捕獲をするのであれば、該当する狩猟免許と狩猟者登録が必要になります。

（解説 イ）飼養が目的であったとしても、捕獲の許可なく非狩猟鳥獣を捕獲することはできません。

Ⅱ狩猟に関する法令

2鳥獣の保護及び管理並びに狩猟の適正化に関する法律（鳥獣法）

（11）鳥獣の捕獲許可等 ③飼養

【問 13】 イ

（解説 ア）獣の生息地の保護や整備をはかるために設置されるのは、鳥獣保護区や休猟区です。

（解説 ウ）特定猟具使用禁止区域（銃器の使用禁止）に、「誰かの承認を得れば狩猟ができる」という決まりはありません。

Ⅱ狩猟に関する法令

2鳥獣の保護及び管理並びに狩猟の適正化に関する法律（鳥獣法）

（9）捕獲規制区域等　②特定猟具使用禁止区域（銃猟やわな猟の禁止区域）

【問 14】 ウ

（解説 ア）羽色やシルエットだけでなく、行動特性や生息環境等を複合的に覚えて判別することが重要です。

（解説 イ）狩猟鳥であるスズメやニュウナイスズメは、大人の握りこぶしと同等か小さく見えます。

Ⅲ鳥獣に関する知識

2鳥獣の判別

（1）判別一般　②判別方法

【問 15】 イ

（解説 ア）イラストは『キジのメス』です。キジ科のオスは目の周りに赤い肉垂があるのが特徴ですが、メスにはありません。

（解説 ウ）イラストの『コジュケイ』はキジ科の鳥です。オス・メスともに目の周りに肉垂がありません。

Ⅲ鳥獣に関する知識

2鳥獣の判別

（1）判別一般　②判別方法

【問 16】 イ

（解説 ア）イラストは狩猟獣の『シマリス』です。背中にウリ模様があるのが特徴です。

（解説 ウ）イラストは狩猟獣の『タイワンリス』です。（イ）のニホンリスよりも全身が灰褐色で、耳が小さく丸い点が特徴です。

Ⅲ鳥獣に関する知識
2鳥獣の判別
（1）判別一般　③狩猟鳥獣と間違えやすい鳥獣

【問 17】 ウ

（解説 ア）先のとがった1㎝程度のくちばしは、地面の餌をつついて食べる鳥類の特徴です。カモ類の特徴ではありません。

（解説 イ）ハシビロガモは、オス・メス共に巾の広いくちばしを持っています。

Ⅲ鳥獣に関する知識
2鳥獣の判別
（4）形　②くちばしの形

【問 18】 ウ

（解説 ア）カモの中でもカルガモは、1年を通して日本国内で見られる『留鳥』です。

（解説 イ）日本産鳥類のおよそ80％が、冬鳥、夏鳥、旅鳥など、季節によって渡りを行います。

Ⅲ鳥獣に関する知識
3鳥獣の生態等
（1）行動特性　①渡りの習性

【問 19】 ア

（解説 イ）ノウサギは草むらなどにねぐらを作り、単独で生活します。

（解説 ウ）ツキノワグマは樹洞や土穴に巣を作り、冬眠をします。

Ⅲ鳥獣に関する知識
3鳥獣の生態等
（2）繁殖生態　②営巣場所

【問20】 イ

（解説 ア）バンはクイナ科の水鳥です。

（解説 ウ）ヒクイナはクイナ科、ゴイサギはサギ科です。

Ⅲ鳥獣に関する知識

1鳥獣に関する一般知識

（1）鳥獣の知識 ①分類

【問21】 イ

（解説 ア・ウ）「希少種」は、様々な要因で生息数が減少しており、環境省がレッドリストに定めている鳥獣を指します。

Ⅲ鳥獣に関する知識

1鳥獣に関する一般知識

（2）本邦産鳥獣種数 ④希少種

【問22】 ア

（解説 イ）カルガモのくちばしは全体的に黒く、先端だけが黄色くなっています。

（解説 ウ）カルガモは、いわゆる陸ガモの一種です。

Ⅲ鳥獣に関する知識

4各鳥獣の特徴等に関する解説

（1）狩猟鳥類 ③カルガモ

【問23】 ウ

（解説 ア）第一種特定鳥獣保護計画の策定主体は、環境大臣ではなく都道府県（ただし策定は任意）です。

（解説 イ）対象鳥獣の指定は、モニタリングなどの科学的な知見から総合的に見て決定されます。「農林業被害額が多ければ指定される」というわけではありません。

Ⅴ鳥獣の管理

1特定鳥獣に関する管理計画

【問 24】 ア

（解説 イ）わなにツキノワグマやヒグマ、カモシカがかかった場合は、一人で放獣をするのではなく、役場に相談するなどの対応を行いましょう。

（解説 ウ）「錯誤捕獲」は、非意図的に鳥獣（非狩猟鳥獣も含む）を捕獲した場合をいいます。

Ⅵ狩猟の実施方法
13 錯誤捕獲の防止

【問 25（網）】 ウ

（解説 ア）使用・所持・販売が禁止されている網は、はり網の一種である『かすみ網』です。

（解説 イ）図はむそう網の一種である『双むそう』です。片むそうを向かい合わせにしたような姿が特徴です。

Ⅳ猟具に関する知識
２－１網 （２）構造や使用方法

【問 26（網）】 ア

（解説 イ）つき網は設置するタイプの網ではなく、手に持って使用します。

（解説 ウ）つき網は草むらなどに隠れているタシギなどの鳥に、網を突き出すようにして使用します。

Ⅳ猟具に関する知識
２－１網 （２）構造や使用方法 ③つき網

【問 27（網）】 ウ

（解説 ア・イ）ノウサギやユキウサギは坂を上るほうがスピードを出せるという習性があるため、うさぎ網猟では山麓から頂上に向かって追い立てます。そこでうさぎ網は下部を地面に付けてたるませ、山の中腹に設置します。

Ⅳ猟具に関する知識
２－１網 （２）構造や使用方法 ②はり網

【問28（網）】 ア

（解説 イ）獲物がひっかかって自動的に捕獲できる網（例えば「かすみ網」）は法定猟具ではありません。例外として、ウサギの「はり網」は法定猟具として認められています。

（解説 ウ）投げるように使用する網には「なげ網」がありますが、むそう網は設置するタイプの猟具です。

Ⅳ猟具に関する知識
2－1網 （2）構造や使用方法 ①むそう網

【問29（網）】 イ

（解説 ア・ウ）はり網を張りっぱなしにして使用することは禁止されています。ただし、ノウサギやユキウサギを捕獲するはり網は、張りっぱなしでもかまわないとされています。

Ⅳ猟具に関する知識
2－1網 （2）構造や使用方法 ②はり網

【問30（網）】 イ

（解説 ア・ウ）なげ網（坂取網）は、カモが網に入ると②の『メタハサミ』から網の一部（メタ）が外れ、①のリング（コザル）がハザオをスライドして網を袋状にします。③の把手部分は「カセ」と呼ばれています。

Ⅳ猟具に関する知識
2－1網 ④なげ網

わな猟選択問題解説

【問25（わな）】 ウ

（解説 ア）法定猟具としての「わな」は、くくりわな、はこわな、はこおとし、囲いわなの4種類です。

（解説 イ）ヒグマ・ツキノワグマの捕獲に、いかなる「わな」も使用できません。

Ⅳ猟具に関する知識
2－2わな （1）種類

【問 26（わな）】 ア

（解説 イ）イノシシ・ニホンジカ以外の獣を捕獲する目的であっても、くくりわなには必ず「締め付け防止金具」を取り付けなければなりません。

（解説 ウ）くくりわなは、ピラミッド型、鳥居型、バネ式、はねあげ型、ひきずり型、筒式イタチ捕獲器の６種類に分類されます。

Ⅳ猟具に関する知識

２－２わな　（２）構造や使用方法　①くくりわな

【問 27（わな）】 ウ

（解説 ア）はこわなの扉は完全に閉まって獲物を閉じ込める必要があるため、ストッパーは取り付けません。

（解説 イ）はこわなは扉を閉めて閉じ込めるタイプのわなであり、網などは使用しません。

Ⅳ猟具に関する知識

２－２わな　（２）構造や使用方法　②はこわな

【問 28（わな）】 ア

（解説 イ）図は、片開き型の踏板式はこわなです。『はこおとし』ではありません。

（解説 ウ）『囲いわな』の場合は狩猟免許・狩猟者登録が不要の場合がありますが、はこわなにはその規定はありません。

Ⅳ猟具に関する知識

２－２わな　（２）構造や使用方法　②はこわな

【問 29（わな）】 イ

（解説 ア）ワイヤーは最大で 12 ㎝までであり、原則としてそれ以上大きくすることはできません。輪が小さくても、獣道を観察して足の着く位置を予測することで捕獲率を上げることができます。

（解説 ウ）見回りがしやすいように工夫することは大切ですが、くくりわなにかかった獲物が道路上に出るような仕掛け方は違法となります。

Ⅳ猟具に関する知識

２－２わな

（２）構造や使用方法　①くくりわな

【問 30（わな）】 イ

（解説 ア）たとえ捕獲された獣が死ななくても、締め付け防止金具を取り付けていないくくりわなは違法です。

（解説 ウ）ツキノワグマ・ヒグマを目的としたわなの使用は、全面的に禁止されています。

Ⅳ猟具に関する知識

2－2わな （2）構造や使用方法

●参考文献

- 『狩猟読本』，（2023），一般社団法人大日本猟友会
- 『狩猟免許試験例題集』，（2021），一般社団法人大日本猟友会
- 『猟銃等講習会（初心者講習）考査 絶対合格テキスト＆予想模擬試験５回分【第６版】』，（2023），猟銃等講習会初心者講習考査調査班，秀和システム
- 『狩猟を仕事にするための本』，（2021），東雲輝之，秀和システム
- 「鳥獣保護と狩猟：法律の解説」，（1963），林野庁監修，鳥獣行政研究会，林野共済会
- 「民具研究」，（1999），日本民具学会
- 「猟具解説」，（1926），農林省畜産局
- 「大百科事典 第25巻 第２冊」，（1936），平凡社

●イラスト・製作協力

- ゆきちまる　X：@Yukichimaru3
- 江頭大樹
- 株式会社チカト商会　https://chikatoshoukai.com/
- アンケート調査ご協力者様

●注意
(1) 本書は著者が独自に調査した結果を出版したものです。
(2) 本書は内容について万全を期して作成いたしましたが、万一、ご不審な点や誤り、記載漏れなどお気付きの点がありましたら、出版元まで書面にてご連絡ください。
(3) 本書の内容に関して運用した結果の影響については、上記 (2) 項にかかわらず責任を負いかねます。あらかじめご了承ください。
(4) 本書の全部または一部について、出版元から文書による承諾を得ずに複製することは禁じられています。
(5) 本書に記載されているホームページのアドレスなどは、予告なく変更されることがあります。

本書サポートWebページ
https://www.shuwasystem.co.jp/support/7980html/7220.html

狩猟免許試験【わな・網猟】絶対合格テキスト&予想模試3回分

発行日　2024年　3月25日　　第1版第1刷

著　者　全国狩猟免許研究会

発行者　斉藤　和邦
発行所　株式会社　秀和システム
〒135-0016
東京都江東区東陽2-4-2　新宮ビル2F
Tel 03-6264-3105（販売）Fax 03-6264-3094
印刷所　三松堂印刷株式会社　Printed in Japan

ISBN978-4-7980-7220-3 C0075

定価はカバーに表示してあります。
乱丁本・落丁本はお取りかえいたします。
本書に関するご質問については、ご質問の内容と住所、氏名、電話番号を明記のうえ、当社編集部宛FAXまたは書面にてお送りください。お電話によるご質問は受け付けておりませんのであらかじめご了承ください。